新一代信息通信技术
新兴领域
"十四五"高等教育系列教材

光通信技术及应用

主　编　唐　宏
副主编　邓明亮　赵　伦　刘　鸿

科学出版社
北　京

内 容 简 介

本书全面介绍光通信技术及其应用，主要包括光通信发展及趋势、光纤传输理论、基本光纤通信器件原理及性能参数、光网络基础、全光传送网、全光接入网、无线光通信技术等内容，并对光缆通信线路工程设计、施工、光缆线路测试与验收等工程内容进行了介绍。

全书注重理论与实践、技术与工程的结合，精选了一些当前最新的实例进行分析，并以形象直观的图表形式配合文字叙述，有助于读者理解与掌握，培养分析问题、解决问题的能力。为了配合教学和学习，每章都精选一定数量的习题。

本书可作为电子信息类专业高年级本科生和研究生的教材，也可供对光通信技术感兴趣的工程技术人员和管理人员参考。

图书在版编目(CIP)数据

光通信技术及应用 / 唐宏主编. -- 北京 : 科学出版社, 2024. 12.
(新一代信息通信技术新兴领域“十四五”高等教育系列教材). -- ISBN 978-7-03-080782-3

Ⅰ. TN929.1

中国国家版本馆 CIP 数据核字第 2024MW5456 号

责任编辑：潘斯斯 / 责任校对：韩 杨
责任印制：师艳茹 / 封面设计：迷底书装

科 学 出 版 社 出版
北京东黄城根北街 16 号
邮政编码：100717
http://www.sciencep.com
北京厚诚则铭印刷科技有限公司印刷
科学出版社发行 各地新华书店经销
*
2024 年 12 月第 一 版 开本：787×1092 1/16
2024 年 12 月第一次印刷 印张：15 3/4
字数：364 000

定价：69.00 元

（如有印装质量问题，我社负责调换）

序

习近平总书记强调，“要乘势而上，把握新兴领域发展特点规律，推动新质生产力同新质战斗力高效融合、双向拉动。”以新一代信息技术为主要标志的高新技术的迅猛发展，尤其在军事斗争领域的广泛应用，深刻改变着战斗力要素的内涵和战斗力生成模式。

为适应信息化条件下联合作战的发展趋势，以新一代信息技术领域前沿发展为牵引，本系列教材汇聚军地知名高校、相关企业单位的专家和学者，团队成员包括两院院士、全国优秀教师、国家级一流课程负责人，以及来自北斗导航、天基预警等国之重器的一线建设者和工程师，精心打造了“基础前沿贯通、知识结构合理、表现形式灵活、配套资源丰富”的新一代信息通信技术新兴领域“十四五”高等教育系列教材。

总的来说，本系列教材有以下三个明显特色：

(1)注重基础内容与前沿技术的融会贯通。教材体系按照“基础—应用—前沿”来构建，基础部分即“场—路—信号—信息”课程教材，应用部分涵盖卫星通信、通信网络安全、光通信等，前沿部分包括 5G 通信、IPv6、区块链、物联网等。教材团队在信息与通信工程、电子科学与技术、软件工程等相关领域学科优势明显，确保了教学内容经典性、完备性和先进性的统一，为高水平教材建设奠定了坚实的基础。

(2)强调工程实践。课程知识是否管用，是否跟得上产业的发展，一定要靠工程实践来检验。姚富强院士主编的教材《通信抗干扰工程与实践》，系统总结了他几十年来在通信抗干扰方面的装备研发、工程经验和技术前瞻。国防科技大学北斗团队编著的《新一代全球卫星导航系统原理与技术》，着眼我国新一代北斗全球系统建设，将卫星导航的经典理论与工程实践、前沿技术相结合，突出北斗系统的技术特色和发展方向。

(3)广泛使用数字化教学手段。本系列教材依托教育部电子科学课程群虚拟教研室，打通院校、企业和部队之间的协作交流渠道，构建了新一代信息通信领域核心课程的知识图谱，建设了一系列“云端支撑，扫码交互”的新形态教材和数字教材，提供了丰富的动图动画、MOOC、工程案例、虚拟仿真实验等数字化教学资源。

教材是立德树人的基本载体，也是教育教学的基本工具。我们衷心希望以本系列教材建设为契机，全面牵引和带动信息通信领域核心课程和高水平教学团队建设，为加快新质战斗力生成提供有力支撑。

国防科技大学校长
中国科学院院士
新一代信息通信技术新兴领域
“十四五”高等教育系列教材主编

2024 年 6 月

前　言

党的二十大报告指出："坚持把发展经济的着力点放在实体经济上，推进新型工业化，加快建设制造强国、质量强国、航天强国、交通强国、网络强国、数字中国。实施产业基础再造工程和重大技术装备攻关工程，支持专精特新企业发展，推动制造业高端化、智能化、绿色化发展。"上述现代化产业体系的建设需要信息技术的强力支撑，信息技术的核心是信息，而信息传输离不开高速率、低时延的传输技术支持，光通信则是其中极为有效的解决方案，因此光通信技术成为信息行业发展的重要支撑。

光通信是以光波为信息载体的通信方式，主要采用光纤或自由空间作为传输介质，从而实现用户间信息的传递。相比于传统的电信号传输模式，光通信具有更大的传输带宽及传输容量、更低的传输损耗、更强的抗电磁干扰能力和更高的传输质量。因此，光通信已成为通信行业中最重要的信息传输方式，广泛应用于数据中心、电信网络、宽带传输、汽车电子和工业制造等领域。随着云计算、大数据、物联网和人工智能等新一代信息技术的迅猛发展，信息传输的需求急剧增长，对光通信技术专业人才的需求也随之激增。

对于信息通信领域而言，一流本科专业建设、一流课程建设等实际需求对教材建设提出了极高的标准。因此，本书在内容上大幅融入了当前技术发展的最新成果，特别增加了对全光传送网、全光接入网以及无线光通信技术的介绍与分析。此举旨在为读者构建一个系统性的知识架构，对其未来深入学习与研究提供指导。

理论知识的系统性学习与工程实践的紧密结合，是提升学习效果的关键。本书介绍了光缆通信工程的相关内容，全面阐述了光缆线路工程的建设流程、项目规划与设计等方面的知识。同时，在课程作业和配套的实验环节中，通过小组合作的方式，提供了实际工程项目设计方案的实践机会，以此强化理论与实践的结合，培养学生解决复杂工程问题的能力。

全书安排如下：第 1 章主要介绍通信、光通信基本概念和发展；第 2 章介绍光纤传输理论；第 3 章介绍光纤通信系统组成、基本部件及工作原理；第 4 章简要介绍光网络基本概念和 PDH、SDH、DWDM、OTN、PON 等网络形态；第 5 章介绍光缆通信工程的相关内容，包括设计、施工、测试以及核心网和接入网的设计指导；第 6 章深入介绍全光传送网主要技术和应用；第 7 章详细介绍全光接入网架构、技术原理和应用；第 8 章介绍无线光通信概念和主要类型。

本书由唐宏担任主编，负责全书统稿和第 1、2、5 章的编写；由邓明亮、赵伦、刘鸿担任副主编，其中邓明亮负责第 6、7 章的编写，赵伦负责第 3、8 章的编写，刘鸿负责第 4 章的编写。胡庆教授为本书的编写提供了大力指导，戴佳妤、刘琦、冯琛、施杰、燕星芮、刘子兴、杨力鸣、王婧、肖佳慧、郭汉龙、李澳、张乐、陈华春等同学对本书的编写提供了帮助。本书还得到重庆邮电大学通信与信息工程学院、移动通信教育部工程研究中心、移动通信技术重庆市重点实验室、移动通信技术重庆市高校重点实验室的大力支持。本书部分资料来自华为技术有限公司光产品线。在此一并表示感谢。

由于编者水平有限，书中难免存在不妥之处， 敬请读者批评指正。

编　者

2024 年 6 月

目　录

第 1 章　绪论……1
1.1　通信的基本概念……1
1.1.1　通信系统简介……2
1.1.2　通信发展简史……3
1.2　光通信技术及其发展……5
1.2.1　光通信系统的基本组成……5
1.2.2　光通信技术的特点……6
1.2.3　光通信技术的主要应用……7
1.2.4　光通信技术的发展历程……8
1.3　传输参数……9
1.3.1　带宽……9
1.3.2　色散……9
1.3.3　增益与衰减……10
1.3.4　传输电平……11
习题一……15
第 2 章　光纤传输理论……16
2.1　光纤简介……17
2.1.1　光纤的结构……17
2.1.2　光纤的分类……17
2.2　基于射线理论的光纤导光原理分析……19
2.2.1　基本光学定律……19
2.2.2　阶跃光纤中的射线法……20
2.2.3　渐变光纤中的射线法……21
2.3　基于波动理论的光纤传输原理分析……23
2.3.1　阶跃光纤中 LP 模的场方程……23
2.3.2　光纤的 LP 模及其特性……26
2.4　光纤传输特性……29
2.4.1　损耗特性……29
2.4.2　色散特性……31

2.4.3 非线性特性……34
习题二……36

第 3 章 光纤通信系统及其基本部件……38
3.1 光纤通信系统的基本组成……38
3.1.1 光发射机……39
3.1.2 光纤光缆……40
3.1.3 光接收机……40
3.2 有源光器件……41
3.2.1 激光器……42
3.2.2 可调谐光滤波器……42
3.2.3 光分插复用器……43
3.2.4 光放大器……44
3.2.5 光调制器……46
3.2.6 光电探测器……47
3.3 无源光器件……49
3.3.1 光纤连接器……49
3.3.2 光衰减器……49
3.3.3 光隔离器……50
3.3.4 光耦合器……51
3.3.5 光波分复用器……53
3.3.6 光纤光栅……54
3.3.7 常用光纤特性……54
3.3.8 光缆……57
3.4 光线路设施……58
3.4.1 光纤配线架……58
3.4.2 光缆交接箱……59
3.4.3 光缆分纤箱……59
3.4.4 行业敷设标准……60
3.5 典型光纤通信系统介绍……60
3.5.1 IM-DD 光纤通信系统……60
3.5.2 相干光通信系统……62
3.5.3 波分复用系统……63
习题三……64

第 4 章 光网络概述……65
4.1 光网络发展及拓扑结构……65
4.1.1 光网络发展及演变……65

4.1.2　光网络拓扑结构 ……67
4.2　SDH 同步网络 ……68
4.2.1　SDH 的帧结构与段开销 ……70
4.2.2　SDH 的复用映射结构 ……72
4.2.3　SDH 网络的基本网元 ……73
4.2.4　SDH 自愈网原理 ……74
4.3　DWDM 网络 ……77
4.3.1　DWDM 的基本概念 ……77
4.3.2　DWDM 的系统结构和组成 ……78
4.3.3　DWDM 的关键技术 ……79
4.3.4　DWDM 的关键组件 ……82
4.4　光传送网 ……84
4.4.1　OTN 的基本概念及原理 ……84
4.4.2　OTN 的分层结构 ……86
4.4.3　光传送模块 ……88
4.4.4　OTN 的帧结构与开销 ……89
4.5　光纤接入网 ……92
4.5.1　PON 的基本概念 ……92
4.5.2　PON 的技术分类 ……94
4.5.3　EPON 光纤接入网 ……96
4.5.4　光纤接入网的应用 ……99
习题四 ……100
第 5 章　光缆通信工程 ……102
5.1　光缆线路工程的建设程序 ……102
5.1.1　立项阶段 ……103
5.1.2　实施阶段 ……105
5.1.3　验收投产阶段 ……107
5.2　光缆线路工程设计的内容及要求 ……108
5.2.1　三阶段设计 ……109
5.2.2　光缆线路路由的选择 ……110
5.2.3　局/中继站的选择 ……110
5.2.4　敷设方式与光纤光缆的选择 ……111
5.2.5　光缆接续与光缆预留 ……112
5.2.6　光缆线路的防护 ……113
5.3　光缆线路施工 ……114
5.3.1　光缆线路施工准备 ……115
5.3.2　光缆线路工程施工 ……118

5.3.3 光纤、光缆接续 ······ 120
5.4 光缆线路竣工测试和验收 ······ 123
5.4.1 光缆线路竣工测试 ······ 123
5.4.2 光缆线路竣工验收 ······ 125
5.5 核心网光缆通信工程设计 ······ 125
5.5.1 核心网光纤通信系统工程设计 ······ 126
5.5.2 核心网光缆线路工程设计文件的编制 ······ 132
5.6 接入网光缆通信工程设计 ······ 139
5.6.1 接入网光纤通信系统工程设计 ······ 139
5.6.2 接入网光缆线路工程设计 ······ 142
5.6.3 接入网光缆线路工程设计文件的编制内容 ······ 145
习题五 ······ 145

第6章 全光传送网 ······ 147
6.1 OTN的发展历程 ······ 147
6.2 OTN光层调度技术 ······ 148
6.2.1 固定光分插复用 ······ 149
6.2.2 可重构光分插复用 ······ 150
6.2.3 全光交叉连接 ······ 151
6.3 OTN电层技术 ······ 152
6.3.1 早期OTN标准 ······ 152
6.3.2 OTN标志性电层处理技术 ······ 153
6.3.3 MS-OTN技术 ······ 156
6.3.4 OSU技术 ······ 157
6.4 OTN保护技术 ······ 158
6.4.1 光层保护技术 ······ 158
6.4.2 电层保护技术 ······ 159
6.4.3 ASON技术 ······ 159
6.5 OTN架构 ······ 161
6.5.1 骨干网组网架构 ······ 161
6.5.2 城域网组网架构 ······ 165
6.5.3 DCI组网架构 ······ 170
6.6 全光传送网实例 ······ 174
6.6.1 OTN品质专线 ······ 174
6.6.2 5G移动前传 ······ 176
6.6.3 城域综合承载 ······ 177
习题六 ······ 179

第 7 章 全光接入网 ……180
7.1 全光接入网概述……180
7.1.1 全光接入网简介……180
7.1.2 全光接入网的应用场景……181
7.2 全光接入网架构……182
7.2.1 全光接入网的总体架构……182
7.2.2 全光接入网架构的关键特征……184
7.3 全光接入 ODN 技术……188
7.3.1 全光接入对 ODN 的要求……188
7.3.2 预连接技术……189
7.3.3 不等比分光……189
7.3.4 数字化技术……191
7.4 低延时 PON 技术……195
7.4.1 单帧多突发技术……195
7.4.2 独立注册通道技术……196
7.5 全光接入网自动化技术……197
7.5.1 SDN……197
7.5.2 元数据驱动……198
7.5.3 NETCONF/YANG……200
7.5.4 分层抽象和横向集成……202
7.6 全光接入网实例……203
7.6.1 全光家庭接入网……203
7.6.2 全光园区接入网……206
7.6.3 全光中小微企业接入网……208
习题七……209

第 8 章 无线光通信技术 ……210
8.1 无线光通信概述……210
8.1.1 无线光通信发展简介……212
8.1.2 无线光通信的链路结构……213
8.1.3 无线光通信的应用……213
8.2 可见光通信……214
8.2.1 可见光通信系统结构……214
8.2.2 可见光通信信道建模……217
8.2.3 可见光通信调制技术……219
8.2.4 可见光定位技术……220
8.3 地面无线光通信……221
8.3.1 地面无线光通信系统结构……221

8.3.2 地面无线光通信信道模型……221
8.3.3 地面无线光通信分集技术……222
8.4 水下无线光通信……223
8.4.1 水下无线光通信系统结构……223
8.4.2 水下信道随机特性……225
8.4.3 水下无线光通信调制技术……228
8.4.4 水下无线光通信信号检测技术……229
8.5 卫星光通信……230
8.5.1 卫星光通信系统结构……230
8.5.2 卫星光通信关键技术……231
8.5.3 卫星光通信的捕获跟踪瞄准……233
8.5.4 典型卫星光通信系统介绍……236
习题八……236
参考文献……238

第1章 绪论

微课视频

自人类诞生以来，通信活动便始终伴随其发展。通信是指人们互通信息(想法、意见、消息、情报等)的方式或过程。从广义上说，无论采用何种方法，使用何种传输介质，只要将信息从一地传送到另一地，均可称为通信。从本质上说，只要发生了信息的转移就可以称为通信。

一般来说，通信发起者和接收者均为人类，早期信息的载体主要包括声音、表情、手势、文字等，因此对信息的接收基本是靠听觉和视觉实现的，无论是早期的通信技术还是现代通信技术，基本上都是基于这两种信息接收方式实现的。

1.1 通信的基本概念

通信广泛运用于人们生活、工作的方方面面，实现通信的方式多种多样，包括但不限于口头交流、书信往来、电报传递等。随着科技的飞速发展，通信技术也经历了从简单到复杂、从低效到高效的演进过程。

早期的通信技术，如烽火台、击鼓传声等，虽然简陋，但已能满足基本的通信需求。随着文字的产生和纸张的发明，书信成为人们远距离通信的主要方式。书信不仅传递了信息，更承载了人们的情感和思念，成为连接人与人之间情感的纽带。

进入工业革命时期，电报和电话的发明彻底改变了通信的面貌。电报通过电线传输文字信息，实现了信息的即时传递；而电话则通过声音信号传输，让人们能够跨越时空的限制，进行“面对面”的交流。这些技术的出现，大大提高了通信的效率和便捷性，推动了社会的快速发展。

到了20世纪，随着信息技术的迅猛发展，通信技术也迎来了前所未有的变革。互联网的诞生，让人们可以通过网络进行全球范围内的信息交流和资源共享。移动通信技术的不断发展，使得人们可以随时随地进行通信，不再受地理位置的限制。同时，数字通信技术的出现，进一步提高了通信的可靠性和安全性。

如今，通信技术已经渗透到了人们生活的每一个角落。人们可以通过手机、电脑、平板等智能设备，随时随地进行语音通话、视频通话、文字聊天、邮件发送等通信活动。同时，社交媒体、即时通信软件等应用的普及，也让人们能够更加便捷地分享生活、交流思想、获取信息。

未来，随着 5G、物联网、人工智能等技术的不断发展，通信技术将继续迎来新的变革。人们将能够享受到更加高速、智能、便捷的通信服务，通信将不再是简单的信息传递过程，更将成为连接人与人、人与物、物与物的重要纽带。

1.1.1 通信系统简介

通信系统是指利用技术手段实现信息传输的系统。它通过各种传输介质将信息从一个地点传送到另一个地点，以实现不同实体之间的信息交流。最简单的通信系统由发信终端设备、传输信道、交换设备、收信终端设备组成，如图 1-1 所示。

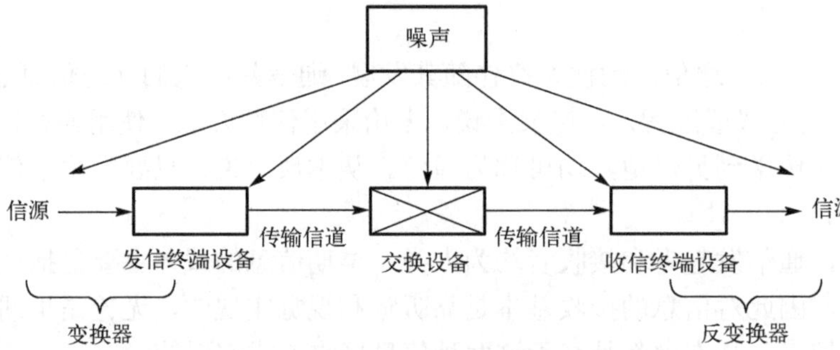

图 1-1 通信系统模型

发信终端设备的功能是将消息转换为与传输信道相匹配的电信号或光信号，同时确保信号功率达到额定标准，耦合进入传输信道。而收信终端设备则专注于对从信道传输而来的信号进行必要的处理，包括衰减补偿，以及消除或降低畸变和噪声对有用信号的干扰。经过这些处理后，设备将接收到的电信号或光信号进行反变换，重现消息的原貌。

终端设备可划分为用户终端设备和传输终端设备两类。用户终端设备特指那些依赖于用户线(无论有线或无线)作为传输信道的设备。从业务功能的角度出发，这些设备可进一步细分为电话终端设备、数据终端设备以及图像终端设备等。而传输终端设备则是以有线或无线介质作为传输信道，为用户终端设备与业务网之间提供必要的传输服务的电信设备。这一类别主要包括数字收发信机、微波收发信机、光收发信机等各类收发信设备和复用设备。

传输信道是信号传输通道的简称，通常由自由空间、光缆、全塑市话电缆、同轴电缆等构成。其主要功能是把信号自 A 点(发信终端)迅速无误地输送到 B 点(收信终端)。

交换设备用于对用户群内各用户终端设备按需求提供相应的临时传输信道连接，并控制信号的流量和流向，以达到共用电信设备、提高设备利用率的目的，如电话通信中的程控交换机、数据通信中的分组交换机、宽带通信中的 ATM 交换机及光通信中的光交换机等。

噪声会使有用信号发生畸变，使终端设备、传输信道、交换设备工作在非线性状态。当噪声叠加在有用信号上时，会降低有用信号的信噪比，进而降低通信质量。

信源提供待传递的原始信号，如各种语音、各类图像和视频、各种类型的数据等。信宿再现信源的原始信号。

下面通过如图 1-2 所示的实际通信系统示例，进一步了解一个完整的通信系统的一般结构。

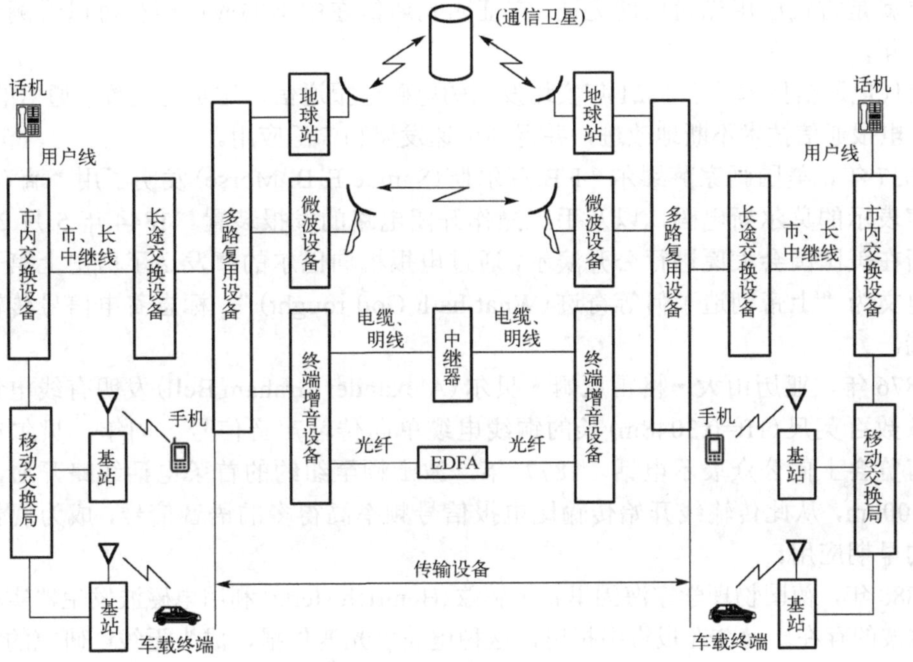

图 1-2 通信系统一般结构

图 1-2 中的话机、移动台(手机和车载终端)等是用户终端设备，它们的作用是将语音信号转换成电信号，或者进行反变换。交换设备的作用除了实现局内用户间的信号交换，还能同其他局的用户实现连接或转接。多路复用设备的作用是实现多路信号的汇接(复用)．可采用频分、时分、码分多址形式的复用，用以提高信道的传输容量。传输终端设备(如地球站、微波设备、终端增音设备等)的主要作用是将待传输的信号转换成适合信道传输的信号，或进行反变换等。电缆、光纤、微波、卫星是不同形式的传输介质或信号载体。当通信系统采用电缆作传输介质时，传输终端设备为电缆传输终端设备，相应的通信系统称为电缆通信系统。当采用光纤作传输介质时，传输终端设备为光端机，相应的通信系统称为光纤通信系统，或称为光缆传输系统。若采用微波作载体，用微波中继站作信号转接器，此时传输终端设备就是微波设备，相应的通信系统就称为微波通信系统。若仍采用微波作载体，用卫星作中继站，此时传输终端设备就是卫星地面站(或地球站)，相应的通信系统就称为卫星通信系统。

由此可见，无论是电缆通信系统、光纤通信系统，还是微波通信系统、卫星通信系统，它们的基本结构形式都很相似。不同通信系统之间的差异仅在于电信号载体、传输介质和传输终端设备的不同。

1.1.2 通信发展简史

通信是随着人类的诞生而出现的，但直到人类文明形成氏族社会并逐步发展为成熟的国家形态，通信系统才得以系统性建立。在我国，早期的通信系统建立至少可以追溯到西周时期。广为人知的周幽王（公元前 781—公元前 771 年在位）“烽火戏诸侯”的故事就是古代应用光通信的见证，它证明光通信在中国的应用至少可以追溯到公元前 770 年。

近代电通信技术始于 1821 年安培发明的电磁电报通信，这是近代数字通信的开始。此后，电报通信技术不断地改进，并得到迅速发展和广泛应用。

1837 年，美国画家萨缪尔·F.B.莫尔斯（Samue F. B. Morse）发明了用“滴”、“嗒”和无声表示的莫尔斯电码，以及手工操作开闭电路的发报装置。1844 年 5 月 24 日，莫尔斯在美国国会大厦进行公开演示，通过电报机向巴尔的摩发送了历史上第一份电报，电文为“上帝创造了何等奇迹（What hath God rought）”，标志着电信号传输时代的开端。

1876 年，亚历山大·格雷厄姆·贝尔（Alexander Graham Bell）发明有线电话，通过一条数百英尺（1ft=0.3048m）长的铜线电缆单向传输声音信号。同年，贝尔在费城世界博览会上向公众展示电话。1877 年，波士顿至纽约的首条电话线路开通，两地相距 300km，从此传输线开始传输比电报信号频率高得多的语音信号，成为现代电信传输的早期应用。

1888 年，德国物理学家海因里希·赫兹（Heinrich Hertz）利用电磁波发生器实验证实了电磁波的存在。赫兹在报告中指出，这种电波以光速传播，成为无线电研究的奠基性发现。1894 年，意大利发明家古列尔莫·马可尼（Guglielmo Marconi）提出设想：“这种电磁波可以用来传递信号，能越过很长距离，而无须导线。”而率先实现无线信息传输的则是俄国科学家亚历山大·波波夫（Alexander Popov）。1895 年 5 月 7 日，波波夫与助手演示了无线电接收机；1896 年 3 月 24 日，他在俄国物理化学学会年会上成功发送报文“海因里希·赫兹（Heinrich Hertz）”，通信距离达 250m。同年，马可尼发明无线电报，初始传输距离为 30m，随后实现陆地与船只间 2km 的通信，并取得专利。1897 年，马可尼成立无线电报公司。1901 年 12 月 12 日，马可尼在纽芬兰接收到从英国康沃尔发出的无线电信号，传输距离为 2700km。

1906 年，美国发明家李·德弗雷斯特（Lee de Forest）发明电子三极管，数年后用于长、中、短波的电报和电话，推动了无线电通信和无线电广播的发展。1918 年，调幅无线电广播、超外差接收机问世。1936 年，商业电视广播开播。

20 世纪 30～50 年代，无线电信号传输技术进入新的发展阶段。微波技术迎来突破性进展，在测量系统、雷达和微波中继通信等领域广泛应用，其中微波中继通信的发展尤为迅速。1948 年，美国建成纽约至波士顿的商用微波中继线路，可同时传输 480 路电话信号和 1 路电视信号。此时的微波传输线主要采用同轴电缆、矩形波导或圆波导，其核心功能是作为天线馈线，即在机房信号源与天线之间传输导行电磁波。

在卫星通信方面，1945 年，英国空军雷达专家阿瑟·C.克拉克（Arthur C. Clarke）首次提出地球同步卫星的通信构想（但直到 1957 年 10 月 4 日，苏联才成功发射第一颗人造地球卫星）。1965 年 4 月 6 日，美国发射首颗商用地球同步卫星“晨鸟 1 号”，正式开启卫星通信时代。当前的卫星通信范围很广，包括卫星电视、卫星广播、卫星导航、卫星电话、卫星互联网等领域。

在移动通信方面，1946 年，美国在圣路易斯推出全球首个公用汽车电话网络，工作频段为 150～450MHz。1978 年以后，美国、日本、瑞典等国利用这一技术先后开通了大容量小区制蜂窝移动电话实验系统，可以算是第一代移动通信系统，到目前为止，第五代移动通信系统(5th generation mobile network，5G)已经广泛运用于各个国家。

1.2 光通信技术及其发展

光通信是指利用光波作为载波实现信息传输的通信方式。

广义来说，古代的烽火台、孔明灯、旗语，现代交通中用来指挥交通的红绿灯均可算是光通信。但上述广义的光通信都是比较简单的原始装置，并且真正传递的信息量非常少，对现代社会来说，是远远无法满足大量信息传输需求的，因此当前所说的光通信是指容量大、传输距离远的光通信。

根据光传输所用的信号载体，光通信一般可以分为光纤通信(有线光通信)和大气光通信(无线光通信，也称为自由空间光通信)。

可以想象，利用光在空气中直线传播的特点，可以进行大气光通信传输，不需任何线路设施，只需要发射端和接收端，简单、经济、方便。1960 年，美国物理学家西奥多•梅曼(Theodore H. Maiman)发明了红宝石激光器，产生了单色相干光，使高速的光调制成为可能，之后相继出现了各色各样的大气传输系统实验。

但利用空气作为信号传输载体进行光通信存在许多问题，例如，气候变化对通信带来影响，乃至中断；温度变化或者大气湍流的影响，使光线发生折射、反射、漂移和抖动，通信线路变得非常不稳定；由于光直线传输的特性，需要收发两端处于视距范围，中间不能有阻挡，为了保证远距离传输，往往需要将传输设备设置在高处，这对投资带来较大影响，同时也限制了大气光通信的使用范围。因此，在当前实际应用中，主要还是以光纤通信为主。

1.2.1 光通信系统的基本组成

如图 1-3 所示，典型的光通信系统包括三部分。

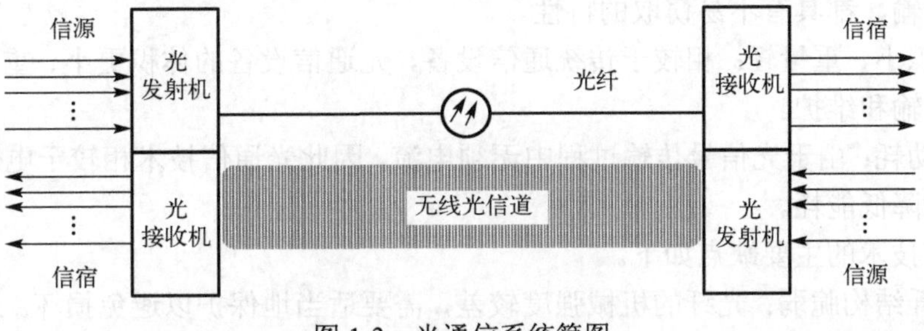

图 1-3 光通信系统简图

光通信系统往往是作为传输设备存在的，图 1-3 中的信源或信宿往往是其他有信息收发需求的电信设备。

光发射机：由信源产生的某种形式的信息(如时变的波形、数字符号等)调制到光载波上，载波(称为光束或光场)通过光信道发射出去，这就是光发射机。光发射机包括光源、信道编码、信源编码、调制等模块。

光接收机：光接收机包括前置放大器、光电转换器、解调器等。一般到达光接收机的光信号非常微弱，所以需要先使用前置放大器对其进行预先放大后再进行光电转换，将转换之后的电信号进行解调处理后，再发送给其他设备。

信道：信道分为两种，一种是无线光信道，包括大气信道、室内信道、紫外光散射信道和水下信道，均由无形介质构成；另一种是光纤，通过特殊构造引导光信号在光纤内部传输。根据传输介质不同，也就形成了当前的两大类型：有线光通信和无线光通信。

一般来说，无线光通信具有部署快速、频谱资源丰富、成本低等优点，但同时又存在传输距离及带宽受限、易受天气因素影响、瞄准困难、无法越过障碍物等不足。有线光通信则具有带宽宽、传输距离远、抗干扰能力强等诸多优点，但同时也存在成本高、安装和维护难度大等缺点。在选择使用光纤通信技术时，需要综合考虑其优缺点以及实际应用场景的需求。

1.2.2 光通信技术的特点

光通信技术的主要优点如下。

(1) 通信容量大：光通信基于光波的传输，其信息量可比传统无线电通信大几个量级。这使得光通信技术在传输高速数据，如高清视频、大型在线游戏、实时音视频通话等方面，具有显著优势。

(2) 中继距离长：由于光的传输损耗远小于无线电信号，因此光信号能在长距离传输过程中保持较高的信号质量。例如，通过一对单模光纤传输，最大传输距离可以达到 10km 甚至更远，非常适合用于远距离通信。

(3) 适应性强：无论是在高楼大厦、平原、沙漠，还是在海洋、森林等复杂环境中，只要能保证光线的直线传播，就都能实现稳定通信。

(4) 保密性能好：用于通信的光信号往往具有较好的方向性，无论是在自由空间还是在光纤中传输，都具有不易窃取的特性。

(5) 体积小、重量轻：相较于传统通信设备，光通信设备的体积更小、重量更轻，便于安装、运输和维护。

(6) 低功耗：由于光信号传输过程中无须电流，因此光通信技术相较于电信号传输方法可以大幅降低能耗。

光通信技术的主要缺点如下。

(1) 光纤结构脆弱：光纤的机械强度较差，需要适当地保护以避免损坏。这增加了安装和维护的难度及成本。

(2) 易受环境影响：无线光通信中光信号在空气中传输时容易受到天气变化、障碍物遮挡等影响，造成传输信号不稳定。

(3)技术要求高：光纤的切断和连接操作需要较高的技术，同时分路、耦合操作也较为烦琐，可能对技术人员提出更高的要求。

1.2.3 光通信技术的主要应用

由于光通信技术具有诸多优点，因此其应用范围非常广泛，涵盖了多个领域。

1. 电信市场

长途通信：光纤被广泛用于构建国家间、城市间的高速骨干网络，支持互联网、电话、电视信号等各种信息的传输。

移动通信：在 5G 及未来无线通信系统中，前传和回传网络大量采用光通信技术，以承载无线基站产生的大量数据流量。例如，光纤到塔顶(fiber to the top of the tower，FTTT)技术在移动通信基站中提供高带宽回传连接。

2. 数据中心与云计算

数据中心互联：光通信技术被用于实现数据中心内部以及数据中心之间的高速、低延迟的数据交换和海量数据的高效传输。

云计算支持：通过光互联，数据中心能够快速响应云计算应用产生的大量数据处理请求。

3. 宽带接入与局域网

宽带接入：光纤到户(fiber to the home，FTTH)技术使得家庭和企业能够通过光纤接入互联网，享受超高速上网服务，满足高清视频流、在线游戏等高带宽需求。

局域网建设：在大型企业和科研机构中，光纤被用于构建高性能局域网，以满足大数据处理、高速计算等需求。

4. 其他专用领域

电力系统：光纤被用于电力系统的监测、控制和保护，提高电力系统的稳定性和效率。

工业生产环境：光通信应用于实时监控、控制和数据采集，包括工厂自动化、智能交通系统等。

航天与海底通信：在航天器之间的通信、海底电缆通信等领域，光纤通信因其优异的抗电磁干扰能力和保密性而受到青睐。

5. 新兴应用领域

远程医疗：高速光通信在远程医疗、内窥镜手术、生物医学成像等方面有重要应用。

新兴技术融合：随着技术的进步，光通信还在智慧城市、自动驾驶、虚拟现实/增强现实等新兴领域发挥关键作用。

1.2.4 光通信技术的发展历程

对现代光通信而言，其真正的起点是1880年贝尔开展的光电话通话实验，至此拉开了光通信技术发展壮大的序幕，按照其重要发展阶段进行清晰的归纳，比较重要的时间节点如下。

1. 光通信技术的早期探索

1880年，贝尔和查尔斯·萨姆纳·泰恩特(Charles Sumner Tainter)成功进行了世界上第一次光电话(photophone)通话实验，为光通信奠定了基础。

2. 光通信技术的初步研究

1960年，梅曼发明了第一台红宝石激光器，为光纤通信提供了理想的光源。

1966年，高锟(Charles Kuen Kao)和乔治·A. 霍克汉姆(George A. Hockham)提出了光纤通信的设想，并指出了减少光纤损耗的方法。

3. 光通信技术的实用化阶段

1970年，美国康宁公司成功研制出世界上第一根低损耗光纤(损耗为20dB/km)，为光纤通信的实现提供了可能。

1976年，世界第一条民用光纤通信线路开通，标志着光纤通信正式进入实用化阶段。同年，中国第一根实用化光纤在武汉邮电科学研究院诞生。

1977年，美国电话电报公司在纽约和芝加哥之间建立了第一条商用光纤通信系统。

4. 光通信技术的商业化与快速发展

20世纪80年代，光纤通信开始商业化，美国、日本、欧洲等地相继建立了大规模的光纤通信网络。

1982年，我国第一个光纤通信系统工程——“八二工程”按期开通，标志着我国光纤通信技术进入商用化。

1987年，英国南安普顿大学的戴维·尼尔·佩恩(David Neil Payne)团队发明了第一台掺铒光纤放大器(erbium-doped fiber amplifier，EDFA)，成为之后长距离光传输的重要基石。

1996年，波分复用(wavelength division multiplexing，WDM)技术正式走向商用，为光通信的大容量传输提供了重要支持。

5. 光通信技术的持续创新与全球化

21世纪头10年，光通信开始全球化，光纤通信网络覆盖了全球各地，成为现代通信的重要组成部分。

21 世纪 10 年代至今，光通信技术得到进一步发展，在 5G、云计算、物联网等领域得到广泛应用。同时，光纤通信系统在传输容量和传输距离方面均取得了不断突破，骨干网带宽从几十吉比特每秒发展到 800Gbit/s，甚至达到若干太比特每秒，光纤接入网单用户带宽也从几十兆比特每秒发展到几百兆比特每秒，甚至达到若干吉比特每秒。

1.3　传输参数

通信信号在信道中传输时，需要对其进行精确的描述，由此需要引入各种传输参数，本节将对相关参数进行描述。

1.3.1　带宽

定性来说，带宽是指在固定的时间内信道无衰减可传输的信息容量。从信息传输的本质来说，带宽指的是传输线上能利用的有效频率宽度，一般把信道输出不同频率功率的最大值降低一半所对应的频率宽度，称为该信道的传输带宽，如图 1-4 所示，此时带宽以 Hz（赫兹）为单位，更大的单位包括 kHz、MHz、GHz 等。

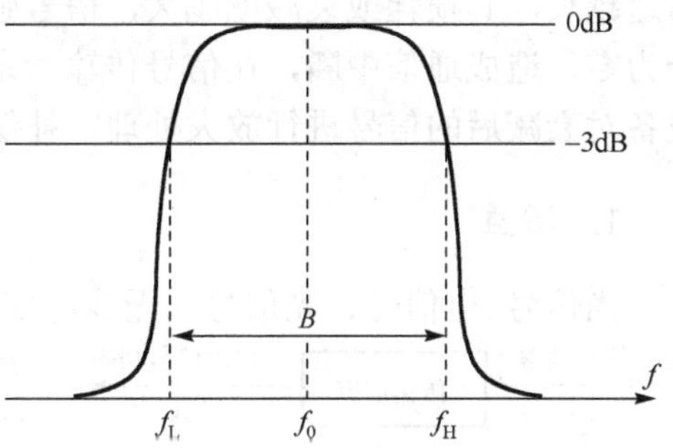

图 1-4　带宽示意图

实际应用中，对数字信号来说，带宽表示在单位时间内从传输线某一点到另一点所能通过的“最高数据率”，以比特/秒（bit/s）为单位，更大的单位包括 kbit/s、Mbit/s、Gbit/s、Tbit/s 等。

1.3.2　色散

在物理学中，色散是指不同颜色的光经过透明介质后被分散开的现象。一束白光经三棱镜后被分为七色光带，这是因为玻璃对不同颜色（不同频率或不同波长）的光具有不同的折射率，波长越长（或频率越低），玻璃呈现的折射率越小；波长越短（或频率越高），玻璃呈现的折射率越大，即玻璃的折射率是光波频率（或波长）的函数。当不同颜色组合而成的白光以相同的入射角 θ_1 入射时，根据折射定律 $n_1 \sin\theta_1 = n_2 \sin\theta_2$，不同颜色的光因第二种传输介质的折射率 n_2 不同会有不同的折射角，从而会被分开，出现色散。由于 $v = c/n$，很显然不同颜色的光在玻璃中传播的速度也不相同，如图 1-5（a）所示。

在光纤传播理论中，拓宽了色散的含义。在光纤中，信号是由很多不同模式或频率的光波携带传输的，当信号到达终端时，不同模式或不同频率的光波会出现时延差，从而引起信号畸变，这种现象就统称为色散。对于数字信号，经光纤传播一段距离后，色散会引起光脉冲展宽，严重时，前后脉冲将互相重叠，形成码间干扰，如图 1-5（b）所示。

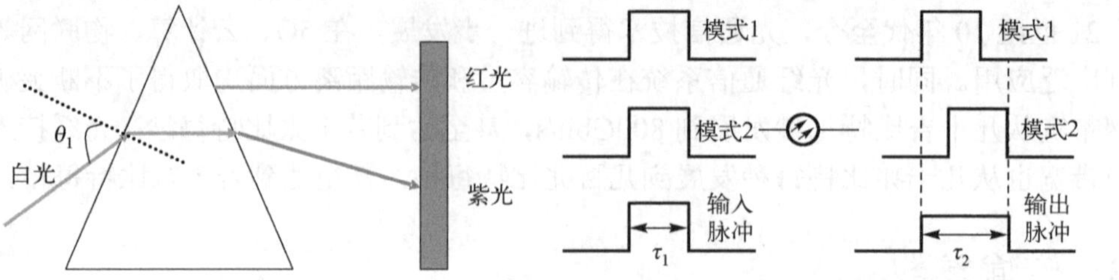

(a) 不同折射角引起的光波分离　　(b) 不同传输时延引起的脉冲展宽

图 1-5　色散示意图

1.3.3　增益与衰减

信号在各种介质构成的信道上传输时，都会因介质本身存在吸收、反射、折射、散射等特性，使其功率逐步损失掉，通常把信号功率的损失称为损耗或衰减。显然，传输信道越长，其损耗或衰减就越大，信号强度会越弱。为了防止信号功率被继续衰减以至于为零，造成通信中断，在信号传输一定距离后，需由传输信道沿途所设中继器或类似设备对衰减后的信号进行放大处理，补偿传输过程带来的衰耗。

1. 增益

当信号(电信号、光信号、无线电信号)经过某一传输系统时，若输出信号功率 P_{out} 大于输入信号功率 P_{in}，则称信号经过传输系统时受到增益 G 或传输系统对信号给予了放大，如电放大器、光放大器等，如图 1-6 所示。

图 1-6　增益与衰减

2. 衰减

当信号经过某一传输系统时，若输出信号功率 P_{out} 小于输入信号功率 P_{in}，则称信号经过传输系统时受到衰减 A 或传输系统对信号给予了衰减，如电衰减器、光衰减器等，如图 1-6 所示。

3. 增益与衰减大小的衡量

增益与衰减大小的衡量并不是直接用输出信号功率与输入信号功率的差值表示，而是采用输入信号功率与输出信号功率的比值，取以 e 为底的自然对数或取以 10 为底的常用对数来表示。这样，增益 G 和衰减 A 的公式如下：

$$G=-\frac{1}{2}\ln\frac{P_{in}}{P_{out}}\ \text{Np}\quad 或\quad G=-10\lg\frac{P_{in}}{P_{out}}\ \text{dB} \tag{1-1}$$

$$A=\frac{1}{2}\ln\frac{P_{in}}{P_{out}}\ \text{Np}\quad 或\quad A=10\lg\frac{P_{in}}{P_{out}}\ \text{dB} \tag{1-2}$$

式中，奈培(Np)和分贝(dB)均为传输单位。

1.3.4 传输电平

1. 传输电平的概念

根据声学知识，人耳对声音强弱变化的感知并非直接与信号功率的变化成正比，而是与信号功率变化的对数成正比。例如，当信号功率从 0.1mW 提升至 1mW，即功率增大 10 倍时，对人耳而言，声音响度的提升仅为对数函数下的结果，即 lg(1/0.1) = lg10 = 1 倍。同样地，人眼对亮度变化的感知也非直接与功率变化成正比，而是与功率变化的对数成正比。因此，选择功率比的对数作为传输单位，能够更准确地反映人类听觉和视觉的感知特性。

目前国际上通用的传输单位有两种，一种为分贝(用 dB 表示)，另一种为奈培(用 Np 表示)。传输电平就是用分贝或奈培这样的计量单位来表示信号大小或强弱的，也就是说，电平高意味着信号强、功率大、电压高、电流大，电平低则相反，这是传输当中的一个很重要的参数。

某点的电平，实质上是在传输系统中某一信号的实际测量功率(或电压、电流)与某一预先设定的参考点信号功率(或电压、电流)之间的比值，并取其对数值来表征。由于对数运算存在常用对数和自然对数两种形式，电平的表示方式也就相应地分为两类，以适应不同应用场景下的需求。

1) 以常用对数表示

当取常用对数时，电平的单位为分贝，以 dB 表示。

以功率进行计算时称为功率电平：

$$[L_P]=10\lg\frac{P_1}{P_2}\ \text{dB} \tag{1-3}$$

以电压进行计算时称为电压电平：

$$[L_U]=20\lg\frac{U_1}{U_2}\ \text{dB} \tag{1-4}$$

以电流进行计算时称为电流电平：

$$[L_I]=20\lg\frac{I_1}{I_2}\ \text{dB} \tag{1-5}$$

以上各式中的 P_1、U_1、I_1 分别表示测试点的功率、电压、电流；P_2、U_2、I_2 分别表示参考点的功率、电压、电流。

2) 以自然对数表示

当取自然对数时，电平的单位为奈培，以 Np 表示。

功率电平：

$$[L_P]=\frac{1}{2}\ln\frac{P_1}{P_2}\ \text{Np} \tag{1-6}$$

电压电平：

$$[L_U]=\ln\frac{U_1}{U_2}\ \text{Np} \tag{1-7}$$

电流电平：

$$[L_I]=\ln\frac{I_1}{I_2}\ \text{Np} \tag{1-8}$$

3）奈培和分贝之间的转换关系

有时需要将以奈培为单位的电平转换为以分贝为单位的电平，或反之将以分贝为单位的电平转换为以奈培为单位的电平。其转换关系如下：

$$\begin{aligned}1\text{Np}&=8.686\text{dB}\\ 1\text{dB}&=\frac{1\text{Np}}{8.686}=0.115\text{Np}\end{aligned} \tag{1-9}$$

传输电平可分为绝对电平和相对电平，两者的定义方式和符号都各不相同。

2. 绝对电平计算

1）基准参考点设置

在通信中，基准参考点的阻抗 $R_0=600\Omega$，设基准参考点的功率值 $P_0=1\text{mW}$ 时，可分别得到基准参考点电压值 U_0 和基准参考点电流值 I_0。

基准参考点电压值 U_0 是根据在 600Ω阻抗上获得 1mW 基准功率确定的，即

$$P_0=\frac{U_0^2}{600}=10^{-3}\text{W}\Rightarrow U_0=\sqrt{10^{-3}\times600}=0.775(\text{V}) \tag{1-10}$$

同理，基准参考点电流值 I_0 也是根据在 600Ω阻抗上获得 1mW 基准功率确定的，即

$$P_0=I_0^2\times600=10^{-3}\text{W}\Rightarrow I_0=\sqrt{\frac{10^{-3}}{600}}=1.29\times10^{-3}(\text{A})=1.29(\text{mA}) \tag{1-11}$$

2）绝对电平定义式

由于基准值取的不同，电平又分为绝对电平和相对电平。先介绍绝对电平。当测试点的阻抗 $R_X=R_0=600\Omega$时，以基准参考点的功率值 P_0、电压值 U_0、电流值 I_0 为参考值计算出该点电平值，分别称为绝对功率电平、绝对电压电平和绝对电流电平，其计算公式如下。

（1）绝对功率电平。若测试点阻抗 $R_X=600\Omega$，则测试点 X 的绝对功率电平可表示为

$$[L_P]=10\lg\frac{P_X(\text{mW})}{1\text{mW}}\ \text{dBm}\quad 或\quad [L_P]=\frac{1}{2}\ln\frac{P_X(\text{mW})}{1\text{mW}}\ \text{Np} \tag{1-12}$$

（2）绝对电压电平。若测试点阻抗 $R_X=600\Omega$，测试点的绝对功率电平与绝对电压电平在数值上是相等的，则测试点 X 的绝对电压电平可表示为

$$[L_U]=10\lg\frac{P_X(\text{mW})}{P_0}=10\lg\frac{\frac{U_X^2}{R_X}}{\frac{U_0^2}{R_0}}=20\lg\frac{U_X}{U_0}=20\lg\frac{U_X(\text{V})}{0.775\text{V}}\ \text{dBV} \tag{1-13}$$

或

$$[L_U]=\ln\frac{U_X(\text{V})}{0.775\text{V}}\ \text{Np}$$

（3）绝对电流电平。同理，测试点 X 的绝对电流电平可表示为

$$[L_I]=10\lg\frac{P_X}{P_0}=10\lg\frac{I_X^2R_X}{I_0^2R_0}=20\lg\frac{I_X}{I_0}=20\lg\frac{I_X(\text{mA})}{1.29\text{mA}}\ \text{dBI} \tag{1-14}$$

或

$$[L_I]=\ln\frac{I_1}{1.29\times10^{-3}}\ \text{Np}$$

例 1-1 设某传输设备中测试点阻抗 $R_X=600\Omega$，若该点信号功率分别为 0.1mW、1mW、10mW，试计算该点的绝对功率电平值。

解

$$[L_{P_1}]=10\lg\frac{0.1}{1}=10\lg10^{-1}=-10\text{dBm}$$

$$[L_{P_2}]=10\lg\frac{1}{1}=10\lg1=0\text{dBm}$$

$$[L_{P_3}]=10\lg\frac{10}{1}=10\lg10=10\text{dBm}$$

3) 正电平、负电平和零电平的意义

由例 1-1 可看出，绝对功率电平(或绝对电压电平、绝对电流电平)可为正、零、负值。

以功率电平为例，由定义可知，当 $P_X=P_0$ 时，电平为零，其含义是该点的功率等于基准功率。当 $P_X<P_0$ 时，电平是负值，其含义是该点的功率小于基准功率。

当 $P_X>P_0$ 时，电平是正值，其含义是该点的功率大于基准功率。对绝对功率电平来说，因为基准功率是 1mW，所以当 $P_X>$ 1mW 时，电平是正值；当 $P_X=$ 1mW 时，电平是零值；当 $P_X<$ 1mW 时，电平是负值。对于绝对电压电平和绝对电流电平也有类似的情况，只要将测试点的电压和电流分别与基准电压(0.775V)和基准电流(1.29×10^{-3}A)进行比较即可。

4) 绝对电平的修正值

当测试点阻抗 $R_X\neq600\Omega$ 时，测试点 X 的绝对功率电平为

$$[L_P]=10\lg\frac{P_X}{P_0}=10\frac{\dfrac{U_X^2}{R_X}}{\dfrac{U_0^2}{R_0}}=20\lg\frac{U_X}{U_0}+10\lg\frac{R_0}{R_X}\ \text{dBm} \tag{1-15}$$

由式(1-15)可知，此时测试点的绝对功率电平在数值上等于测试点的绝对电压电平再加上修正值 $K_X=10\lg=\dfrac{R_0}{R_X}$。

例 1-2 设某测试点阻抗 R_X 分别为 75Ω、150Ω、300Ω，则从电平表上读出的绝对电压电平值应加上多少修正值 K_X 才是测试点的绝对功率电平值？

解

$$K_X=10\lg\frac{R_0}{R_X}=10\lg\frac{600}{75}=9\text{dBm}$$

$$K_X=10\lg\frac{R_0}{R_X}=10\lg\frac{600}{150}=6\text{dBm}$$

$$K_X = 10\lg\frac{R_0}{R_X} = 10\lg\frac{600}{300} = 3\text{dBm}$$

综上所述，当测试点阻抗为 600Ω 时，用电平表测出的该点绝对电压电平值在数值上等于该点绝对功率电平值。当测试点阻抗分别为 75Ω、150Ω、300Ω 时，用电平表上读出的绝对电压电平值必须分别加 9dBm、6dBm、3dBm 修正值后，在数值上才等于该点的绝对功率电平值。

3. 相对电平计算

电信传输系统中，测试点的信号功率 P_1(或电压、电流)与任选某一参考点(非特殊的基准参考点 P_0、U_0、I_0)的信号功率 P_2(或电压、电流)之比取对数值，称测试点相对于某一参考点的相对功率(或电压、电流)电平。

1)相对功率电平

设 P_2 为某参考点的信号功率，P_1 为测试点的功率，则两点间的相对功率电平为

$$[L_P] = 10\lg\frac{P_1}{P_2}\ \text{dB} \quad 或 \quad [L_P] = \frac{1}{2}\ln\frac{P_1}{P_2}\ \text{Np} \tag{1-16}$$

2)相对电压电平

设 U_2 为某参考点的信号电压，U_1 为测试点的电压，则两点间的相对电压电平为

$$[L_U] = 20\lg\frac{U_1}{U_2}\ \text{dB} \quad 或 \quad [L_U] = \ln\frac{U_1}{U_2}\ \text{Np} \tag{1-17}$$

3)相对电流电平

设 I_2 为某参考点的信号电流，I_1 为测试点的电流，则两点间的相对电流电平为

$$[L_I] = 20\lg\frac{I_1}{I_2}\ \text{dB} \quad 或 \quad [L_I] = \ln\frac{I_1}{I_2}\ \text{Np} \tag{1-18}$$

4. 绝对电平与相对电平之间的关系

以功率电平为例进行说明，由式(1-16)可知：

$$\begin{aligned}[L_P] &= 10\lg\frac{P_1}{P_2} = 10\lg\frac{\dfrac{P_1(\text{mW})}{1\text{mW}}}{\dfrac{P_2(\text{mW})}{1\text{mW}}} \\ &= 10\lg\frac{P(\text{mW})_1}{1\text{mW}} - 10\lg\frac{P_2(\text{mW})}{1\text{mW}} = [L_{P_1}] - [L_{P_2}]\end{aligned} \tag{1-19}$$

可见，两点间的相对功率电平等于该两点的绝对功率电平之差。这种关系对于电压电平和电流电平都成立。

需要强调的是，增益、衰减与电平的计算公式和计算单位虽然一样，但其含义却完全不同。增益和衰减是传输网络输入、输出两功率之比取对数，而电平是测试点与基准参考点的两功率之比取对数。

习 题 一

1. 什么是通信？如何理解通信？

2. 什么是通信系统？最简单的通信系统包括什么？

3. 什么是光通信？简要描述你的理解。

4. 以功率电平为例，请简述正电平、负电平和零电平的含义。

5. 试简述绝对电平和相对电平的意义以及两者之间的关系。

6. 已知测试点的阻抗 $R_L = 75\Omega$，其电压为 0.95V，试计算测试点上的绝对功率电平是多少？

7. 求电路某点的绝对功率电平分别为如下值时对应的功率值。

(1) 0.5Np；(2) −0.5Np；(3) −5dBm；(4) 5dBm；(5) 0dBm

8. 已知测试点功率为 0.2W，线路始端功率为 10mW，求测试点的相对功率电平值。

9. 已知测试点电压为 0.7V，线路始端电压为 1.2V，求测试点的相对电压电平值。

第 2 章 光纤传输理论

微课视频

光纤，全称为光导纤维，是一种由玻璃或塑料制成的纤维，是工作在光波频率下的一种圆波导，能引导光能沿着轴线平行方向传输，为光波的传输提供通道。在实际的工程应用中，往往将若干根光纤与加强构件和外护层制成光缆，以便适应复杂多变的应用场景。

光波实质上也是电磁波，波长为 1μm 量级。电磁波的频谱很宽，如图 2-1 所示。常用微波波长为厘米、毫米级，而光波波长却为微米级，对应的频率为 10^{14}Hz 量级，因而其频率是常用微波频率的 10^4～10^5 倍，从原理上讲，光纤通信的通信容量是微波通信容量的 10^4～10^5 倍。

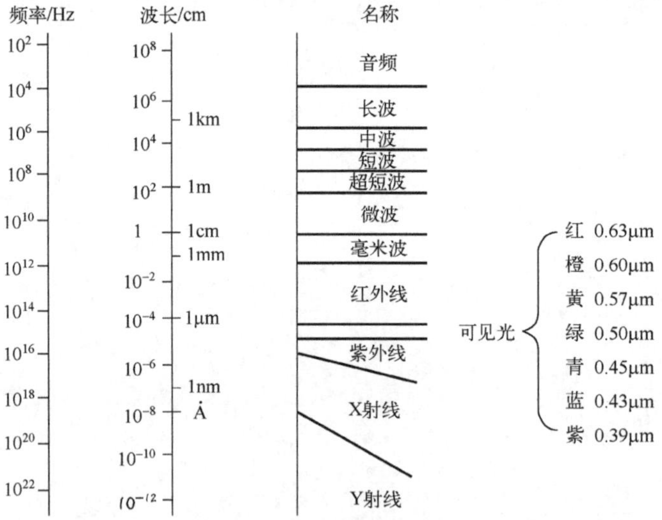

图 2-1 电磁波谱

用作通信的光纤虽然很细，但其导光的传输理论却很复杂，可采用两种方式进行分析：射线理论和波动理论。射线理论是用几何光学的分析方法，将光看作传播的“光线”，物理描述直观，可以解决一些实际问题。此时必须满足光波传输的空间与“光线”的直径远大于光的波长，或者说当光波长$\lambda \to 0$ 而能忽略时，才具有合理性，因此适用于光纤的芯径远远大于工作光波长($2a \gg \lambda$)的多模光纤。波动理论是把光纤中的光作为经典电磁场来处理，因此光场必须服从麦克斯韦方程组以及边界条件，从而可以得到全面、严密、精确的结果。

2.1　光纤简介

光纤是光纤通信中最重要的传输媒介。本节首先对光纤的结构、分类等基本特性进行介绍。

2.1.1　光纤的结构

实用的光纤是由多层透明介质构成的，一般可以分为三层：折射率较大的纤芯、折射率较小的包层和涂覆层，如图 2-2 所示。纤芯和包层的结构满足导光要求，控制光波沿纤芯传播；涂覆层主要起保护作用(因不用作导光，故可染成各种颜色)。为满足不同导光的要求，包层可做成单层，也可做成多层。涂覆层一般分为一次涂覆层和二次涂覆层。二次涂覆层是在一次涂覆层的外面再涂上一层热塑材料，故又称为套塑。用作通信的光纤，其纤芯的直径为 5～10μm(单模光纤)或 50～100μm(多模光纤)，包层外直径均为 125μm。

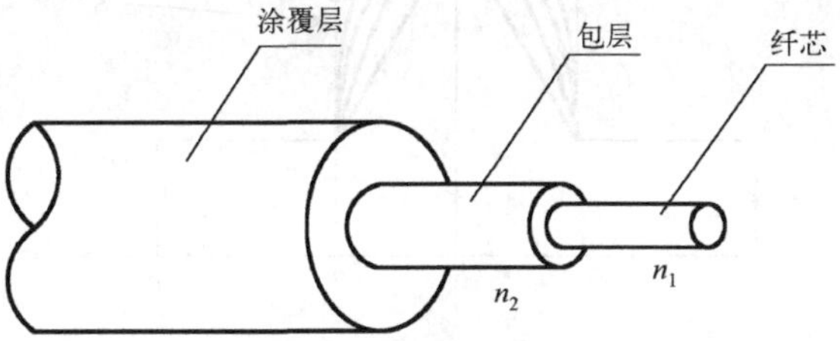

图 2-2　光纤结构示意图

对光纤传输特性具有重要影响的因素包括：纤芯的大小、纤芯材料的折射率大小及分布、包层材料的折射率大小。包层材料的折射率保持为一个恒定值，若采用多层包层设计，则各包层的折射率将有所不同。纤芯材料的折射率可以是均匀的，也可以随着纤芯半径 r 的变化而变化。为精确描述这一变化，通常采用折射率沿半径的分布函数 $n_1(r)$ 表示。

2.1.2　光纤的分类

光纤的分类方式繁多，主要包括如下几种。

1. 按纤芯的折射率分布分类

根据纤芯的折射率分布，可将光纤分为阶跃光纤(step-index fiber，SIF)和渐变光纤(graded index fiber，GIF)，具体分布如图 2-3 所示。阶跃光纤的特点在于，其纤芯和包层的折射率均为常数，而在纤芯与包层的交界处，折射率存在明显的突变。阶跃光纤的横截面折射率分布具体表现为：在纤芯内部，折射率保持为一个定值；当光线从纤芯进入包层时，折射率将发生跳变。

$$n(r)=\begin{cases} n_1, & r \leqslant a \quad (\text{纤芯}) \\ n_2, & r > a \quad (\text{包层}) \end{cases} \tag{2-1}$$

渐变光纤：纤芯折射率沿半径方向不断变化，轴心处的折射率最大，随 r 的增大，折射率逐渐减小，直至等于包层折射率。渐变光纤的剖面折射率分布为

$$n(r)=\begin{cases} n_1\left[1-2\Delta\left(\dfrac{r}{a}\right)^g\right]^{\frac{1}{2}}, & r\leqslant a \quad (纤芯) \\ n_2, & r>a \quad (包层) \end{cases} \tag{2-2}$$

式中，g 是折射率分布指数，它取不同的值时，折射率分布不同，如图 2-3 所示；a 为光纤纤芯的半径，多模光纤的纤芯半径一般为几十微米，如 50μm、62.5μm 和 100μm 等规格，单模光纤的纤芯半径一般为 8～10μm；Δ 为相对折射率差，定义为 $\Delta=(n_1-n_2)/n_1$，如果是渐变光纤，则 $\Delta=[n(0)-n_2]/n(0)$。

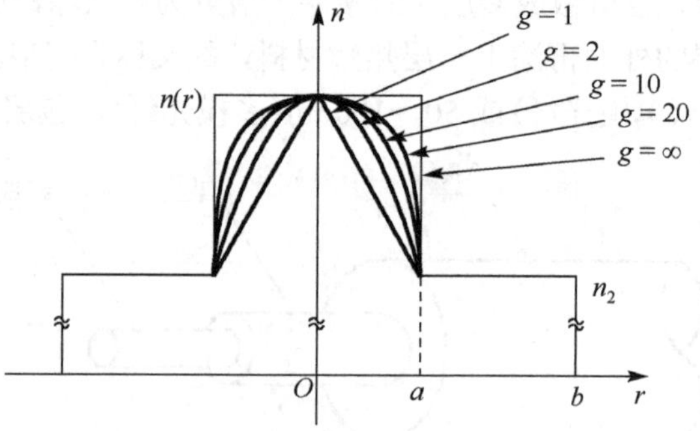

图 2-3　g 为不同值时折射率 $n(r)$ 分布曲线

2. 按传输的模式数量分类

根据光纤中存在传输模式的数量，可将光纤分为多模光纤(multi-mode fiber，MMF)和单模光纤(single-mode fiber，SMF)。

在工作波长一定的情况下，多模光纤存在多个传输模式。根据折射率分布不同，又可以分为阶跃多模光纤和渐变多模光纤。多模光纤的传输特性较差，带宽较窄，传输容量较小。

在既定的工作波长条件下，单模光纤仅支持一种传输模式，即基模(最低阶模)的传输。单模光纤确保不存在模间传输时延差，从而拥有显著优于多模光纤的带宽容量，这对高速数据传输的需求而言，具有至关重要的意义。

3. 按 ITU-T 标准分类

根据 ITU-T 标准，可将光纤分为 G.651 光纤(多模光纤)、G.652 光纤(标准单模光纤)、G.653 光纤(色散位移光纤)、G.654 光纤(低损耗光纤)和 G.655 光纤(非零色散位移光纤)。

几种基本类型光纤的主要特性如图 2-4 所示。

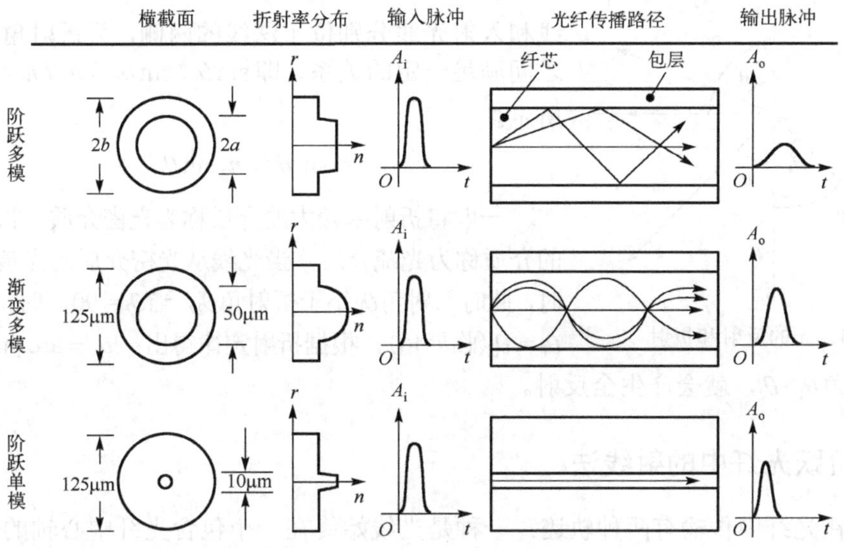

图 2-4　常见光纤的特性

2.2　基于射线理论的光纤导光原理分析

采用射线法分析光纤导光原理，需要从光学定律出发，再通过光线在不同介质中的传播情况加以分析，从而得到导光条件。

2.2.1　基本光学定律

光的直线传播定律：在各向同性的均匀介质中，光沿直线传播。这一定律解释了小孔成像、日食等日常现象，并且当光在传播过程中遇到障碍物时，会在障碍物后方形成影子。

光在均匀介质中的传播速度为

$$v = \frac{c}{n} \tag{2-3}$$

式中，$c = 3\times10^5$km/s，是光在真空中的传播速度；n 是介质的折射率，常见介质如空气的折射率为 1.00029，可近似为 1，玻璃的折射率约为 1.45。

光的独立传播定律：不同光源发出的光线从不同方向相遇时，彼此不影响，即各光线的传播不受其他光线影响。

光的反射定律：当一束光线入射到介质表面时，会有一部分光反射回原来的介质，这一光线称为反射光线。反射角等于入射角，且入射光线、反射光线和法线在同一平面内，如图 2-5 所示。

$$\theta_1 = \theta_1' \tag{2-4}$$

光的折射定律：当一束光线投射到介质表面时，除了有一部分光发生反射外，也有另外一部分光通过介质分界面进入第二传输介质中，这一束光线称为折射光线。折射光

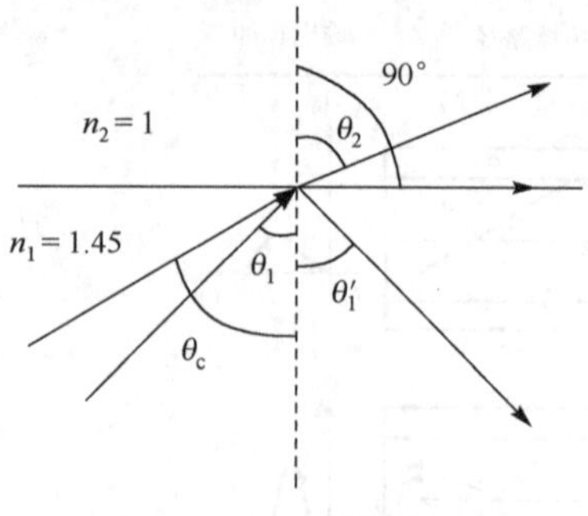

图 2-5 光的反射和折射

线和入射光线分别位于法线的两侧，且折射角与入射角之间满足一定的关系，即 $\sin\theta_1/\sin\theta_2=n_2/n_1$，如图 2-5 所示。

$$n_1\sin\theta_1=n_2\sin\theta_2 \tag{2-5}$$

一般将折射率较大的介质称为光密介质，折射率较小的介质称为光疏介质，当光线从光密介质向光疏介质入射时，此时入射角θ_1小于折射角θ_2，当$\theta_2=90°$时，则入射角$\theta_1=\theta_c$(临界角)，根据折射定律得出：$\theta_c=\arcsin(n_2/n_1)$，只要入射角$\theta_1>\theta_c$，就会产生全反射。

2.2.2 阶跃光纤中的射线法

光线在光纤中传输有两种轨迹：一种是光线始终在一个包含光纤中心轴的平面内传播，一个传播周期与中心轴相交两次，称为子午线，含光纤中心轴的平面就称为子午面，如图 2-6(a)所示；另一种是传播轨迹不在同一个平面内，且不与光纤中心轴相交，这种光线就称为斜射光线，如图 2-6(b)所示。下面以子午线为例分析光线在阶跃光纤中的传播原理。

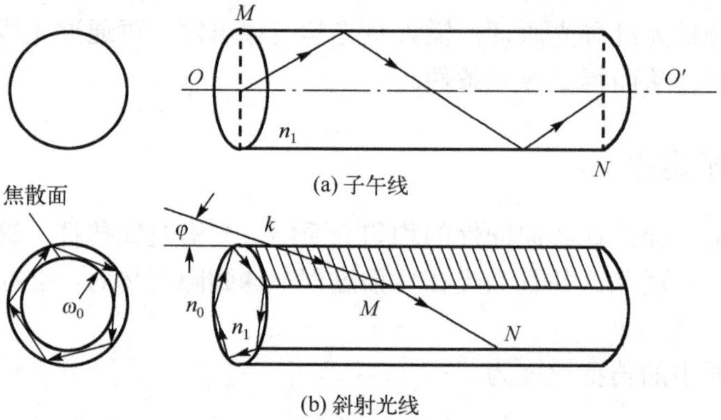

图 2-6 光纤中的射线

如图 2-7 所示，已知纤芯半径为 a，纤芯折射率为 n_1，包层折射率为 n_2，且 $n_1>n_2$。当光线①以角 φ_1 从空气($n_0=1$)入射到光纤端面时，将有一部分光进入光纤，此时 $n_0\sin\varphi_1=n_1\sin\theta_z$。由于纤芯折射率 $n_1>n_0$(空气折射率)，则$\theta_z<\varphi_1$，光线继续传播，以角$\theta_1=(90°-\theta_z)$入射到纤芯和包层的界面处。如果θ_1小于纤芯包层界面的临界角θ_c，一部分光线将折射进包层而损耗掉，另一部分反射进入纤芯。经过多次反射、折射后，光线能量很快就损耗完。当θ_1增大到临界角θ_c时(如光线②)，此光线将会在纤芯和包层界面发生全反射，能量全部反射回纤芯，此时$\theta_{z0}=(90°-\theta_c)$，从而可以计算出 φ_0。只要入射角小于 φ_0，入射光线就可以在光纤中发生全反射，当它继续传播再次遇到芯包界面时，会再次发生全反射。如此反复，光线就能从一端沿着折线传到另一端。

假设当 $\varphi_1=\varphi_0$ 时，$\theta_z=\theta_{z0}$，$\theta_1=\theta_c$，则有

$$
\begin{aligned}
n_0 \sin\varphi_0 &= n_1 \sin\theta_{z0} = n_1 \sin(90^\circ - \theta_c) = n_1 \cos\theta_c \\
&= n_1\sqrt{1-\sin^2\theta_c} = n_1\sqrt{1-\left(\frac{n_2}{n_1}\right)^2} = \sqrt{n_1^2 - n_2^2} = n_1\sqrt{2\Delta}
\end{aligned} \tag{2-6}
$$

注意：当 n_1、n_2 相差很小时，$\Delta = \dfrac{n_1 - n_2}{n_1} \approx \dfrac{n_1^2 - n_2^2}{2n_1^2}$，故式(2-6)成立。

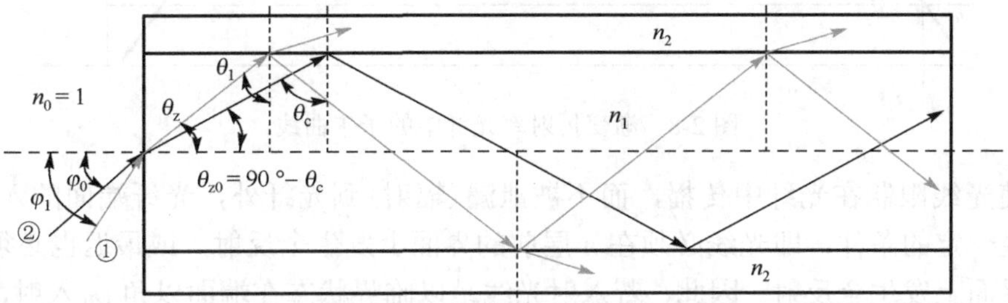

图 2-7　光纤中的子午线传播

由式(2-6)可推出，φ_0 为纤芯端面的最大入射角，$2\varphi_0$ 为光纤的最大可接收角。引入光纤数值孔径(numerical aperture，NA)，其定义式为

$$
\mathrm{NA} = n_0 \sin\varphi_0 = \sqrt{n_1^2 - n_2^2} = n_1\sqrt{2\Delta} \tag{2-7}
$$

NA 是衡量光纤捕获光线能力的重要参数。只有当入射角小于光纤的最大入射角时，光线才能满足全反射条件，从而被限制在纤芯内并沿轴向传播。从式(2-7)可以看出，当 n_1 与 n_2 的差值增大，即 Δ 增大时，光纤的数值孔径也会随之增大，进而提升其集光能力。通信领域使用的光纤通常具有较小的数值孔径，称为弱导光纤。

2.2.3　渐变光纤中的射线法

渐变光纤纤芯的折射率是变化的，各点折射率大小随半径 r(该点到轴心的距离)的增加而逐渐减小，直到在纤芯包层界面处的折射率等于包层的折射率。分析渐变光纤中光线的传播，可以采用与数学中微分相同的办法。先将光纤纤芯分成 n 个同心的薄圆柱层，因每一层的厚度很薄，故折射率在每一层中近似为常数，邻层的折射率有一差值，但相差很小。一个渐变光纤的子午面及分层示意，如图 2-8 所示，各层之间的折射率满足以下关系：$n(r_0) > n(r_1) > n(r_2) > n(r_3) > \cdots > n(r_n)$。

假设光线在距离轴心 r_0 处以角 φ_0 从光纤端面入射，在多层折射率分布光纤中以传播入射角 θ_1 射到 1、2 层的分界面时，由于光线是从光密介质射向光疏介质，其折射角 θ_1' 将比 θ_1 大；由图 2-8 可知，此光线又以 $\theta_2 = \theta_1'$ 为新的入射角在 2、3 层界面发生折射，依此类推，入射角将会逐渐增大，即有 $\theta_1 < \theta_2 < \theta_3 < \theta_4 < \theta_5 < \cdots$，直到某一界面处入射角大于临界角时，光线在此处发生全反射。此后，光线以完全对称的轨迹，一层层由疏到密的方向折向中心轴，随光线向中心传播，在相应各层的入射角会因各层折射率的增加而减小，并穿越中心轴。由于中心轴下方的折射率分布和上方完全一样，随后又产生全反射，折回中心轴，继而又重新以角 θ_1 入射到 1、2 层界面，周而复始，这样光线就能从一端传输到另一端。

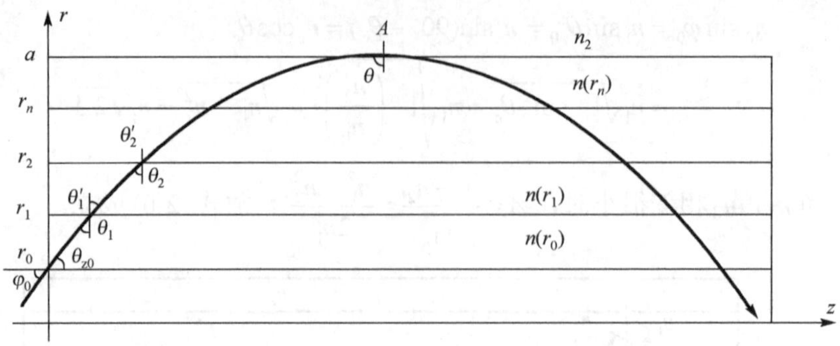

图 2-8　渐变折射率光纤中的子午曲线

要使光线限制在光纤中传播，而不被泄漏（辐射）到光纤外，光纤端面的入射角 φ_0 必须满足一定的条件，即光线必须在 n 层前的界面上发生全反射，或最迟也必须在 n 层与包层界面上发生全反射。因此，若入射光线是以临界状态在端面以角 φ_0 入射，那么此光线从第一层到第 n 层都会受到折射，致使纤芯内入射角逐渐增大，并在第 n 层与包层界面处发生转折，故有

$$n(r_0)\sin\theta_1 = n(r_1)\sin\theta_2 = n(r_2)\sin\theta_3 = \cdots = n(r_n)\sin\theta_n \tag{2-8}$$

在转折点 A 处，射线与光纤轴平行，此时 $\theta = 90°$，折射率等于包层折射率，$n(r) = n_2$，故有

$$n(r_0)\sin\theta_1 = n(r_n)\sin\theta_n = n_2$$

可以推出：

$$n_0\sin\varphi_0 = n(r_0)\sin\theta_{z0} = n(r_0)\sin(90° - \theta_1)$$

$$= n(r_0)\cos\theta_1 = n(r_0)\sqrt{1-\sin^2\theta_1} = n(r_0)\sqrt{1-\left[\frac{n_2}{n(r_0)}\right]^2}$$

从而求出光纤的本地数值孔径：

$$\mathrm{NA}(r_0) = n_0\sin\varphi_0 = n(r_0)\sqrt{1-\frac{n_2^2}{n^2(r_0)}} = \sqrt{n^2(r_0)-n_2^2} \tag{2-9}$$

由此可见，要使光线全部限制在光纤纤芯中，角 φ_0 必须满足式(2-9)的关系。角 φ_0 的大小只与入射点的折射率和包层折射率有关，而与中间各层的折射率无关。光纤的轴线上，折射率最大，数值孔径也最大。随着角 φ_0 的减小，光线将在离第一层更近处发生全反射。

如果 n 趋于无穷大，每层的厚度趋于零，相邻层之间的折射率趋于连续变化，此时图 2-8 的传播轨迹应是一条斜率连续变化的曲线。

综上所述，光纤之所以能导光，是因为基于纤芯折射率略高于包层折射率的物理特性。当光线以小于或等于最大入射角 φ_0 的角度入射时，这些光线能够被有效收集至光纤内部，并在纤芯与包层的界面处实现全反射，从而确保光线被严格限制在光纤内传播。通过光纤的数值孔径参数，可以进一步解析光纤中光功率沿其半径 r 的分布状态。

由于渐变光纤纤芯折射率是变化的，因此纤芯端面上不同点的集光能力是不同的，依赖于本地数值孔径。设光源对光纤均匀激发，纤芯处和离轴线为 r 处的功率密度各为 $p(0)$、$p(r)$，则有

$$\frac{p(r)}{p(0)}=\frac{\mathrm{NA}^2(r)}{\mathrm{NA}^2(0)}=\frac{n^2(r)-n_2^2}{n^2(0)-n_2^2} \tag{2-10}$$

式(2-10)说明某点数值孔径越大，收集到的光功率越强。

2.3　基于波动理论的光纤传输原理分析

采用波动理论对光波在光纤中的传输情况进行分析，是通过求解特定边界条件下的麦克斯韦方程获得电磁场分布，从而分析光纤传输特性。根据求解麦克斯韦方程的不同，又分为严格的矢量分析法和近似的标量分析法，本节只介绍阶跃光纤的标量分析法。

对于时谐振荡的光波，在阶跃光纤中满足矢量亥姆霍兹方程：

$$\begin{cases}\nabla^2\boldsymbol{E}+k_0^2n^2\boldsymbol{E}=\boldsymbol{0}\\ \nabla^2\boldsymbol{H}+k_0^2n^2\boldsymbol{H}=\boldsymbol{0}\end{cases} \tag{2-11}$$

式中，$k_0=2\pi/\lambda$，是真空中的波数，λ是真空中的光波长；n 是介质的折射率。

在应用时需要将矢量方程简化为直角坐标系中任一分量的标量亥姆霍兹方程。下面先从 E_y、H_y 横向分量的标量亥姆霍兹方程入手，再通过电磁场的横向分量与纵向分量的关系，求出其他分量。

2.3.1　阶跃光纤中 LP 模的场方程

线极化模(linear polarization mode，LP 模)是 D.Glogy 在 1971 年提出来的光纤传输模式，LP 模的基本出发点是不考虑 TE、TM、HE、EH 模的具体区别，仅仅关注它们的整体极化效果和传输常数。若将 TE、TM、HE、EH 模线性叠加，在直角坐标系中得到的是线极化模，LP 模在弱导光纤($n_2≈n_1$)中传播的模式近似为 TEM 波，故 E_z 和 H_z 非常小，因此先求横向分量，再求纵向分量 E_z 和 H_z。

采用圆柱坐标系，如图 2-9 所示。

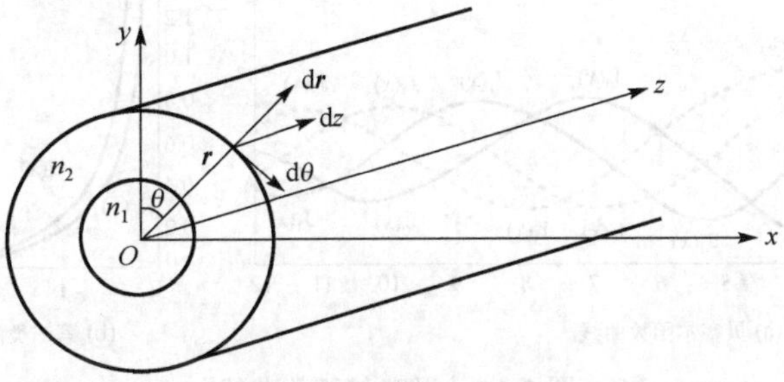

图 2-9　光纤的坐标系

在弱导光纤中，横向电场偏振方向在传输过程中保持不变，可用一个标量来描述。设横向电场的偏振方向沿 y 轴方向，它满足标量亥姆霍兹方程，有

$$\nabla^2 E_y(r,\theta,z)+k_0^2n^2E_y(r,\theta,z)=0 \tag{2-12}$$

对于理想规则介质波导，可得

$$E_y(r,\theta,z)=AE_y(r,\theta)\mathrm{e}^{-\gamma z} \tag{2-13}$$

可以对横向变量进一步分离，并可直接得出关于 $\Theta(\theta)$ 的解：

$$\Theta(\theta)=A_1\cos m\theta+A_2\sin m\theta=A_m\begin{cases}\cos m\theta\\ \sin m\theta\end{cases} \tag{2-14}$$

对于 $R(r)$，可得如下方程：

$$\frac{r^2\partial^2R(r)}{\partial r^2}+\frac{r\partial R(r)}{\partial r}+(k_\mathrm{c}^2r^2-m^2)R(r)=0 \tag{2-15}$$

假设光纤为理想介质，即衰减系数 $\alpha=0$，则有 $k_\mathrm{c}^2=k^2-\beta^2$，且 $k^2=k_0^2n^2$，则 $R(r)$ 描述导波沿 r 方向的变化规律，并考虑纤芯和包层中的折射率为 n_1 和 n_2，a 为纤芯半径，得

$$\begin{cases}r^2\dfrac{\mathrm{d}^2R(r)}{\mathrm{d}r^2}+r\dfrac{\mathrm{d}R(r)}{\mathrm{d}r}+[(k_0^2n_1^2-\beta^2)r^2-m^2]R(r)=0, & r\leqslant a\\[2ex] r^2\dfrac{\mathrm{d}^2R(r)}{\mathrm{d}r^2}+r\dfrac{\mathrm{d}R(r)}{\mathrm{d}r}+[(k_0^2n_2^2-\beta^2)r^2-m^2]R(r)=0, & r>a\end{cases} \tag{2-16}$$

经过数学处理，可将上述方程分别化为标准的贝塞尔方程，对其求解，并根据光纤导光的物理意义获得合适的解。导波在纤芯中为振荡解，其解取第一类贝塞尔函数；在包层中是衰减解，其解取第二类修正的贝塞尔函数，于是有

$$\begin{cases}R(r)=\mathrm{J}_m[(n_1^2k_0^2-\beta^2)^{1/2}r], & r\leqslant a\\ R(r)=\mathrm{K}_m[(\beta^2-n_2^2k_0^2)^{1/2}r], & r>a\end{cases} \tag{2-17}$$

式中，$\mathrm{J}_m(x)$ 为 m 阶第一类贝塞尔函数；$\mathrm{K}_m(x)$ 为 m 阶第二类修正的贝塞尔函数，如图 2-10 所示。

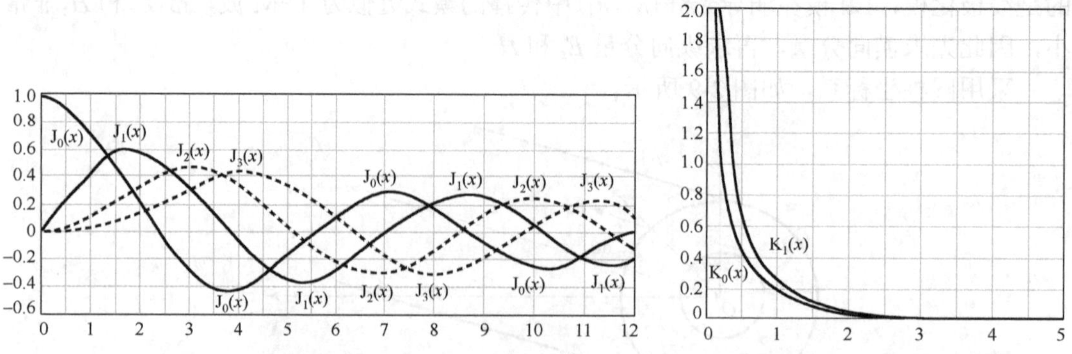

(a) 贝塞尔函数曲线

(b) 第二类修正的贝塞尔函数曲线

图 2-10　贝塞尔函数曲线

为了便于分析，引入几个重要无量纲参数，令

$$\begin{cases} U = a\sqrt{(n_1^2 k_0^2 - \beta^2)} \\ W = a\sqrt{(\beta^2 - n_2^2 k_0^2)} \end{cases} \tag{2-18}$$

式中，U 称为导波径向归一化相位常数；W 称为导波径向归一化衰减常数。它们分别表示在光纤的纤芯和包层中导波场沿径向 r 的分布情况。

由 U 和 W 可得出另一个参数，即归一化频率 V：

$$V = \sqrt{U^2 + W^2} = k_0 a\sqrt{n_1^2 - n_2^2} \approx n_1 k_0 a\sqrt{2\Delta} = \frac{2\pi n_1 a\sqrt{2\Delta}}{\lambda_0} \tag{2-19}$$

由式(2-19)可知，V 与光纤的结构参数 a、Δ、n_1 及工作波长密切相关，是一个重要的综合参数，光纤的很多特性都与 V 有关。

因此，$E_y(r,\theta,z) = AE_y(r,\theta)\mathrm{e}^{-\gamma z}$ 的分量为

$$\begin{cases} E_{y1} = \mathrm{e}^{-\mathrm{j}\beta z}\cos m\theta\, A_1 \mathrm{J}_m \dfrac{Ur}{a}, & r \leqslant a \\ E_{y2} = \mathrm{e}^{-\mathrm{j}\beta z}\cos m\theta\, A_2 \mathrm{K}_m \dfrac{Wr}{a}, & r > a \end{cases} \tag{2-20}$$

这里，$\Theta(\theta)$ 取余弦函数的解。

利用光纤的边界条件可确定式中的常数。首先根据边界条件找出 A_1、A_2 之间的关系。在 $r = a$ 处，因 $E_{y1} = E_{y2}$，可得 $A_1\mathrm{J}_m(U) = A_2\mathrm{K}_m(W) = A$，将此式代入式(2-20)中，得

$$\begin{cases} E_{y1} = \dfrac{A\mathrm{e}^{-\mathrm{j}\beta z}\cos m\theta\, \mathrm{J}_m \dfrac{Ur}{a}}{\mathrm{J}_m(U)}, & r \leqslant a \\ E_{y2} = \dfrac{A\mathrm{e}^{-\mathrm{j}\beta z}\cos m\theta\, \mathrm{K}_m \dfrac{Wr}{a}}{\mathrm{K}_m(W)}, & r > a \end{cases} \tag{2-21}$$

根据电磁波的性质，对于 TEM 波，有 $Z = Z_0 / n = -E_y / H_x$。光纤中的电磁波近似为 TEM 波，因此 H_x 的分量为

$$\begin{cases} H_{x1} = -\dfrac{n_1}{Z_0} E_{y1}, & r \leqslant a \\ H_{x2} = -\dfrac{n_2}{Z_0} E_{y2}, & r > a \end{cases} \tag{2-22}$$

式中，$Z_0 = \sqrt{\mu_0 / \varepsilon_0} = 377\Omega$，是自由空间波阻抗。

根据麦克斯韦方程组，可求出纵向分量 E_z、H_z 与横向分量 E_y、H_x 之间的关系：

$$\begin{cases} E_z = \dfrac{\mathrm{j}}{\omega\varepsilon} \cdot \dfrac{\mathrm{d}H_x}{\mathrm{d}y} = \dfrac{\mathrm{j}Z_0}{k_0 n^2} \cdot \dfrac{\mathrm{d}E_y}{\mathrm{d}y} \\ H_z = \dfrac{\mathrm{j}}{\omega\mu_0} \cdot \dfrac{\mathrm{d}E_y}{\mathrm{d}x} = \dfrac{\mathrm{j}}{k_0 Z_0} \cdot \dfrac{\mathrm{d}E_y}{\mathrm{d}x} \end{cases} \tag{2-23}$$

将 E_y、H_x 代入式(2-23)，即可求出 E_z、H_z。有了电磁场的纵向分量 E_z、H_z，可以通过麦克斯韦方程组导出电磁场横向分量 E_r、H_r 和 E_θ、H_θ的表达式。具体结果请参阅电磁场相关资料，不再赘述。

进一步，利用芯包界面上切向分量连续的条件，即 $r=a$ 处，$E_{z1}=E_{z2}$，并忽略 n_1 和 n_2 之间的微小差别(即令 $n_1=n_2$)，可得标量模的特征方程：

$$\begin{cases} U\dfrac{\mathrm{J}_{m+1}(U)}{\mathrm{J}_m(U)}=W\dfrac{\mathrm{K}_{m+1}(W)}{\mathrm{K}_m(W)} \\ U\dfrac{\mathrm{J}_{m-1}(U)}{\mathrm{J}_m(U)}=-W\dfrac{\mathrm{K}_{m-1}(W)}{\mathrm{K}_m(W)} \end{cases} \tag{2-24}$$

根据贝塞尔函数的递推公式可以证明，式(2-24)中的两方程是相等的，择一求解即可确定 W(或 U)和相位常数β，确定光纤中的场分布及其特性。但该方程求解很复杂，考虑到光纤通信的实际应用，本节只讨论截止和远离截止两种情况下的解。

2.3.2 光纤的 LP 模及其特性

LP 模有很多种模式，用 LP_{mn} 来表示具体的模场分布。不同的模式，有不同的场结构(图案)，但如果它们具有相同的传输常数 k_c 值，则认为这些模式是简并的。LP_{mn} 由 $\mathrm{HE}_{m+1,n}$ 模和 $\mathrm{EH}_{m-1,n}$ 模线性叠加而成，例如，LP_{0n} 模由 HE_{1n} 模得到；LP_{1n} 模由 HE_{2n} 模、TM_{0n} 模和 TE_{0n} 模线性组合而得；LP_{2n} 模由 HE_{3n} 模和 EH_{1n} 模线性组合获得，依此类推。

1. LP_{mn}模的归一化截止频率 V_c

对光纤来说，如果包层出现了辐射模，则导波会截止，当某一模式截止时，它就不能传输下去，通常以径向归一化衰减常数 W 来衡量。如果 $W^2>0$，导波电磁场在纤芯外的包层沿半径方向近似于指数衰减，电磁能量就集中在纤芯中。如果 $W^2<0$，即 W 为虚数，包层中的电磁场不再沿半径方向衰减，而是振荡的，故成为辐射模，导波将截止。因此，将 $W^2=0$ 作为导波发生截止的标志，此时的 W 记作 W_c，当 $W_\mathrm{c}=0$ 时，对应的归一化径向相位常数记作 U_c，归一化截止频率记作 V_c，有

$$V_\mathrm{c}^2=U_\mathrm{c}^2+W_\mathrm{c}^2=U_\mathrm{c}^2 \quad 或 \quad V_\mathrm{c}=U_\mathrm{c} \tag{2-25}$$

由截止条件 $W_\mathrm{c}=0$ 的特征方程可得

$$U_\mathrm{c}\frac{\mathrm{J}_{m-1}(U_\mathrm{c})}{\mathrm{J}_m(U_\mathrm{c})}=-W_\mathrm{c}\frac{\mathrm{K}_{m-1}(W_\mathrm{c})}{\mathrm{K}_m(W_\mathrm{c})}=0 \tag{2-26}$$

由此可得 $U_\mathrm{c}\neq0$，进而得 $\mathrm{J}_{m-1}(U_\mathrm{c}=\mu_{mn})=0$，其中$\mu_{mn}$是 m 阶贝塞尔函数的第 n 个根。

由式(2-25)可知，LP_{mn} 模的归一化截止频率 $V_{\mathrm{c}mn}=U_{\mathrm{c}mn}$。当 m 取不同值时，可以求解出对应的 $U_\mathrm{c}(V_\mathrm{c})$值。较低阶 LP_{mn} 模的 U_c 值见表 2-1，其中 LP_{01} 模的 $U_\mathrm{c}=0$，$V_\mathrm{c}=0$，意味着该模式无截止波长、无截止情况，该模式称为基模。第二个归一化截止频率较低的模式是 LP_{11} 模，称为二阶模，其 $V_\mathrm{c}=2.4048$。其他模式的 $V_\mathrm{c}=U_\mathrm{c}$ 值更大，基模以外的模式均为高阶模。

表 2-1　截止情况下的 LP_{mn} 模的 U_c 值（$U_c = V_c$）

n	m				
	0	1	2	3	4
1	0	2.4048	3.8317	5.1356	6.3802
2	3.8317	5.5201	7.0156	8.4172	9.761
3	7.0156	8.6537	10.1735	11.6198	13.0152
4	10.1735	11.7915	13.3237	14.796	16.2235
5	13.3237	14.9309	16.4706	17.9598	19.4094

光纤的每个模式，都对应有一个截止波长λ_c，当工作波长$\lambda<\lambda_c$时，该模式可以传输；当$\lambda>\lambda_c$时，该模式截止。由 V_c 与λ_c的关系可求出该模式的截止波长λ_c：

$$\begin{cases} V_c = \dfrac{2\pi n_1 a\sqrt{2\Delta}}{\lambda_c} \\ \lambda_c = \dfrac{2\pi n_1 a\sqrt{2\Delta}}{V_c} \end{cases} \tag{2-27}$$

注意：对任一模式而言，归一化截止频率 V_c 是不变的。若光纤中的参数发生变化，该模式的截止波长则会改变。通常以 V_c 来衡量，当 $V>V_c$ 时，此模式不会截止；当 $V<V_c$ 时，此模式截止。

把只能传输一种模式的光纤称为单模光纤，单模光纤传输的模式即基模 LP_{01} 或 HE_{11}，所以它不存在模式色散，带宽极宽，适用于长距离大容量的通信。要保证单模传输，需要截止二阶模，即满足如下条件：

$$0 = V_{c(LP_{01})} < V < V_{c(LP_{11})} = 2.4048 \tag{2-28}$$

式(2-28)称为“单模传输条件”。

对渐变光纤而言，由于其折射率随半径 r 的变化而发生变化，采用波动理论进行解析则面临显著的复杂性。截至目前，仅针对平方律折射率分布的光纤，存在标量近似解，本书不做介绍。

2. LP_{mn}模远离截止状态

LP_{mn} 模远离截止状态，即 LP_{mn} 模的传导状态。如前所述，LP_{mn} 模的归一化频率 V 是由光纤的参数和工作波长来确定的，只要 V 大于 LP_{mn} 模所对应的归一化截止频率 V_c，则该 LP_{mn} 模可以在光纤中传导。远离截止就是对光纤中可传导的 LP_{mn} 模的模场分布情况进行讨论。

光纤中的 U、W 与 V 值有关，即光纤中的场也随 V 值变化而变化。当光纤的 V 值很大时，传输的模式很多，就不容易截止。在极限情况下，$V\to\infty$表示场完全集中在纤芯中，包层中的场为零。因 $V=2\pi n_1(2\Delta)^{1/2}a/\lambda_0$，当 $V\to\infty$时，有 $a/\lambda_0\to\infty$，可以看作光波在折射率为 n_1 的无限大空间中传播，相位常数$\beta\to k_0 n_1$，于是有

$$W = (\beta^2 - k_0^2 n_2^2)^{1/2} a = k_0 (n_1^2 - n_2^2)^{1/2} a = \frac{2\pi(n_1^2 - n_2^2)^{1/2} a}{\lambda_0} \to \infty$$

将上式代入式(2-24)可得在 $W\to\infty$ 条件下的特征方程：

$$U\frac{J_{m+1}(U)}{J_m(U)}=W_c\frac{K_{m+1}(W)}{K_m(W)}=\infty \tag{2-29}$$

由于分子为有限值，可得 $J_m(U)=0$，进而可确定远离截止时传导模对应的 U 值。设 μ_{mn} 代表 m 阶贝塞尔函数的第 n 个根。由 $J_m(U)=0$ 可得出 $U=\mu_{mn}$，部分 U 值见表 2-2。

表 2-2 大 V 值情况下的传导模 LP_{mn} 的 U 值

n	m				
	0	1	2	3	4
1	2.4048	3.8317	5.1356	6.3802	7.5883
2	5.5201	7.0156	8.4172	9.761	11.0647
3	8.6537	10.1735	11.6198	13.0152	14.3725
4	11.7915	13.3237	14.796	16.2235	17.616
5	14.9309	16.4706	17.9598	19.4094	20.8269

对应于每一对 m、n 值，都有一个确定的 U 值，从而有确定的 W 及 β 值，即对应一个确定的场分布和传输特性。这个独立的场分布就称为光纤中的一个模式，即标量模 LP_{mn}。例如，$m=0$，$n=1$，$U=2.4048$，对应传导模为 LP_{01}，依此类推。

LP_{mn} 中 m、n 值有明确的物理意义，表示对应传导模式的场在横截面上的分布规律。m 表示沿圆周方向电场出现最大值的对数，而 n 表示沿半径方向电场出现最大值的个数。从函数描述来说，m 代表贝塞尔函数的阶数，n 代表根的序号。由式(2-20)可知，LP_{mn} 模在光纤中的横向电场为

$$E_y=\frac{Ae^{-j\beta z}\cos m\theta\ J_m\dfrac{Ur}{a}}{J_m(U)} \tag{2-30}$$

圆周及半径方向的分布规律为 $\Theta(\theta)=\cos m\theta$ 和 $R(r)=J_m(Ur/a)$。当 $m=0$ 时，$\Theta(\theta)=\cos m\theta=1$，电场在圆周方向无变化，即在圆周方向电场的最大值个数是零。当 $m=1$ 时，$\Theta(\theta)=\cos m\theta=\cos\theta$，沿圆周方向电场出现一对最大值。当 $m=2$ 时，$\Theta(\theta)=\cos m\theta=\cos 2\theta$，沿圆周电场出现两对最大值。其余依此类推。

电场沿半径方向，按贝塞尔函数规律变化，其变化情况与 n 有关。以 $m=0$ 的 LP_{0n} 模为例，其场沿 r 方向的变化为 $R(r)=J_0(Ur/a)$，它按零阶贝塞尔函数的规律变化。LP_{01} 模、LP_{02} 模沿 r 的变化情况如图 2-11 所示，沿半径有两个最大值。其余模式以此类推。

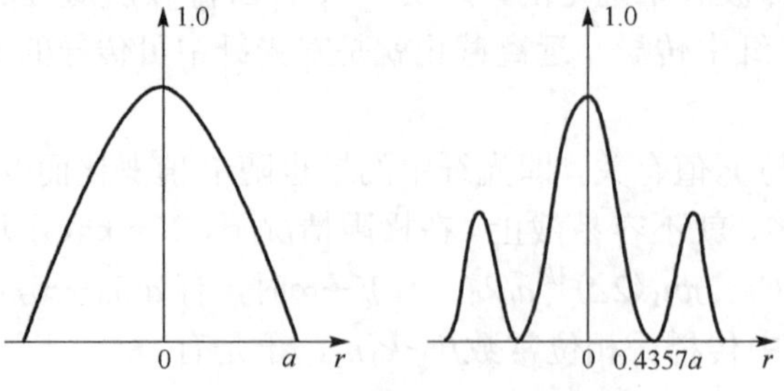

(a) LP_{01}模　(b) LP_{02}模

图 2-11 LP_{0n} 模的场沿半径的变化

LP_{mn}模的场强分布示意图如图 2-12 所示。

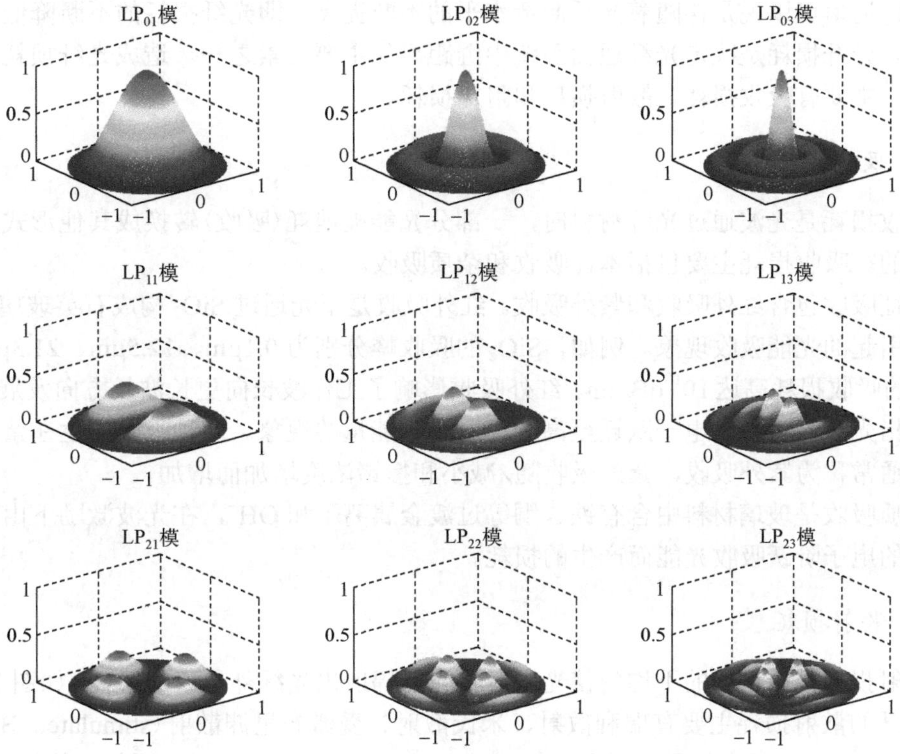

图 2-12 LP_{mn} 模的场强分布示意图

2.4 光纤传输特性

信道传输会引起信号的衰减和畸变，信号的衰减导致信号传递距离受到限制，而信号的畸变导致信号检测受到限制，最终还是影响信号传递的距离和质量。因此，本节主要介绍光纤中引起光信号能量衰减和畸变的损耗特性、色散特性与非线性特性。

2.4.1 损耗特性

光纤的损耗将导致传输信号的衰减，所以光纤的损耗又称为衰减。当光信号在光纤中传输时，随着距离增长，光的强度减弱，其规律为

$$P(z) = P(0) \times 10^{-\alpha(\lambda) z/10} \tag{2-31}$$

式中，$P(0)$为输入光纤的光功率，即 $z=0$ 处的注入光功率；$P(z)$为传输距离 z 处的光功率；$\alpha(\lambda)$为波长λ处的光纤衰减系数。当 $z=L$ 时，光纤衰减系数为

$$\alpha(\lambda) = \frac{10}{L} \lg \frac{P(0)}{P(L)} \ \text{dB/km} \tag{2-32}$$

当工作波长为λ时，在光纤上两个相距 L 的总衰减 $A(\lambda)$用式(2-33)表示：

$$A(\lambda)=\alpha(\lambda)\times L\ \text{dB} \tag{2-33}$$

光纤通信可以说是伴随着光纤制造水平的不断提高，即光纤损耗的不断降低而发展起来的。光纤损耗是决定光纤通信系统中继距离的主要因素之一。造成光纤损耗的原因有很多，主要有吸收损耗、散射损耗和附加损耗。

1. 吸收损耗

吸收损耗是光波通过光纤材料时，一部分光能被消耗(吸收)转换成其他形式的能量而形成的。吸收损耗主要包括本征吸收和杂质吸收。

本征吸收包含红外吸收和紫外吸收。红外吸收是指光通过 SiO_2 构成石英玻璃时，分子共振引起的光能吸收现象。例如，SiO_2 的吸收峰分别为 9.1μm、12.5μm、21.3μm，在 9.1μm 的吸收损耗高达 10^{10}dB/km。红外吸收影响了工作波长向更长波长方向发展。紫外吸收是指光波照射激励电子跃迁至高能级时吸收能量的现象。这种吸收发生在紫外波长区，故通常称为紫外吸收，紫外吸收随λ减小和掺锗浓度增加而增加。

杂质吸收是玻璃材料中含有铁、铜等过渡金属离子和 OH^-，在光波激励下由离子振动产生的电子阶跃吸收光能而产生的损耗。

2. 散射损耗

散射损耗是由材料的不均匀使光散射将光能辐射出光纤外导致的损耗，如图 2-13 所示。光纤的散射损耗主要有瑞利散射、米氏散射、受激布里渊散射(stimulated Brillouin scattering，SBS)、受激拉曼散射(stimulated Raman scattering，SRS)、附加结构缺陷散射、弯曲散射和泄漏等。

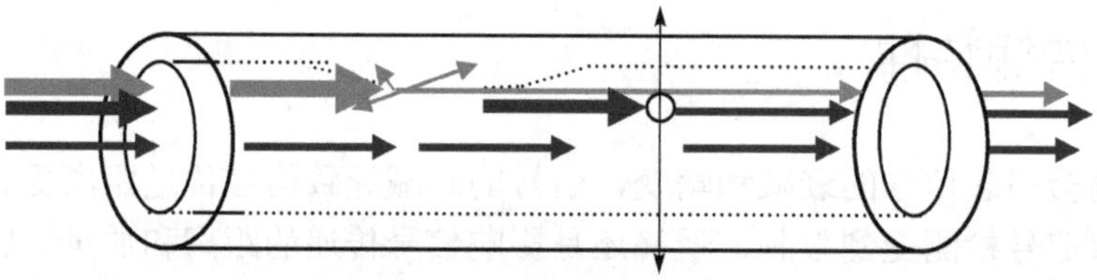

图 2-13　散射损耗示意图

引起光纤损耗的散射主要是瑞利散射，瑞利散射具有与短波长的 $1/\lambda^4$ 成正比的性质，即$\alpha_R = A/\lambda^4$。对掺锗的光纤而言，$A\approx0.63\text{dB}\mu\text{m}^4/\text{km}$。当$\lambda$为 0.85μm、1.31μm 和 1.55μm 时，α_R 分别为 1.3dB/km、0.3dB/km 和 0.1dB/km。瑞利散射损耗较大，其他散射损耗只是瑞利散射损耗的百分之一。

3. 附加损耗

附加损耗主要源于外部因素或应用过程中的影响，这些损耗包括但不限于在成缆、施工安装以及实际使用运行中，因光纤受到扭曲、侧压等作用力而引发的宏弯和微弯所造成的损耗。其中，微弯损耗主要源于光纤在成缆过程中随机性的弯曲，通常此类附加损耗较小。相对来说，光纤宏弯损耗在多种因素中占主导地位。在光缆的接续与施工各个环节中，光纤的弯曲现象难以避免，其损耗原理如图 2-14 所示。

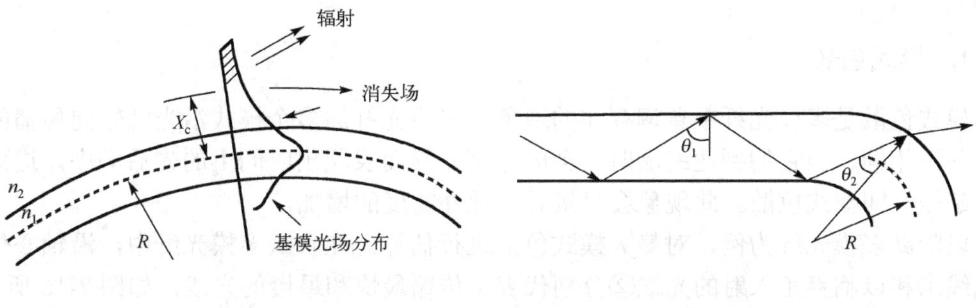

图 2-14　光纤弯曲辐射损耗

光纤宏弯程度越大，曲率半径越小，损耗越大，因此在施工过程中严格规定光缆的允许弯曲半径，可以将弯曲损耗降低到忽略不计。

对于当前市场上的高品质光纤，其损耗率已达到或接近理论计算值。图 2-15 展示了光纤中光功率损耗系数随波长变化的频谱曲线，由图可知，波长在 1.38～1.4μm 的范围内，峰值损耗达到最大值。存在三个低损耗窗口，分别是 0.85μm、1.3μm 和 1.55μm。

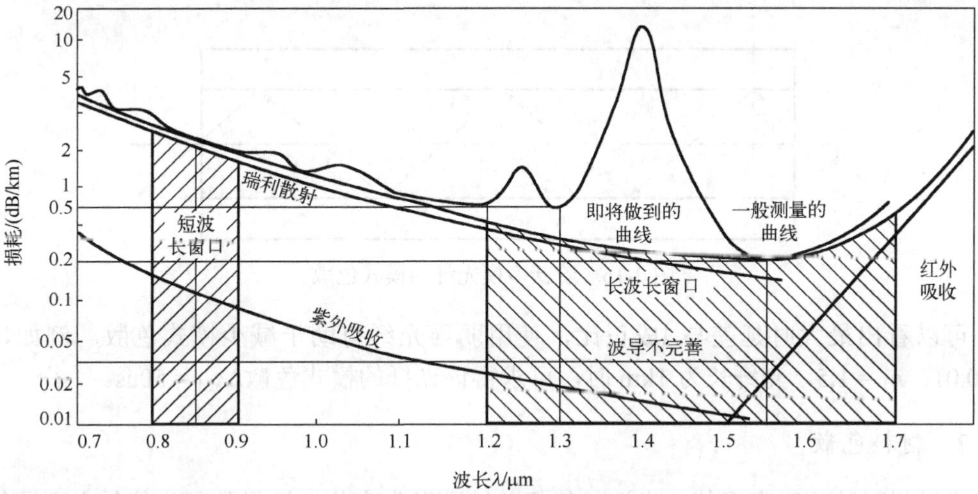

图 2-15　光纤损耗频谱曲线

2.4.2　色散特性

在光纤通信中，由于信号在传输过程中，不同模式或频率的信号具有不同的群速度，从而在达到终端时会产生传输时延差异，这种差异导致信号畸变，此现象被称为色散。对数字信号而言，经过光纤传输一段距离后，色散现象会导致光脉冲展宽，严重时前后脉冲将发生重叠，形成码间干扰，从而增加误码率。因此，色散成为影响光纤传输带宽的关键因素，进而限制了系统的传输速率或中继距离。色散和带宽虽表述不同，但实质上均用以描述光纤的同一核心特性。

根据色散产生的原因，光纤的色散主要分为模式色散、材料色散、波导色散和单模光纤偏振模色散。下面分别予以介绍。

1．模式色散

模式色散是多模光纤中普遍存在的现象。多模光纤的多个模式沿光纤轴向传播的群速度各不相同，当它们到达终端时，会因速度差异而表现出时间上的先后顺序，进而形成时延差，即模式色散。此现象会直接导致脉冲宽度的增加。

以阶跃多模光纤为例，对最大模式色散进行估算。在阶跃多模光纤中，沿轴心传播的光线①和以临界角入射的光线②分别代表了传输最快和最慢的光线，如图 2-16 所示。因此，在阶跃多模光纤中，最大色散是光线②所用时间τ_{max}和光线①所用时间τ_{min}到达终端的时间差$\Delta\tau_{max}$。

根据几何光学，设在长为 L 的光纤中，光线①和②沿轴向传播的速度分别为c/n_1和$(c/n_1)\sin\theta_c$。因此，光纤的模式色散为

$$\Delta\tau_M=\tau_{max}-\tau_{min}=\frac{L}{\frac{c}{n_1}\sin\theta_c}-\frac{L}{\frac{c}{n_1}}=\frac{Ln_1}{c}\left(\frac{n_1}{n_2}-1\right)=\frac{Ln_1}{c}\varDelta \tag{2-34}$$

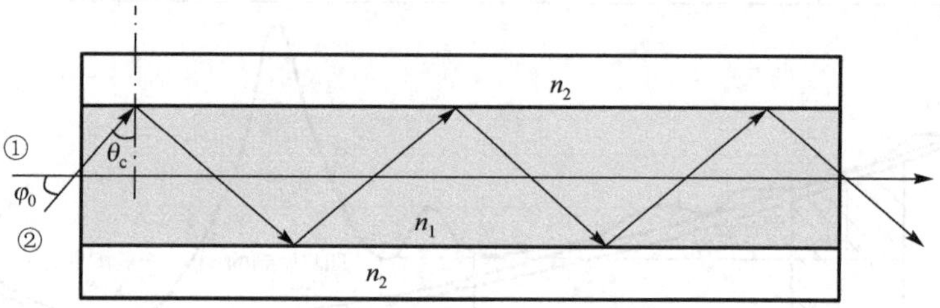

图 2-16　阶跃多模光纤的模式色散

可以看出最大时延差与$\varDelta$成正比，使用弱导光纤有助于减少模式色散。例如，当$\varDelta=0.01$，$n_1=1.5$，光纤长为 1km 时，可求得该光纤的模式色散$\Delta\tau_M=50$ns。

2．材料色散

光纤材料的折射率因其与光波长的相关性而发生变化，这导致了光信号中不同频率成分的群速度差异，进而产生了传输时延差，该现象被定义为材料色散。这种色散特性主要受到光纤材料折射率的波长特性和光源线谱宽度的共同影响。

在数字光纤通信系统中，光源输出的光有一定的谱线宽度，即使是在单模光纤中传输，由于材料的影响，不同波长的光脉冲也将会以不同的速度传播，从而在到达输出端时产生时延差异，最终导致光脉冲的展宽。

材料色散系数D_m定义为

$$D_m=\frac{\Delta\tau_m}{\Delta\lambda\times L}=-\frac{\lambda}{c}\cdot\frac{d^2n_1}{d\lambda^2}\ \text{ps/(nm}\cdot\text{km)} \tag{2-35}$$

式中，$\Delta\tau_m$为光纤材料色散；$\Delta\lambda$为光源谱线宽度；L 为光纤长度。

若已知光纤的材料色散系数，则材料色散为

$$\Delta\tau_m=D_m\times\Delta\lambda\times L \tag{2-36}$$

例 2-1　设某光纤在 1.31μm 波长的最大材料色散系数 $D_m = 3.1ps/(nm \cdot km)$，若用中心波长为 1.31μm 的半导体激光器产生传输光，谱线宽度$\Delta\lambda = 4nm$，试求出该光传输 1km 长度光纤的材料色散。

解　由式(2-36)容易求出其材料色散为

$$\Delta \tau_m = D_m \times \Delta\lambda \times L = 3.1 \times 4 \times 1 = 12.4(ps)$$

可以看出材料色散远小于阶跃多模光纤中的模式色散。

3. 波导色散

波导色散$\Delta\tau_w$是针对光纤中某个传输导模而言的，不同波长的同一个导模相位常数β不同，从而群速度不同，引起色散。波导色散还与光纤的结构参数$\varDelta$有关，故也称为结构色散。不过波导色散$\Delta\tau_w$很小，用波导色散系数D_w表示：

$$D_w = -\frac{n_1 \varDelta}{c\lambda} V \frac{d^2(Vb)}{dV^2} \tag{2-37}$$

式中，$b = W^2/V^2$，为归一化传播常数；D_w的单位为 ps/(nm · km)。光纤的波导色散可用式(2-38)计算：

$$\Delta\tau_w = D_w \times \Delta\lambda \times L \tag{2-38}$$

4. 单模光纤偏振模色散

单模光纤只传输一种模式(基模 LP_{01} 或 HE_{11} 模)，因此没有模式色散，但存在偏振模色散(polarization mode dispersion，PMD)。PMD 的产生是由于 LP_{01} 模存在两个相互正交的偏振模，它们的电场各沿 x、y 方向偏振，分别记作 LP_{01x} 和 LP_{01y}，其相位常数β_x、β_y不同，相应的群速度不同，从而引起偏振模色散$\Delta\tau_0$，如图 2-17 所示。

$$\Delta\tau_0 = \tau_x - \tau_y = \frac{d\beta_x}{d\omega} - \frac{d\beta_y}{d\omega} = \frac{d\Delta\beta}{d\omega} \approx \frac{\Delta\beta}{\omega} \approx \frac{1}{c}(n_x - n_y) \tag{2-39}$$

式中，τ_x、τ_y 为这两个模式传输通过单位长度所用时间；$\Delta\beta = \beta_x - \beta_y = n_x k_0 - n_y k_0$，$k_0$ 为真空中的波数；ω为光的角频率；n_x、n_y 为 LP_{01x}、LP_{01y} 模的等效折射指数。如果光纤严重不完善，偏振模色散可达几十皮秒每千米。

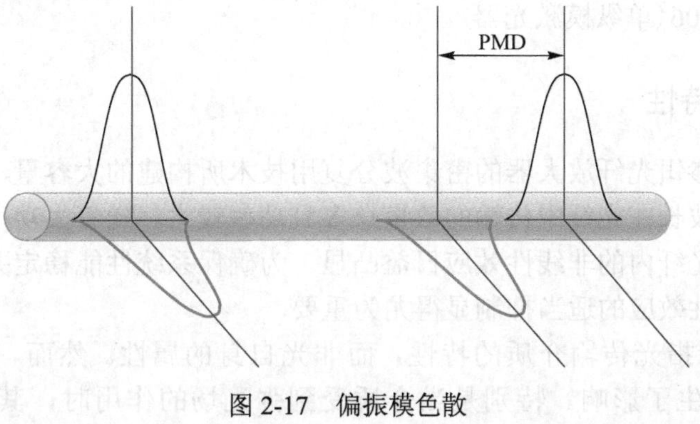

图 2-17　偏振模色散

单模光纤 PMD 的内在成因主要源于纤芯的椭圆度偏差以及残余的内部应力。这些因素直接影响了光纤的折射率分布，导致在相互垂直的本征偏振态下，信号以不同的速度进行传输，从而引发脉冲展宽现象。而单模光纤 PMD 的外在成因则主要源于成缆和敷设过程中可能遭遇的各种作用力，包括但不限于压力、弯曲、扭转以及光缆连接等。

PMD 会对大容量数字和模拟通信系统产生严重影响，在 400Gbit/s 的高速通信系统中，经过 40km 的传输后，脉宽会显著地从初始的 0.98ps 展宽至 2.3ps。由此可见，在长距离、高比特率的数字系统中，PMD 会引发显著的时延差异，并进一步导致误码率的上升。

综上所述，多模光纤中有模式色散、材料色散和波导色散三种色散，其关系为模式色散≫材料色散>波导色散。单模光纤中，模式色散为零，主要是材料色散、波导色散和偏振模色散，其中材料色散占主导地位，波导色散较小，偏振模色散一般情况下可以忽略。因此，光纤色散可表示为

$$\text{多模光纤色散：}\ \Delta\tau=\sqrt{\Delta\tau_{\mathrm{M}}^2+\Delta\tau_{\mathrm{m}}^2+\Delta\tau_{\mathrm{w}}^2} \tag{2-40}$$

$$\text{单模光纤色散：}\ \Delta\tau=\sqrt{\Delta\tau_{\mathrm{m}}^2+\Delta\tau_{\mathrm{w}}^2+\Delta\tau_{0}^2} \tag{2-41}$$

5. 光纤的带宽

光纤的色散和带宽是对光纤同一特性的不同表述。色散指的是光脉冲传输后在时间坐标轴上展宽的程度，是在时域的描述，而带宽则是这一特性在频域的描述。在频域中，光纤可以被看作一个低通滤波器，当调制信号的高频分量通过它时，就会受到严重衰减。ITU-T 建议光纤的带宽是每千米的带宽，即

$$B_0=\frac{A}{\Delta\tau}=\frac{\varepsilon\times10^6}{D\times\Delta\lambda\times1}\ \text{MHz} \tag{2-42}$$

L 千米的光纤带宽：

$$B_L=\frac{B_0}{L}=\frac{\varepsilon\times10^6}{D\times\Delta\lambda\times L}\ \text{MHz} \tag{2-43}$$

式中，D 是光纤色散系数(ps/(nm · km))；$\Delta\lambda$是光源谱宽(nm)；常数$\varepsilon=0.115$(多纵模激光器)或者$\varepsilon=0.306$(单纵模激光器)。

2.4.3 非线性特性

在当今采用掺铒光纤放大器的密集波分复用技术所构建的大容量、高速度光纤通信系统中，工作光波长在光纤中传输的数量众多且功率较大。随着大功率信号与低损耗光纤的广泛应用，光纤内的非线性效应日益凸显。为确保系统性能稳定并优化再生中继距离，对这些非线性效应的适当抑制显得尤为重要。

“非线性”特指光传输介质的特性，而非光自身的属性。然而，光场的存在确实对介质的性质产生了影响。特别是当介质受到强光场的作用时，其内部的原子或分

子内的电子会发生位移或振动，进而引发介质的极化现象。极化后的介质内会出现偶极子，这些偶极子辐射出的电磁波与原入射光场叠加，共同构成了介质内的总光场。这一现象表明，介质特性的变化又进一步影响了光场的特性。当前，关于非线性的研究主要聚焦于受激拉曼散射(SRS)、受激布里渊散射(SBS)以及折射率扰动等现象。

1. 受激拉曼散射

SRS 是介质中的分子振动对入射光(称为泵浦光)的相互作用，从而使入射光产生散射。设入射光频率为 ω_p，介质分子振动频率为 ω_v，则散射光频率为 $\omega_S = \omega_p - \omega_v$ 和 $\omega_{aS} = \omega_p + \omega_v$，这种现象称为受激拉曼散射。所产生的频率为 ω_S 的散射光称为斯托克斯(Stokes)波，频率为 ω_{aS} 的散射光称为反斯托克斯波。对于斯托克斯波，可用物理概念来描述：一个入射光子消失，产生了一个频率下移光子(即 Stokes 波)和一个有适当能量和动量的光子，使能量和动量守恒。

对于典型的单模光纤，SRS 产生的最低阈值泵浦光功率与光纤的有效面积成正比，与光纤的有效长度成反比。若遇到超低损耗的单模光纤，拉曼散射阈值会很低。

SRS 的频移量在光频范围内，ω_S 波和 ω_p 波传输方向一致。ω_S 波和 ω_{aS} 波传输方向相反，可采用光隔离器来消除相反方向传输的光功率。

2. 受激布里渊散射

SBS 是一种由光纤中光信号和声波之间相互作用而引起的非线性现象。入射的光频率 ω_p 的泵浦光将部分能量转移给频率为 ω_S 的斯托克斯波，并发出频率为 Q 的声波。

SRS 与 SBS 在物理过程上类似，只是 SBS 的频移量在声频范围内，ω_S 波和 ω_p 波传输方向相反。SRS 与 SBS 对光通信的负面影响主要体现在：当光信号功率触及拉曼或布里渊散射阈值时，约有 65%的能量转化为反向传输的斯托克斯波。这一转化不仅造成信号功率的显著损耗，而且反向斯托克斯波还可能对激光器的工作状态产生不良影响，从而导致其运行不稳定。

3. 折射率扰动

在较低的光功率条件下，石英玻璃光纤的折射率基本不变。但是当采用掺铒光纤放大器出现高光功率时，可能造成光纤折射率的改变。折射率扰动引起三种非线性效应：自相位调制、交叉相位调制和四波混频。

1) 自相位调制

自相位调制(self-phase modulation，SPM)是指传输过程中光脉冲自身相位变化，导致脉冲频谱展宽的现象。自相位调制如果很严重，在密集波分复用系统中的光谱展宽会重叠进入邻近信道。从原理上来说，SPM 可实现调相，可以在光纤中产生光孤子，实现光孤子通信。

2) 交叉相位调制

交叉相位调制(cross phase modulation，CPM)是指一个脉冲对另一信道脉冲的相位产生影响。在光纤的非线性作用下，当两个或多个具有不同波长的光波同时传输时，会产生 CPM 现象，产生机理与 SPM 相似，但有显著区别：SPM 可能发生在单信道以及多信道系统中，而 CPM 则只产生于多信道系统。

尽管 CPM 的作用机制较为复杂，但可以通过采用非零色散位移光纤有效地限制 CPM 的影响，从而保证光通信系统的稳定性及传输性能。

3) 四波混频

四波混频(four-wave mixing，FWM)是指两个或三个不同波长的光波在非线性介质中的相互作用，从而产生新的光波的现象。例如，初始波长为 ω_1、ω_2 的光波可以产生 $2\omega_1-\omega_2$、$2\omega_2-\omega_1$ 波长的光波，其原理是某一波长的入射光在光纤中传播时，会改变光纤的折射率，从而在不同频率处产生相位调制，生成新的波长。新波长数量与初始波长数量呈几何状递增关系。此外，信道间隔的减小会加剧 FWM 效应。

FWM 对波分复用系统的影响包括：无用的新生波长损耗光信号的功率；新生波长有可能与信号波长相同或重叠，造成额外干扰。

习 题 二

1. 简要描述光纤的结构，分析单模光纤、阶跃多模光纤、渐变多模光纤的特点。

2. 什么是光纤的数值孔径？

3. 用射线理论描述阶跃光纤的导光原理，并画出示意图。

4. 写出 U、V、W 的表达式，并简述其物理意义。

5. 判断某种模式能否在光纤中传输的条件是什么？

6. 什么是光纤的截止波长？写出表达式，并分析其含义。

7. 给出光纤的单模传输条件，并简要分析单模传输的优势。

8. 光纤损耗和色散产生的原因及其危害是什么？为什么说光纤的损耗和色散会限制系统的光纤传输距离？

9. 光纤中都有哪几种色散？解释其含义。

10. 均匀光纤纤芯与包层的折射率分别为 $n_1=1.48$，$n_2=1.43$，试计算：

(1) 光纤纤芯与包层的相对折射率差 Δ；

(2) 光纤的数值孔径 NA；

(3) 在 1km 长的光纤上，由子午线的光程差所引起的最大时延差 $\Delta\tau_{max}$；

(4) 若在 1km 长的光纤上，将 $\Delta\tau_{max}$ 减小为 10ns/km，n_2 应选什么值？

11. 已知阶跃光纤纤芯的折射率 $n_1=1.45$，相对折射率差 $\Delta=0.01$，纤芯半径 $a=25\mu m$，试求 LP_{01}、LP_{02}、LP_{11} 和 LP_{12} 模的截止波长各为多少？

12. 有一阶跃光纤，$n_1=1.50$，$\lambda_0=1.3\mu m$，试计算：

(1) 若取相对折射率 $\Delta=0.20$，为保证单模传输，其纤芯半径 a 应取多大？

(2) 若取 $a=5\mu m$，为保证单模传输，Δ 应取多大？

13．有一阶跃光纤，折射率 $n_1=1.50$，$n_2=1.48$，求：

(1) 光纤浸在水中($n_0=1.33$)，光从水中入射到光纤输入端面的最大接收角；

(2) 光纤放置在空气中时的数值孔径。

14．有一阶跃光纤，纤芯半径 $a=25\mu m$，$n_1=1.45$，$\Delta=0.01$，长度 $L=2km$，求：

(1) 光纤的数值孔径；

(2) 子午光纤的最大时延差；

(3) 若将光纤的包层和涂覆层去掉，裸光纤的数值孔径和最大时延差应为多少？

第 3 章 光纤通信系统及其基本部件

微课视频

3.1 光纤通信系统的基本组成

光纤通信系统是以光纤为传输介质、光波为载波的通信系统，主要由光发射机、光纤(光缆)、光放大器和光接收机组成，如图 3-1 所示。

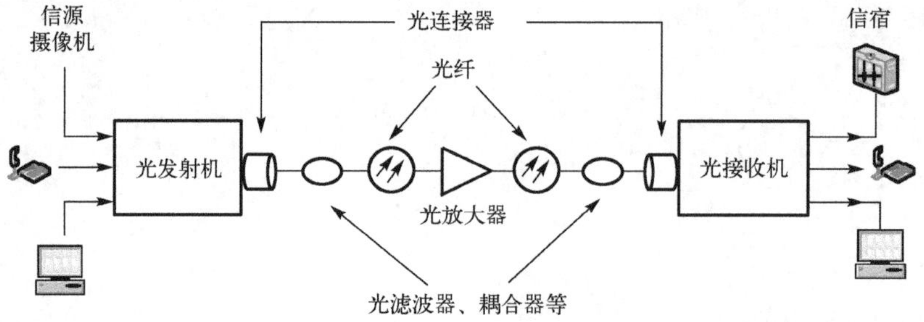

图 3-1　光纤通信系统的基本组成

信源的作用是将语音、数据、图像等消息转换成原始电信号，即完成非电量到电量的转换，例如，送话器、摄像机属于模拟信源，输出的是模拟信号；电传机、计算机等各种数字终端设备是数字信源，输出的是数字信号。

发送设备的两大功能是放大和转换。为了确保信号能够传送到远方，必须将信号放大到具有足够大的功率再送入信道传输。转换是将信源输出的信号转换为适合信道传输的发射信号，即发射信号的工作波长、频谱范围、功率等与信道相匹配。

光通信系统信道有两种：一种是无线光信道，包括大气信道、室内信道、紫外光散射信道和水下信道，均由无形介质构成；另一种是光纤，通过特殊构造引导光信号在光纤内部传输。

接收设备的功能是从带有干扰的接收信号中正确恢复出相应的原始信号，即进行与发送设备相对应的反变换。

信宿是信息传输的终点，其作用与信源作用完全相反，典型的信宿有显像管、计算机等。

通信系统中必然存在噪声，噪声不是人为加入的，而是通信系统中各个设备、信道中的噪声与干扰的集中表示。

3.1.1 光发射机

光发射机的作用是将电信号转换为光载波并通过光耦合器注入光纤。光发射机由光源、光调制器和光耦合器组成。光发射机的组成如图 3-2 所示。

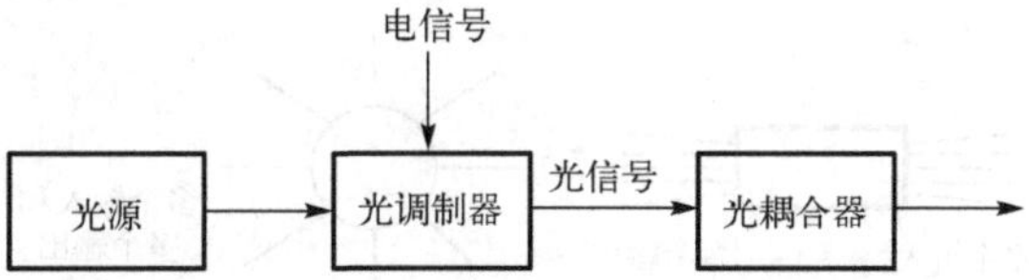

图 3-2　光发射机框图

(1)光源采用与光纤通信信道兼容的激光器或发光管。光纤通信中广泛使用的两类光源主要是异质结半导体激光器(也称为注入式激光器)和发光二极管(light-emitting diode，LED)。一个异质结是由两种不同带隙能量的相邻半导体材料组成的。这两种器件适用于光传输的原因是它们都有足够的输出功率，可以通过改变注入电流来直接调制光源输出光功率，它们也有比较高的效率，而且它们的尺寸与光纤的尺寸也比较匹配。

(2)光调制器完成由光载波到光信号的调制。光调制器的工作原理是电光效应。当对一定的材料外加电场时，其折射率会发生改变。光在材料中的传播速度等于真空中的光速除以材料的折射率。因此，增加材料的折射率则会降低光的传播速度；反之会提高光的传播速度。光纤通信中所用的光调制器主要是由光电晶体(如铌酸锂($LiNbO_3$)晶体)制成的相位光调制器，其工作原埋是将外电场加到晶体上引起晶体折射率变化，进而引起调制光信号相位变化。实验证明，相位变化$\Delta\varphi$与外加电场存在着下列近似的正比关系：

$$\Delta\varphi = 180^\circ \times \frac{V}{V_{180}} \tag{3-1}$$

由式(3-1)可以看出，受调制的光信号相位与施加在调制器上的电压V成正比，而与调制光信号相位发生180°变化所需的电压V_{180}成反比。

根据调制与光源的关系，光调制可分为直接调制和间接调制两大类。直接调制是把要传送的信息转换为电流信号注入直接调制激光器，从而获得相应的光信号。间接调制是利用晶体的电光效应、磁光效应、声光效应等性质来实现对激光辐射的调制。间接调制最常用的是外调制的方法，即在激光形成以后加载调制信号。

(3)光耦合器利用微透镜，以最大效率将光信号注入光纤中。简言之，光耦合器是对光信号实现分路、合路、插入和分配的光无源器件，其可以将输入的光信号分配到两个或更多个输出端口，或者将两个或更多个输入的光信号耦合到一个输出端口。按照功能不同，光耦合器可以分为光功率分配器和光波长合/分耦合器；如图 3-3 所示，按照端口形式不同，耦合器可分为 T 形耦合器(1×2)、树形耦合器($1\times N$，$N>2$)、星形耦合器($N\times N, N>2$)；按照传输模式不同，光耦合器又有多模耦合器和单模耦合器之分。

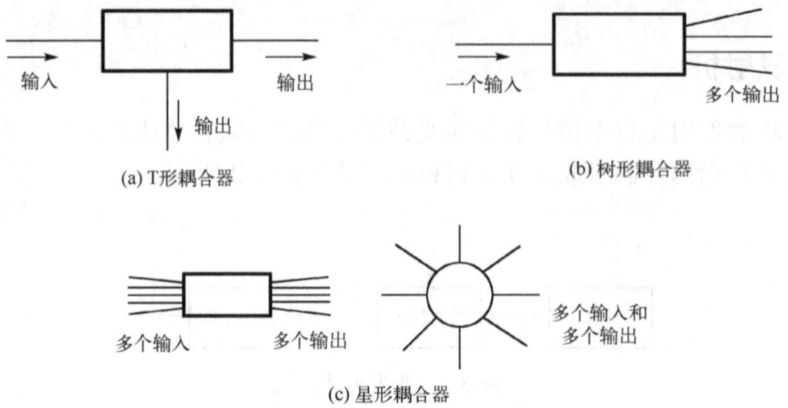

图 3-3 光耦合器基本类型

3.1.2 光纤光缆

光纤光缆是光纤通信系统的重要组成部分。光纤的基本结构如图 2-2 所示，由纤芯、包层和涂覆层构成，其具体结构和分类参见 2.1 节内容，更详细的内容见 3.3.7 节和 3.3.8 节。

3.1.3 光接收机

光接收机的设计比光发射机的设计要复杂得多，这是因为接收机必须检测微弱的畸变信号，然后根据放大的畸变信号来判断所传输数据的类型。

从光源耦合到光纤的光信号沿着光纤传输时会发生衰减和畸变。到达光纤链路末端时，接收机把光信号重新转换为电信号。图 3-4 给出了光接收机的基本组成部分。第一部分是一个 p 型-本征型-n 型结构(positive-intrinsic-negative，PIN)光电二极管或雪崩光电二极管(avalanche photodiode，APD)，可以产生与接收光功率成正比的电流，通常这个电流都非常弱。接下来，一个前置放大器将其放大到一定电平，便于后面的电子器件处理。光电二极管产生的电流被放大后，通过一个低通滤波器滤除信号带宽之外的噪声，该滤波器的带宽也就是接收机的带宽。另外，为了减小码间串扰的影响，可以对经光纤传输后畸变的脉冲进行重新整形，这个过程称为脉冲均衡，因为它均衡或消除了脉冲展宽效应。在光接收机模块的最后是采样和判决电路，其功能是在每个时隙的中间时刻抽取信号，与一个特定的参考电压进行比较，如果接收信号值大于阈值，则判定接收到一个“1”码，否则判定接收到一个“0”码。为了完成比特判别，光接收机必须知道每比特的时间分界点在哪里，这由周期性的时钟波形辅助完成，该时钟的周期等于比特时间间隔，这种功能称为时钟恢复或定时恢复。

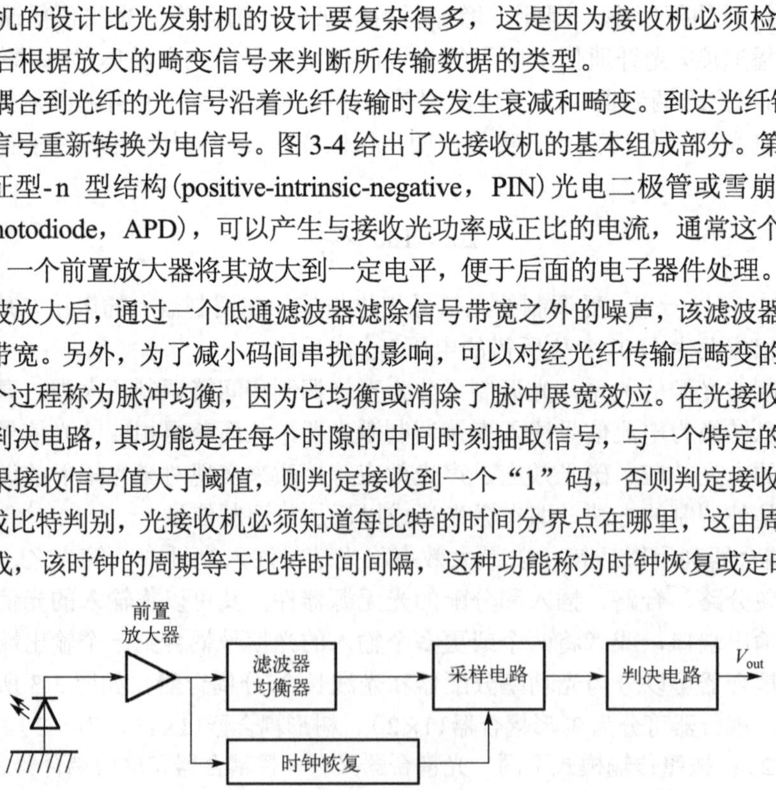

图 3-4 光接收机的基本组成部分

有时，光电二极管前面会放置一个光放大器，在进行光检测之前对光信号进行放大。这样做的目的是抑制接收机电子线路引入的热噪声导致的信噪比劣化。与雪崩光电二极管或采用光外差检测相比，采用光前置放大器可以提供更高的增益和更宽的带宽，但是这也会给光信号带来附加噪声。

数字光接收机的主要性能指标有以下两种。

1. 灵敏度 P_r

数字光接收机的灵敏度定义为：在保证给定的误码率(bit error ratio，BER)(如 10^{-9})或信噪比条件下的最小接收信号光功率 P_r。P_r 越小(即灵敏度越高)，意味着数字光接收机接收微弱信号的能力越强，当光发射机输出功率一定时，保证通信质量(满足一定误码率的要求)的中继通信距离就越长。因此，提高数字光接收机的灵敏度，可以延长光纤通信的中继距离和增加通信容量。数字光接收机的灵敏度是以一定误码率为条件的，误码率近似为

$$\mathrm{BER}=\frac{1}{\sqrt{2\pi}}\int_{Q}^{\infty}\exp\left(-\frac{x^2}{2}\right)\mathrm{d}x=\frac{1}{2}\mathrm{erfc}\left(\frac{Q}{\sqrt{2}}\right)\approx\frac{1}{\sqrt{2\pi}}\cdot\frac{\mathrm{e}^{-Q^2/2}}{Q} \tag{3-2}$$

式中，Q 为信噪比参数。

数字光接收机的灵敏度是指在保证给定误码率条件下，数字光接收机接收微弱光信号的能力。它可用以下三种物理量来表征：①最低平均接收光功率 P_r；②每个光脉冲的最低平均接收光子数 n_0；③每个光脉冲的最低平均能量 E_d。

以上三种表示形式虽有不同，但本质上是一致的。对于“1”“0”码等概率出现的NRZ码，三者之间的关系为

$$P_r=\frac{E_d}{2T_b}=\frac{n_0 hf}{2T_b} \tag{3-3}$$

式中，T_b 为脉冲码元周期，$T_b=1/f_b$，f_b 为传输速率；hf 为一个光子能量；P_r 的单位为 W 或 mW。

2. 动态范围 D_{max}

数字光接收机的动态范围定义为：在保证给定的误码率 BER(如 10^{-9})条件下，最大允许的接收光功率和最小可接收光功率之差，其单位为 dBm，即

$$D_{max}=P_{max}-P_r \quad 或 \quad D_{max}=10\lg\frac{P_{max}}{P_{min}} \tag{3-4}$$

3.2 有源光器件

有源光器件需要外部的能量来实现其功能，其使用范围比无源光器件更宽，因而也更灵活。

3.2.1 激光器

光纤通信中所用的是半导体激光器，或称为激光二极管(laser diode，LD)。LD是一种受微辐射光放大器。与其他激光器相比，半导体激光器发光要满足多个条件。通常按照半导体材料的带隙形状不同，可以将半导体材料划分为直接带隙材料和间接带隙材料，半导体发光材料应该采用直接带隙材料。直接带隙材料是导带能级的最低点与价带能级的最高点的动量相同，即电子与空穴的动量一致的材料。在电子与空穴复合发射光子时，必须保持动量守恒。对间接带隙半导体材料而言，导带能级的最低点与价带能级的最高点的动量不同。因此，当电子与空穴复合时，动量不守恒，明显地降低了电子与空穴复合的概率。为此，人们使用直接带隙材料制造激光器。

直接带隙材料的带隙(禁带宽度)决定了激光器自发辐射的波长范围。因为电子跃迁过程产生的光子能量为

$$hf = E_{\text{dir}} \tag{3-5}$$

所以发射波长为

$$\lambda = \frac{hc}{E_{\text{dir}}} \tag{3-6}$$

式中，h是普朗克常量；c是真空中的光速；E_{dir}是直接带隙材料的带隙值。

鉴于不同的半导体材料的带隙值不同，可以通过选择不同的半导体材料制造出不同发光波长的光纤通信用的LD。例如，对于850nm短波长段，一般选择GaAs和GaAlAs半导体材料制造LD；对于长波长1310～1550nm，通常选择InGaAsP和InP材料制造LD。

LD的基本结构如图3-5所示，一个典型LD的基本结构应该由有源区、光反馈装置、频率选择元件和光波导等基本功能部件组成。有源区(增益区)是实现粒子数反转分布和光增益的区域，其采用双异质结结构，可以有效地提高激光器的增益效率。光反馈装置是在光学谐振腔内提供必要的正反馈，以建立起稳定的激光振荡。频率选择元件用来选择由光反馈装置决定的所有纵模中的一个模式。光波导用于在激光器内部对所产生的光波进行引导。

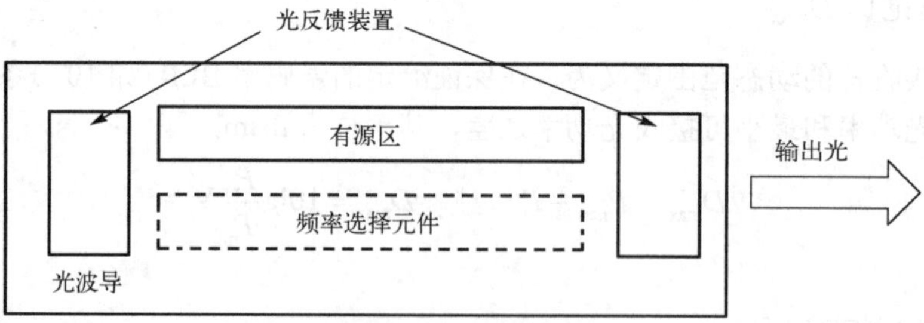

图3-5　LD的基本结构

3.2.2 可调谐光滤波器

可调谐光滤波器是密集波分复用(dense wavelength division multiplexing，DWDM)光网

络的关键器件。微机电系统(micro-electro-mechanical system，MEMS)和布拉格光栅是制作可调谐光滤波器的两种主要技术。MEMS 驱动滤波器的优点是调节范围宽、设计灵活。这种滤波器是干涉仪广泛应用的传统结构的可调节性变种。基于 MEMS 的器件包括两组形成法布里-珀罗腔的外延生长的半导体层。这种器件是基于允许其中一个镜子被驱动器精确移动而工作的，其使两个腔体镜间距离发生变化，导致选择不同的过滤波长。

光纤布拉格光栅是波长可选择的反射型滤波器，具有陡峭的谱轮廓。基于光纤布拉格光栅的可调谐光滤波器，在折射率沿着纤芯周期性变化时，存在一个光纤光栅间距的拉伸和松弛过程。由于玻璃是一种轻微伸缩介质，当光纤内的光栅拉伸时，折射率扰动的间隔和折射率都会发生变化。这个过程会导致布拉格波长变化，进而引起光纤中心波长变化。在展宽之前，光纤布拉格光栅滤波器的中心波长为

$$\lambda_c = 2n_{\text{eff}}\Lambda \tag{3-7}$$

式中，n_{eff} 是包含光栅的光纤的有效折射率；Λ 是光栅折射率变化的周期。如果拉长光纤光栅，使其周期变化 $\Delta\Lambda$，则相应其中心波长会产生变化：

$$\Delta\lambda_c = 2n_{\text{eff}}\Delta\Lambda \tag{3-8}$$

这种类型的光滤波器可工作在 S、C 和 L 波段，也可工作在 1310nm 窗口。

表 3-1 列举了可调谐光滤波器有代表性的性能参数。这些器件的应用包括光纤放大器增益变化监测、中心局的光性能监测、WDM 链路接收侧信道选择、光放大器自发辐射(amplifier spontaneous emission，ASE)噪声抑制等。

表 3-1 可调谐光滤波器的典型性能参数

参数	规格
调节范围	典型为 40nm
信道选择性	100GHz、50GHz 和 25GHz
带宽	<0.2nm
插入损耗	<3dB(在调节范围内)
偏振相关损耗(PDL)	<0.2dB(在调节范围内)
调节速度	与所用技术相关
调节电压	12～40V

3.2.3 光分插复用器

光分插复用器(optical add-drop multiplexer，OADM)是使波分复用信号在光网络的某个节点上，可以上下一个或多个信道，而其他信号不会受到任何影响的器件。OADM 对全光网的传输能力、组网方式、性能监控、网络传输特性等具有重要的影响。如图 3-6 所示，光分插复用器是一个上下波长的光器件，其可以从复用在光纤的波长 $\lambda_1, \lambda_2, \cdots, \lambda_i, \cdots, \lambda_n$ 中有选择地分出所需要的波长，直通其他所有的波长，同时也能够插入方向相同、数据内容不同的波长到传输光纤上。

光网络由点到点的波分复用链路到分插复用的总线网络，再到具有复杂的光交叉功能的网状网的发展，恰好是利用了 OADM 具有的光信号的上下波长和光交叉连接设备

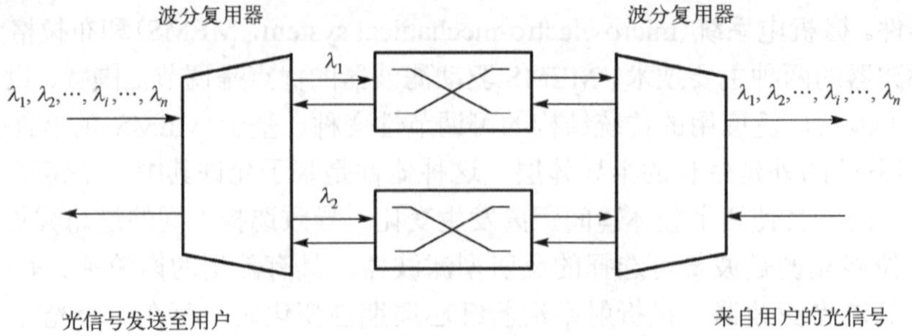

图 3-6　光分插复用器工作原理

(optical cross-connect equipment，OXC)具有的光信号的交叉连接赋予网络的可靠性业务管理等功能。由此可见，OADM 和 OXC 是构建光网络的关键组件。

光分插复用器作为构建光传送网最重要的器件，它的主要功能是从传输设备中选择出下路通往本地的光信号以及上路本地用户发往另一节点的光信号，而不影响传输设备中的其他波长信道的直通传输。OADM 的主要功能可以简单地概括为：①光信号直通能力；②光通道的上路和下路能力；③指配功能；④端口对不同通道的选接能力；⑤组网的自愈保护倒换能力；⑥对光信号的不平坦进行功率均衡。

按照是否具有重构功能，OADM 可分为非重构型 OADM 和可重构型 OADM 两种类型。非重构型 OADM 主要采用光波分复用器以及固定的滤波器等无源光器件组成，主要在一个节点上下固定的一个或多个波长处，完成节点的路由固定。可重构型 OADM 主要采用光开关、可调谐滤波器等光器件构成，能动态调整 OADM 节点上下业务的波长或者可转换波长，从而实现光网络动态互联的功能。

相比较而言，非重构型 OADM 性能可靠、延时小、造价低，但是灵活性差，主要用于城域网，其优点是信道隔离度好、插入损耗低；而可重构型 OADM 结构复杂且有延时，但是可使网络资源得到充分的应用，主要用于骨干网。

3.2.4　光放大器

尽管每种应用都有不同的放大器设计要求，但是所有的放大器都有相同的基本工作要求和性能参数，本节将给出介绍。

在单模链路中，光纤色散的影响较小，限制中继距离的主要因素是光纤损耗，这种链路不一定需要信号的完全再生，简单的光信号放大就足够了。因此，在线光放大器可以用来补偿传输损耗并且扩大再生中继器间的距离，如图 3-7(a)所示。图 3-7 中光 TX 为光发射机，光 RX 为光接收机。

图 3-7(b)中的光放大器是用作光接收机的前置放大器。在光电检测之前将弱信号放大，可以抑制在光接收机中由热噪声引起的信噪比下降。与其他的前端设备(雪崩光电二极管或光外差探测器)相比较，前置放大器可以提供较大的增益系数和较宽的带宽。

功率放大器是指在光发射机之后安装的放大器，以提高发送功率，如图 3-7(c)所示。根据放大器增益和光纤损耗，传输距离可以增加 10～100km，如果将此技术与接收端光前置放大同时使用，可以达到 200～250km 的无中继传输，也可以在局域网中用光放大器补偿耦合的插入损耗和功率分配损耗。图 3-7(d)给出了一个在无源星形耦合器前放大光信号的例子。

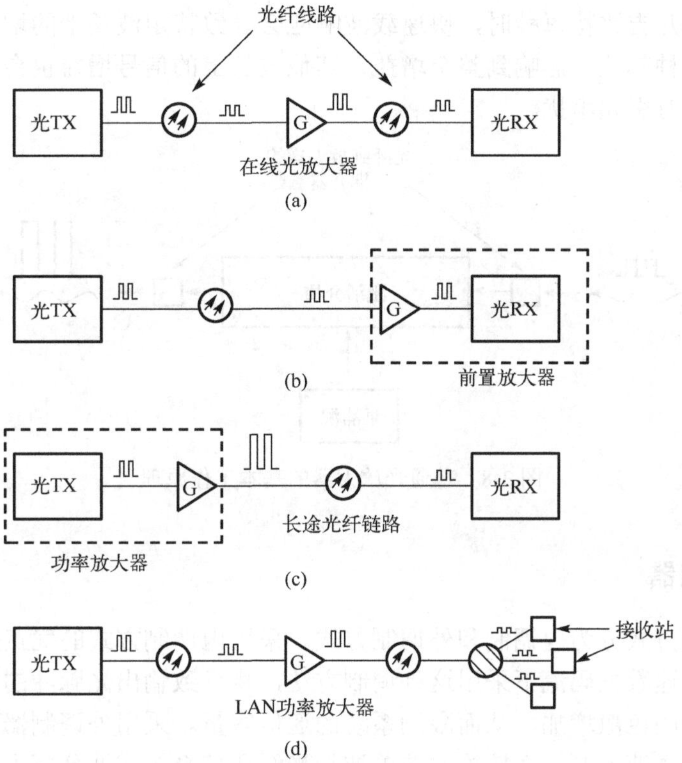

图 3-7　光放大器的四种可能应用

光放大器可以分为半导体光放大器(semiconductor optical amplifier，SOA)、有源光纤或掺杂光纤放大器(doped fiber amplifier，DFA)和拉曼放大器三种主要类型。所有的放大器都是通过受激辐射或光功率转移过程来实现入射光功率放大的，在 SOA 和 DFA 中，产生受激辐射所需的粒子数反转机制与半导体激光器完全相同。光放大器在结构上与激光器很相似，但它没有反馈机制，而反馈机制对于发射激光是必要的。因此，光放大器可以放大输入信号，但本身不产生相干的光输出，其基本工作原理如图 3-8 所示。在这里，激活介质吸收了外部泵浦光源提供的能量，在激活介质中的泵浦为电子提供能量，使其达到较高的能级，产生粒子数反转。输入信号光子会通过受激辐射机理触发这些已经激活的电子，使其跃迁到较低的能级。由于输入触发光子产生级联效应，激活的电子在跃迁到较低能级时发射相同能量的光子，从而产生放大的光信号。与 SOA 或 DFA 中采用的放大机制相比较，拉曼放大器中一个弱信号(波长较长)光波与一个强泵浦光波(波长较短)同时在光纤中传输，并使弱信号波长置于泵浦光的拉曼增益带宽内，弱信号光即可得到放大，拉曼放大机制不需要粒子数反转过程。

由Ⅲ价和Ⅴ价元素(如磷、镓、铟、砷)形成的半导体合金构成 SOA 中的激活介质。SOA 有很多优点，它们工作在 O 波段(1310nm 左右)和 C 波段，易于与其他光设备和电路(如耦合器、光隔离器及接收电路)集成在同一基片上，与 DFA 相比，SOA 功耗低、组成器件少、结构紧凑。SOA 具有 1～100ps 量级的快速增益响应，这既有优点又有缺点，优点是当光网络同时要求交换和信号处理时，SOA 能够完成这样的任务；缺点是在比特速率增加到几吉比特每秒时，快速载波响应会导致特定波长上的增益随着信号速率起伏，又因为这种起伏会影响到整个增益，其他波长上的信号增益也会产生起伏，从而在放大宽谱波长时引起串扰。

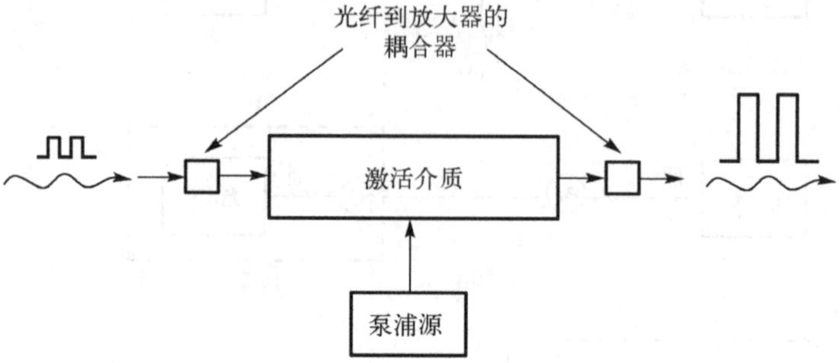

图 3-8　普通光放大器的基本工作原理

3.2.5　光调制器

光源的调制方式分为内调制和外调制方式。采用内调制方式的优点是电路简单，容易实现，但在高速数据码流下采用这种调制方法，将导致输出光脉冲的相位抖动，即啁啾效应，使光纤的色散增加，从而限制系统的通信容量。采用外调制器可以减小啁啾影响，因此在采用高速调制、直接检波的单波长光纤通信系统或波分复用光通信系统中，通常采用外调制方式。

外调制器一般置于半导体激光器的输出端，调制信号加载在调制器上，通过外调制器对光源发出的光波进行调制，以控制输出光的有无，解决了输出信号的幅度和频率随调制电流的变化而变化的问题，同时抑制了啁啾效应的影响。通过外调制器可实现幅移键控(amplitude shift keying，ASK)调制、频移键控(frequency shift keying，FSK)调制、相移键控(phase shift keying，PSK)调制等调制方案。

电折射调制器是利用具有很强电光效应的晶体材料制成的。常用的材料有铌酸锂晶体($LiNbO_3$)、钽酸锂($LiTaO_3$)和砷化镓(GaAs)。电光效应是指当外加电压引起上述某种晶体材料的非线性效应时，晶体的折射率发生变化的现象。通常，晶体的电光效应是指下面的两种效应。

晶体折射率与外加电场幅度成正比变化时，称为线性电光效应，即普克尔效应；晶体折射率与外加电场幅度的平方成正比变化时，称为克尔效应。电折射调制器是一种采用普克尔效应的电光相位调制器件，它是构成其他类型调制器，如光强度调制器、光 IQ 调制器等的基础。电光相位调制器的基本原理如图 3-9 所示。

由图 3-9 可见，一束正弦光波入射到光调制器，经过长度为 L 的外加电场区后，输出光场的相位将受外加电场的控制而变化，从而实现相位调制。

M-Z 型调制器的结构如图 3-10 所示，可见它是由一个 Y 形分路器、两个相位调制

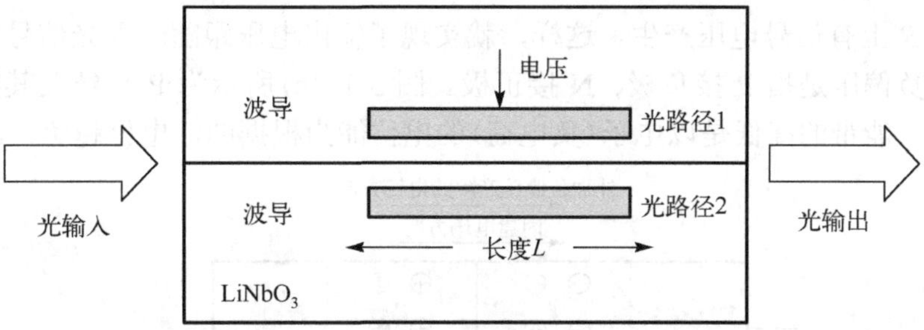

图 3-9 电光相位调制器的基本原理

器和一个 Y 形合路器组成的。这样，输入光信号首先经 Y 形分路器分成完全相同的两部分，两个部分都受到相位调制，然后通过 Y 形合路器进行耦合。由于上下两部分信号之间存在相位差，因此两路信号在 Y 形合路器的输出端便会产生相消和相长干涉，从而获得通断信号。

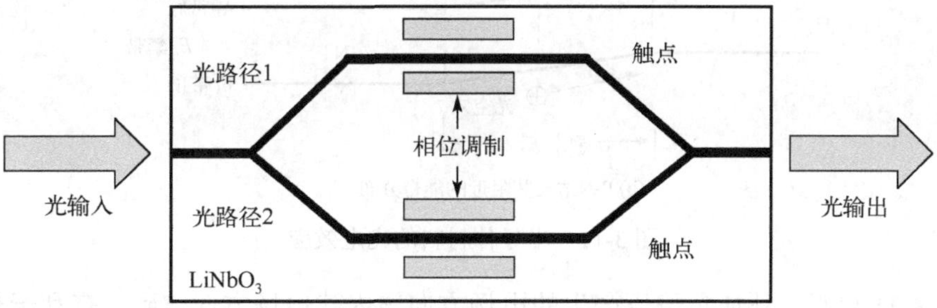

图 3-10 M-Z 型调制器

3.2.6 光电探测器

在光传输线路的输出端，必须有一个能转换光信号的接收装置，即光接收机。光电探测器是光纤通信系统中接收端机中的第一个部件。它是利用材料的光电效应实现光电转换的。光电探测器能检测出照射在它上面的光功率，并把这个光功率的变化转换为相应电流的变化。由于光信号在光纤中传输会带来损耗和畸变，因此对光电探测器的性能要求很高。其中，最重要的几点要求是在所用光源的波长范围内有较高的响应度或灵敏度、较小的噪声，响应速度快或有足够的带宽以适应需要的数据速率。另外，还要求光电探测器对温度变化不敏感、与光纤尺寸匹配、相对于系统其他组成部分价格合理并且工作寿命长等。目前在光纤通信系统中，常用的半导体光电探测器有两种，一种是 PIN 光电二极管，另一种是雪崩光电二极管(APD)。本节首先介绍半导体材料的光电效应，在此基础上介绍 PIN 光电二极管和 APD 的结构、工作原理以及光电探测器的一些特性参数。

半导体材料的光电效应是指如下这种情况：光照射到半导体的 P-N 结上，若光子能量足够大，则半导体材料中价带的电子吸收光子的能量，从价带越过禁带到达导带，在导带中出现光电子，在价带中出现光空穴，即光电子-空穴对，又称为光生载流子。光生载流子在外加负偏压和内建电场的作用下，于外电路中出现光电流，如图 3-11(a)所示，

从而在电阻 R 上有信号电压产生。这样，就实现了输出电压跟随输入光信号变化的光电转换作用。负偏压是指 P 接负极、N 接正极。图 3-11(b)所示为 P-N 结及其附近的能带分布。注意：能带的高低是以电子(负电荷)的电位能为根据的，电位越负，能带越高。

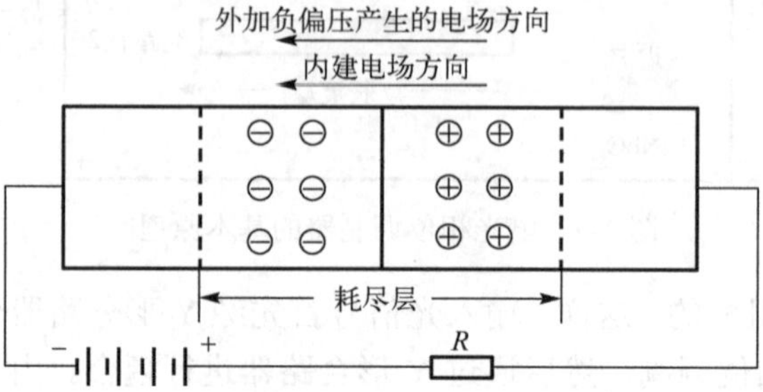

(a) 外加负偏压和内建电场

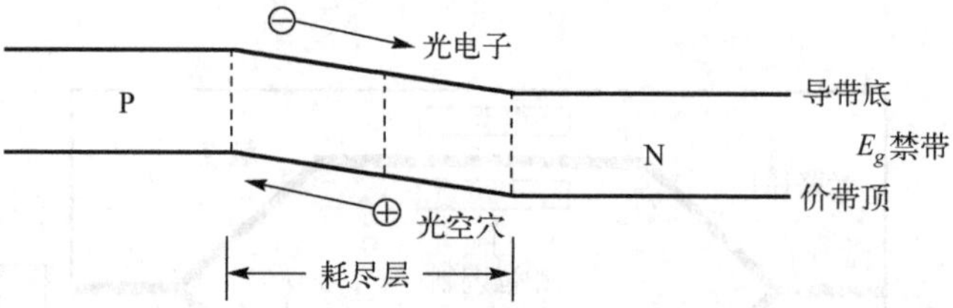

(b) P-N结及其附近的能带分布

图 3-11　半导体材料的光电效应

由图 3-11 可见，外加负偏压产生的电场方向与内建电场方向一致，有利于耗尽层的加宽。由前面的讨论还可看出，由于光子的能量为 hf，半导体光电材料的禁带宽度为 E_g，因此当光照射在某种材料制成的半导体光电二极管上时，若有光电子-空穴对产生，显然必须满足如下关系：

$$hf \geqslant E_g \tag{3-9}$$

或写为

$$f \geqslant \frac{E_g}{h} \tag{3-10}$$

由于

$$\lambda = \frac{c}{f} \tag{3-11}$$

故将 f 换为波长：

$$\lambda \leqslant \frac{hc}{E_g} \tag{3-12}$$

记 $f_c = E_g / h$，$\lambda_c = hc / E_g$，即只有波长 $\lambda \leqslant \lambda_c$ 或频率 $f \geqslant f_c$ 的入射光才能使这种材料产生光生载流子，故 λ_c 称为截止波长，f_c 称为截止频率。

3.3　无源光器件

在掌握了有源光器件及组网器件的基础上，我们还应该全面了解常用的一些无源光器件的结构、工作原理和主要性能。

3.3.1　光纤连接器

光纤通信系统是通过光缆线路的光纤接头和终端设备的光纤连接器来实现整个光缆线路的光纤之间的光学和机械连接的。光纤连接器应用的具体位置包括设备与局域网络的接口、建筑物内的数据线路的连接、建筑物内光信号分配的接线板的连接、一个通信系统进入一座建筑物的连接、网络与终端设备的连接等。

光纤接头将两根光纤永久地或可分离开地连接在一起，并有保护部件的接续部分。例如，长途光缆链路上的连接采用的是接头形式的接续，其原因是组成整个光缆链路的各段光缆必须连接起来。接头的优点在于：损耗小、接头本身很小，适用于光缆的接续；接头强度高，其与合适的设备一起，很适合现场安装。实际上，这就意味着，我们一般可以将光纤连接器安装在光缆的终端，而将光纤接头用在光缆链路中。光纤连接器可以在工厂或者现场安装，但是在工厂安装起来更容易。通常，在实际光纤通信工程中，两种接续技术一起使用，可以提高整个工程的安装速度。表 3-2 给出了采用光纤连接器和光纤接头接续的优缺点对比。

表 3-2　光纤连接器和光纤接头接续的优缺点对比

光纤连接器	光纤接头
非永久性	永久性
简单的多次拆装	复杂的熔融焊接
可以在工厂中安装在光缆上	现场熔接
允许重新配置	密封安装容易
提供标准接口	接头成本较低且紧凑

3.3.2　光衰减器

光衰减器是一个在线的光器件，其可以根据用户需求降低(衰减)光纤中所传输的光功率。迄今为止，人们一直关心的是如何提高光纤通信系统的传输光功率。然而，在许多情况下，光纤通信系统却需要使用光衰减器来减小传输光功率。

按照光衰减器的衰减方式、结构特点、光接口方式等不同，光衰减器可以细分为固定光衰减器(fixed optical attenuator，FOA)和可变光衰减器(variable optical attenuator，VOA，又称为可调光衰减器)两大类，如图 3-12 所示。

固定光衰减器是指所衰减光功率为固定分贝值的衰减器。例如，一个 5dB 的固定光衰减器应该减小 5dB 的输出光功率。可变光衰减器则是可以连续或间断地调整光功率衰减分贝值的衰减器。理想的光衰减器在宽的温度范围和机械应力作用下都应该具有一个稳定的衰减。它与波长和偏振态无关，而且几乎完全不会引起光信号的反射或干涉。此外，可变光衰减器必须具备可以少量地增加或者减少衰减、衰减调整的范围比较宽和可以精确控制所调整的衰减等功能。

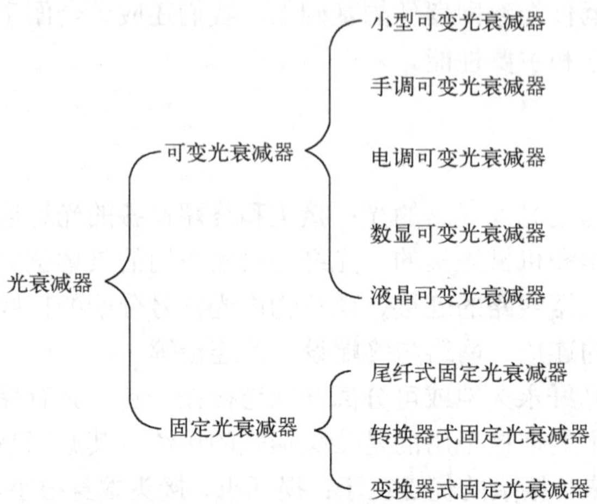

图 3-12 光衰减器分类

对光纤通信而言，评价光衰减器质量优劣的性能有衰减量、插入损耗、回波损耗、衰减量可调整范围和衰减控制精度等。衰减量和插入损耗是光衰减器的重要性能指标。光衰减器的回波损耗是指入射到光衰减器的光功率与衰减器中沿着入射光通路反射出的光功率之比。高质量光衰减器的回波损耗的数值大于 50dB。目前，在粗波分复用(coarse wavelength division multiplexing，CWDM)和密集波分复用传输系统中最常用的是电调可变光衰减器和液晶可变光衰减器。

3.3.3 光隔离器

在光纤通信系统中，由光源到光接收机的整个传输过程中，光会经过许多不同的光学界面，在每个光学界面处都将出现不同程度的反射。这些反射产生的返回光最后会沿着光通路返回光源。当返回光累积强度达到一定程度时，就会引起光源工作不稳定，产生频率漂移、幅度变化等问题，从而进一步影响整个系统的正常工作。为了避免返回光对光源端器件的工作产生影响，必须对返回光进行抑制，以确保光纤通信系统的工作质量。

为此，人们研究出了光隔离器。光隔离器是一种只允许光信号沿光通路正向传输，对返回光起隔离作用的光无源器件，如图 3-13 所示。隔离器的作用就是阻止后向反射和散射光到达光敏感器件，特别是激光器。

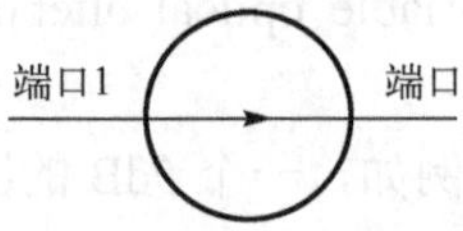

图 3-13 光隔离器单方向传输光示意图

由图 3-14 可以清晰地看到，当一个光波沿着光通路从左向右传输时，所有输入的光功率没有任何附加损耗地全部传送到输出端口。反之，当一个光波沿着光通路从右向左传输时，所有输入的光功率与输出端口完全隔离(阻塞)。这种非可逆器件利用的是光信号通过一个具有磁光特性的介质时破坏时间反演对称性的法拉第效应。

光隔离器内部的单向传光原理与光的偏振状态有关。光隔离器内包括一对线性偏振器，两个线性偏振器的面呈 45°。在两个线性偏振器之间插入一个法拉第旋转器，法拉第旋转器可以使偏振面旋转 45°。如图 3-14 所示，光通过光隔离器发生的变化取决于光的传输方向。

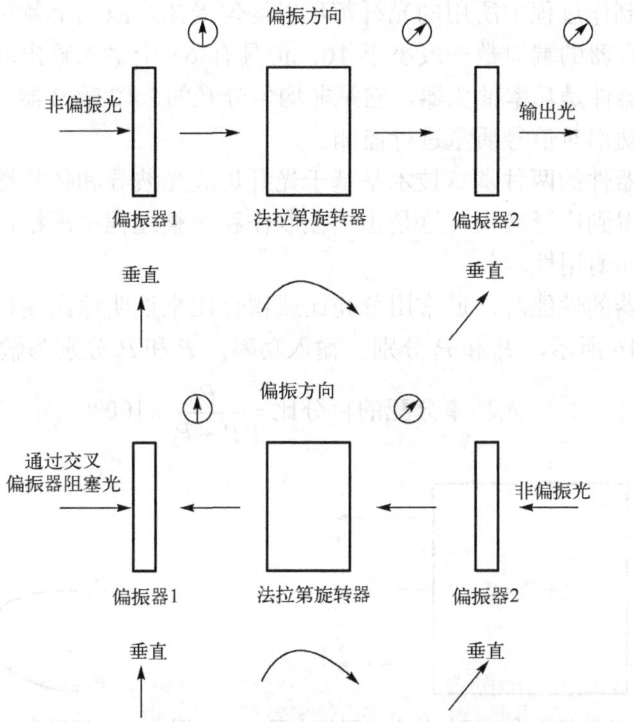

图 3-14　光隔离器只传送一个方向光的工作原理

首先，分析光从左向右传输的情况。入射光是非偏振光，但是第一个偏振器只让垂直偏振的光通过，然后旋转法拉第旋转器使偏振面向右旋转 45°。如果第二个偏振器的偏振面为垂直方向向右旋转 45°，则使光透过。这样，通过第一个偏振器和法拉第旋转器的光全部通过。除了因入射偏振器阻挡了一半的入射光信号造成 3dB 的损耗之外，入射光信号都无阻挡地通过了隔离器。

现在，观察光从反方向传输，即从右向左传输的情况。右侧的偏振器只允许与垂直面呈 45° 的光通过。法拉第旋转器将光再向右旋转 45°，使偏振平面呈水平状态。左侧的偏振器只允许垂直方向的光透过，因此水平方向偏振光受到阻挡，反向传输光被阻断。这种光的阻挡绝非理想，但是采用好的偏振器，光隔离器可以衰减 40dB 或者更多的反向传输光，以避免噪声影响激光器的性能。

3.3.4　光耦合器

大多数无源光器件可以看成是星形耦合器的变形，图 3-15 给出了一个可以进行功率合路和分路的星形耦合器。星形耦合器最广泛的应用是：从两个或更多的输入光纤中复合光波并在多根输出光纤中分配。一般情况下，对所有波长进行均匀分解，耦合器的 N 个输出口均得到输入总功率的 $1/N$。$N\times N$ 分路器的通用制作方法是：在几毫米长度上将 N 根单模光纤的纤芯熔合在一起，通过 N 根光纤输入端口中的任意一个注入光功率，在熔融区域，这些光通过由强变弱的功率耦合，均匀分配到 N 根输出光纤的纤芯中。

假设耦合器制作过程中所用的光纤都可以均匀受热，原则上就可以制成任意尺寸的星形耦合器。耦合器的端口数一般小于 10，但具有 64 个输入输出端口的耦合器也是可能的。最简单的器件是功率抽头器，它是非均匀分光的 2×2 耦合器，用来从光纤线路上提取一小部分光功率对信号质量进行监测。

制作无源光器件的两种基本技术是基于光纤集成光波导和体状微光学。使用微光设计的耦合器没有得到广泛应用，这是由于在制作和调整过程中严格的公差要求影响了它们的价格、性能和耐用性。

在描述耦合器的性能时，通常用分光比或耦合比来说明输出端口间光功率分配的百分比。根据图 3-16 所示，P_0 和 P_3 分别为输入功率，P_1 和 P_2 分别为输出功率，可以有

$$光功率分配的百分比=\frac{P_2}{P_1+P_2}\times 100\% \tag{3-13}$$

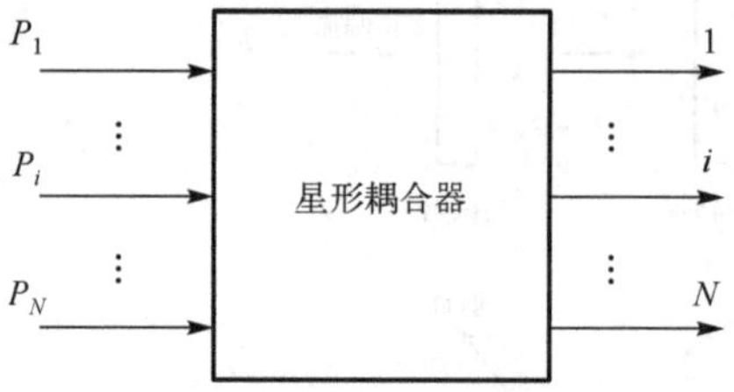

图 3-15　用于光功率复合或分解的基本星形耦合器

图 3-16　熔融光纤耦合器结构示意图

通过调整参数使功率平均分开，即输出功率均为输入功率的一半，就可得到 3dB 耦合器。耦合器也可以做成让几乎所有 1500nm 波长上的光功率进入一个端口，而几乎所有 1300nm 波长上的能量进入另一个端口。

为了简化起见，在上面的分析中，假设没有耦合损耗。然而，在实际的耦合器中，当信号通过耦合器时，总有一些光会损失，两种基本类型的损耗是附加损耗和插入损耗。附加损耗的定义为输入功率与总的输出功率的比值。因此，用分贝表示的 2×2 耦合器的附加损耗为

$$附加损耗=10\lg\frac{P_0}{P_1+P_2} \tag{3-14}$$

插入损耗是指特定的端口到另一端口路径上的损耗。例如，从输入端口 i 到输出端口 j 的路径中的插入损耗，可以用分贝表示为

$$插入损耗=10\lg\frac{P_i}{P_j} \tag{3-15}$$

另一个性能参数是串扰或回波衰减，它表征某一个端口的输入信号与散射或反射回

另一个输入端口的光功率间的隔离度，即

$$回波衰减 = 10\lg\frac{P_3}{P_0} \tag{3-16}$$

可以把2×2导波耦合器作为有两个输入端口和两个输出端口的四端口器件来进行分析。全光纤或集成光学器件可以用散射矩阵(也称为传输矩阵) $\boldsymbol{S}$ 来进行分析，矩阵 $\boldsymbol{S}$ 定义了两个输入场强度 a_1、a_2 与输出场强度 b_1、b_2 之间的关系，其定义为

$$\boldsymbol{b} = \boldsymbol{Sa} \tag{3-17}$$

式中，$\boldsymbol{b}=\begin{bmatrix} b_1 \\ b_2 \end{bmatrix}$；$\boldsymbol{a}=\begin{bmatrix} a_1 \\ a_2 \end{bmatrix}$；$\boldsymbol{S}=\begin{bmatrix} s_{11} & s_{21} \\ s_{12} & s_{22} \end{bmatrix}$，$s_{ij}=|s_{ij}|\exp(\mathrm{j}\phi_{ij})$ 表示光功率从输入端口 i 转换到输出端口 j 的耦合系数，$|s_{ij}|$ 是 s_{ij} 的大小，ϕ_{ij} 为第 j 个端口相对于第 i 个端口的相位。

对于一个实际的物理器件，散射矩阵 $\boldsymbol{S}$ 有一个制约条件，即来自麦克斯韦方程组的时间反演不变性所导致的互易性条件，也就是说，在单模工作条件下，通过器件有两个传播方向相反的解。

3.3.5 光波分复用器

在一根光纤中能同时传输多波长光信号的技术，称为波分复用(WDM)技术。如果在系统发射端采用此技术，则将不同波长的光信号组合起来送入光纤传输的设备称为光波分复用器。在系统接收端可通过解复用器将组合在一起的光信号分离并送入不同的终端。光波分复用器是对光波波长进行合成与分离的光器件。由光波分复用器构成的光波分复用系统，从结构上来分，可分为单纤单向 WDM 系统和单纤双向 WDM 系统。

1) 单纤单向 WDM 系统

单纤单向是指不同波长的光信号组合在一起后，通过一根光纤沿同一方向进行传输，如图 3-17 所示。

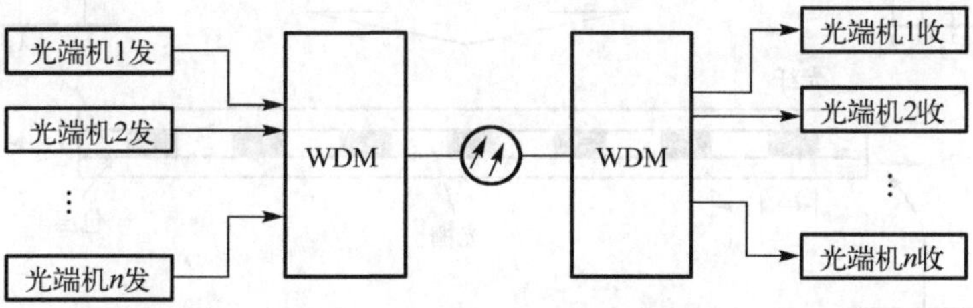

图 3-17 单纤单向 WDM 系统

在发射端，将载有不同信息、不同波长的光信号通过复用器组合在一起，送入一根光纤，沿同一方向传输；在接收端，通过解复用器将不同波长的光信号分开。

2) 单纤双向 WDM 系统

单纤双向是指两个相反方向的光信号可以在一根光纤中同时传输，如图 3-18 所示。

波长为 λ_1 的光信号沿一个方向传输，而波长为 λ_2 的光信号沿相反方向传输，从而实现将不同方向的信息混合在一起，同时在一根光纤中传输。

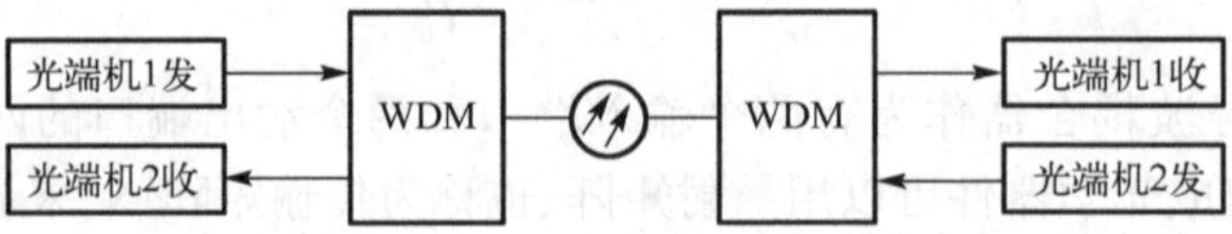

图 3-18 单纤双向 WDM 系统

从上述两种 WDM 系统中可以看出，系统的核心器件是光波分复用器和解复用器。从原理上来看，只要将解复用器的输入端和输出端反过来使用，即为复用器。

3.3.6 光纤光栅

光纤光栅是近几年发展最为迅速的一种光纤无源光器件。它是利用光纤中的光敏性而制成的。光敏性是指当外界入射的紫外光照射到纤芯中掺锗的光纤时，光纤的折射率将随光强而发生永久性改变。人们利用这种效应可在几厘米之内写入折射率分布光栅，称为光纤光栅。

紫外线的波长范围为100～400nm，当掺锗的石英光纤受到峰值波长为 240nm 的紫外光呈空间周期性照射时，纤芯中折射率就会出现周期性变化，这就形成了光纤光栅（fiber grating，FG）。

光纤光栅最显著的优点是插入损耗低、结构简单、便于与光纤耦合，而且它具有高波长选择性。因此，近几年它在光纤通信及应变传感领域中都得到了广泛的应用。

例如，光纤布拉格光栅滤波器就是利用光纤布拉格光栅的基本特性而制成的一种窄带光学滤波器，如图 3-19 所示。紫外干涉光从掺锗光纤侧面照射，A 称为布拉格间距，可通过沿光纤施加压力或对光纤加热来达到目的。

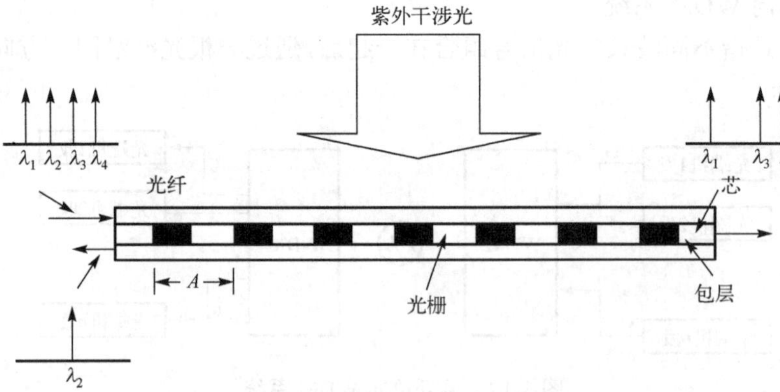

图 3-19 光纤布拉格光栅滤波器

3.3.7 常用光纤特性

自从 1970 年贝尔实验室根据高锟提出的利用光导纤维可以进行通信的理论，成功地试制出用于通信的光纤以来，光纤光缆得到迅速的发展。近50年来，光纤光缆的新产品层出不穷，而且在通信业得到了广泛的应用。多模光纤有阶跃多模光纤和性能更好的渐变多模光纤；单模光纤通常使用的有非色散位移单模光纤(G.652光纤，又称为标准单模光纤)、色散位移光纤(G.653光纤)、非零色散位移光纤(G.655光纤)。另外，还有用于海底光缆长距离通信的截止波长位移光纤(G.654光纤)、用于城域网的宽带光传送非零色散光纤(G.656光纤)和用于接入网的(G.657光纤)。

1. 非色散位移单模光纤(G.652光纤)

G.652光纤是1310nm波长性能最佳的单模光纤，它同时具有1550nm和1310nm两个窗口。零色散窗口位于1310nm窗口，而最小衰减窗口位于1550nm窗口。

过去在G.652光纤开通的PDH系统中，利用的都是1310nm零色散窗口，而新的同步数字体系(synchronous digital hierarch，SDH)传输系统都全面转向1550nm最小衰减窗口。从发展来看，由于1550nm窗口掺铒光纤放大器的实用化，密集波分复用(DWDM)系统也必须工作在1550nm窗口。1550nm窗口已成为G.652光纤的主要工作窗口，但是G.652光纤在1550nm窗口的色散系数为15～20ps/(nm·km)。G.652.A/B光纤是常规的单模光纤，G.652.C/D光纤是低水峰单模光纤。

G.652.C/D光纤采用一种新的生产制造技术，尽可能地消除OH^-1383nm附近处的“水吸收峰”，使光纤损耗完全由玻璃的本征损耗决定，在1280～1625nm的全部波长范围内都可用于光通信。零水峰光纤消除了由“水峰”引起的高衰减现象，确保了E波段的信号传输。

2. 色散位移光纤(G.653光纤)

色散位移光纤(dispersion shifted fiber，DSF)是第二代单模光纤，其特点是在波长1550nm处，色散为零，损耗较小。衰减目前一般为0.19～0.25dB/km。在1525～1575nm范围内，最大色散系数为3.5ps/(nm·km)。该光纤的PMD系数小于0.5 ps/$\sqrt{\text{km}}$，即400km光纤的PMD为10ps。

色散位移光纤在1550nm处色散为零，不利于多信道的WDM传输，用的信道数较多时，信道间距较小，这时就会发生四波混频，从而导致信道间发生串扰。如果光纤线路的色散为零，FWM的干扰就会十分严重；如果有微量色散，FWM干扰反而还会减小。针对这一现象，人们研制了一种新型光纤，即非零色散位移光纤(non-zero dispersion shift fiber，NZ-DSF)。

3. 截止波长位移光纤(G.654光纤)

G.654光纤的正式名称为截止波长位移光纤，但通常称为低损耗光纤。为了满足海底光缆长距离通信的需求，人们开发了一种应用于1550nm波长的纯石英芯单模光纤，它在该波长附近的衰减最小，仅为0.185dB/km。

G.654光纤在1.3μm波长区域的色散为零，但在1550nm波长区域色散较大，为17～20ps/(nm·km)，国际电信联盟电信标准分局(International Telecommunication Union

Telecommunication Standardization Sector，ITU-T）把这种光纤规范为 G.654 光纤。这种光纤的优点是在 1550nm 波长处衰减系数极小，弯曲性能好。

G.654 光纤此前主要应用于海底光缆通信系统，分 A、B、C、D 四个子类，2013 年 7 月，业界开始讨论适用于陆地的 G.654.E 光纤，并开启标准制定。2016 年 9 月，在 ITU-TSG15 全会上，通过 G.654 标准修订工作，这标志着应用于陆地高速传输系统的 G.654.E 光纤正式完成标准化工作。

4. 非零色散位移光纤（G.655 光纤）

NZ-DSF 是一种改进的色散位移光纤，ITU-T 对于该种光纤的建议号为 G.655。G.655 光纤通过设计光纤折射率剖面，使零色散点移到 1550nm 窗口，从而与光纤的最小衰减窗口获得匹配，使 1550nm 窗口同时具有最小色散和最小衰减。G.655 光纤在 1550nm 窗口的典型参数为：衰减系数小于 0.25dB/km，与 G.653 光纤相比，对零色散点进行了位移，零色散波长为 1525nm 或 1585nm。

G.655 光纤在 1550nm 工作区的色散既可以为正值，也可以为负值。根据应用场合的不同，采用不同的色散光纤。例如，在中美海底光缆、东南亚直达通信系统和亚太第二海底光缆网络等海底光缆中均采用了色散为负值的 G.655 光纤，它与 G.652 光纤结合使用，大大提高了传输长度。

5. 宽带光传送非零色散光纤（G.656 光纤）

G.656 光纤是宽带非零色散光纤，也称为低斜率非零色散位移光纤，在 1460～1624nm 波长范围内具有大于非零值的正色散系数值，能有效抑制密集波分复用系统的非线性效应，其最小色散值：在 1460～1550nm 波长区域，为 1.00～3.60ps/(nm·km)；在 1550～1625nm 波长区域，为 3.60～4.58ps/(nm·km)。最大色散值：在 1460～1550nm 波长区域，为 4.60～9.28ps/(nm·km)；在 1550～1625nm 波长区域，为 9.28～14ps/(nm·km)。

这种光纤非常适用于 1460～1624nm（S+C+L，3 个波段）波长范围的粗波分复用和密集波分复用。

6. 多模光纤（G.651 光纤）

多模光（optical multi-mode，OM）表示不同等级的多模光纤传输的带宽和最大距离不同。自 20 世纪 90 年代以太网开始普及，多模光纤在短距离的应用场景（包括商业楼宇和数据中心）得到了大规模的应用，多模光纤从第一代的 OM1 发展到目前第五代的 OM5。

OM1 是 850/1300nm 满注入带宽在 200/500MHz·km 以上的 62.5μm 芯径多模光纤。其芯径和数值孔径都比较大，具有较强的集光能力和抗弯曲特性。

OM2 是 850/1300nm 满注入带宽在 500/500MHz·km 以上的 50μm 芯径多模光纤。其芯径和数值孔径都比较小，有效降低了多模光纤的模式色散，使带宽显著增大，制作成本降低 1/3。

OM3 是 850nm 激光优化的 50μm 芯径多模光纤。在采用 850nm 垂直腔表面发射激光器(vertical-cavity surface-emitting laser，VCSEL)的10Gbit/s以太网中，光纤传输距离可达300m。与OM1、OM2相比，OM3具有更高的传输速率及带宽，所以称为优化型多模光纤或万兆多模光纤。

OM4是OM3多模光纤的升级版，有效带宽比OM3大一倍以上，光纤传输距离可达550m。传统的OM1光纤是针对100Mbit/s以太网设计的，OM2光纤是针对1Gbit/s以太网设计的，OM3光纤主要是针对10Gbit/s以太网设计的，OM4光纤主要是针对并行传输的40G/100GBase-SR4以太网设计的。

OM5是宽带多模光纤。为了支持新出现的SWDM4短波分复用和BiDi双工双波长应用，TIA和ISO/EC在2017年分别发布了TIA-492 AAAE和IEC60793-2-10 A1a.4b OM5宽带多模光纤的技术标准。传统的OM3、OM4光纤主要在850nm波长工作，OM5光纤能够支持850～950nm之间的4个波长，因此OM5光纤传输40Gbit/s/100Gbit/s/200Gbit/s以太网只需要两芯光纤。OM5光纤同时支持400Gbit/s以太网。

ITU-T G.651光纤即OM2/OM3光纤或多模光纤(50/125)，ITU-T推荐光纤中并没有OM1光纤或多模光纤(62.5/125)。

3.3.8 光缆

1. 光缆结构

光缆由缆芯和护套两部分组成。缆芯一般包括被覆光纤(芯线)和加强件，有时加强件分布在护套中，这时缆芯主要就是芯线。芯线是光缆的核心，决定着光缆的传输特性。加强件承受光缆的张力，通常采用杨氏模量大的钢丝或者非金属的芳纶纤维(kevlar)。护套一般由聚乙烯(或聚氯乙烯)和钢带或铝带组成，对缆芯起机械保护和环境保护作用，要求有良好的抗压能力和密封性能。

为了提高光纤机械强度，抑制微弯损耗，通常要对光纤进行两次被覆。一次被覆材料一般用软塑料，如紫外固化的丙烯酸树脂或热固化的硅酮树脂，另一次被覆光纤直径为0.25～0.40mm。二次被覆光纤有紧套和松套两种，紧套光纤是用模量大的尼龙12紧套在硅酮树脂一次被覆光纤的表面，松套光纤是把丙烯酸树脂一次被覆光纤放在高强度聚酰胺塑料套管内，套管充填油胶。套管直径由容纳的光纤数目决定。一次被覆光纤在套管内有一定余长，可适度自由移动，避免应力作用和微弯损耗，改善低温特性。为增加光缆容纳的光纤数目，采用一种带状式的芯线。将一次被覆光缆(4～12纤)平行排列并加以被覆形成带状线，再把这种带状线一层一层叠加构成带状单元芯线。这种芯线可以放在大套管内，也可以放在骨架槽内，形成高密度光缆。

2. 缆芯

缆芯结构多种多样，其基本结构有4种形式。

(1)层绞式：由松套光纤绕在中心加强件周围绞合而构成，这种结构的缆芯制造设备简单，工艺相当成熟，得到广泛采用。该缆芯采用松套光纤可以增强抗拉强度，改善温度特性。

(2) 骨架式：由紧套光纤或丙烯酸一次被覆光纤，放入中心加强件周围的螺旋形塑料骨架凹槽内而构成。这种缆芯抗侧压力性能好，有利于对光纤的保护。

(3) 中心套管式：由一次被覆光纤或光纤束放入大套管中，加强件分布在套管周围而构成。这种结构的加强件同时起着护套的作用，有利于减轻光缆重量。

(4) 带状式：由带状芯线放入大套管内，加强件分布在套管周围；也可以由带状芯线放入骨架凹槽内，或者放入松套管进行绞合而构成。带状缆芯结构有利于制造容纳数百根光纤的高密度光缆。带状光缆广泛应用于干线网和用户网中。

3. 护层

光缆护层也是由护套和外护层构成的多层组合体。护层的作用是进一步保护光纤，使光纤能适用于各种场合敷设(如架空、管道、直埋、室内、过河、跨海等)。对于采用外周加强元件的光缆结构，护层还需提供足够的抗拉、抗压、抗弯曲等机械特性方面的能力。

此外，护层必须提供防潮、防水性能，这是因为水和潮气进入光缆内会产生许多问题，甚至使通信中断，这在第 1 章有关光纤通信的缺点中已经提到。因此，为了保持光纤的特性不致劣化，在光纤和光缆结构设计、生产、运输、施工和维护中都会采取一系列的防水措施。

4. 加强芯

光缆加强芯是光缆的重要组件，一般置于光缆中心位置，其作用是支撑光纤单元或光纤束，提高光缆抗拉伸强度等。传统的光缆采用金属加强件。FRP 光缆加强芯是以树脂为基本材料，玻璃纤维为增强材料，按比例混合后采用拉挤成型工艺制备的一种新型的高性能工程复合材料。FRP 非金属光缆加强件克服了传统的金属光缆加强件存在的缺陷，具有优异的抗腐蚀、抗雷击、抗电磁场干扰、抗拉强度高、轻质、环保、节能等显著优点，被广泛地应用于各种光缆中。

3.4 光线路设施

3.4.1 光纤配线架

图 3-20 所示为光纤配线架(optical-fiber distribution frame，ODF)的结构，它用于光纤通信系统中局端主干光缆的成端和分配，可方便地实现光纤线路的连接、分配和调度。随着网络集成程度越来越高，出现了集 ODF、数字配线架(digital distribution frame，DDF)、电源分配单元于一体的光数混合配线架，适用于光纤到小区、光纤到大楼、远端模块及无线基站的中小型配线系统。

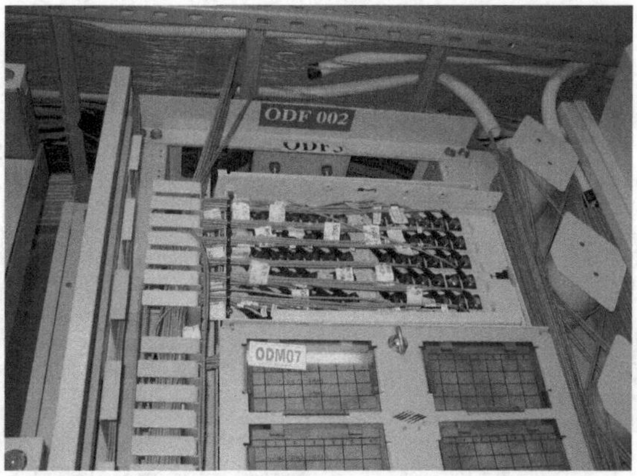

图 3-20　光纤配线架的结构

3.4.2　光缆交接箱

光缆交接箱是一种为主干层光缆、配线层光缆提供光缆成端、跳接的交接设备，图 3-21 所示为光缆交接箱的结构。光缆引入光缆交接箱后，经固定、端接、配纤以后，使用跳纤将主干层光缆和配线层光缆连通。光缆交接箱是安装在户外的连接设备，对它最根本的要求就是能够抵受剧变的气候和恶劣的工作环境。它要具有防水气凝结、防水和防尘、防虫害和鼠害、抗冲击损坏能力强的特点。光缆交接箱必须能够抵御比较恶劣的外环境。因此，箱体外侧对防水、防潮、防尘、防撞击损害、防虫害和鼠害等方面要求比较高；其内侧对温度、湿度控制要求特别高。

图 3-21　光缆交接箱的结构

3.4.3　光缆分纤箱

光缆分纤箱是用于室外、楼道内或室内连接主干光缆与配线光缆的接口设备。光缆分纤箱必须能在规定的环境下可靠工作，并且其箱体能承受不大于 500N 的垂直压力。其外观结构介绍如图 3-22 所示。

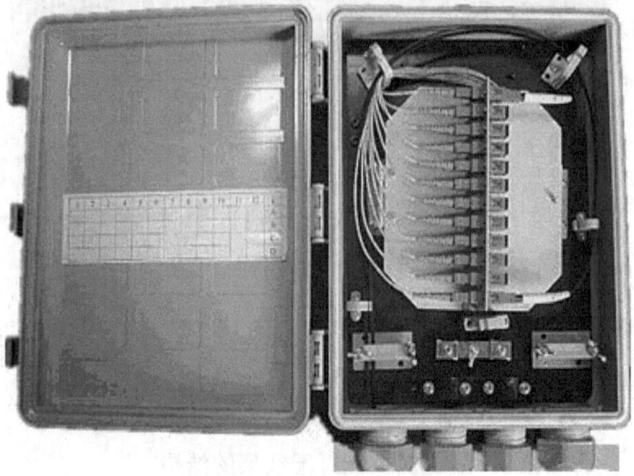

图 3-22　光缆分纤箱的结构

3.4.4　行业敷设标准

国际电信联盟(International Telecommunication Union，ITU)发布了很多用于光缆结构、敷设以及保护的 L 系列建议。表 3-3 列出了一些建议，描述了不同类型光缆必须满足的性能、特征、组件以及其他需求。例如，相较于室外光缆，室内光缆就要满足更为严格的防烟雾及毒气标准。

表 3-3　有关光缆和光缆组件的 ITU-T 建议

建议名称	描述
L.10 管道和隧道的光缆	描述了管道和隧道的光缆特性、结构和测试方法
L.26 架空光缆	描述了架空光缆的特性、结构和测试方法，但是不适用于光纤复合地线光缆
L.36 单模光纤连接器	描述了光纤连接器的主要特性，包括类型、应用场合配置以及技术方面的情况，并对光纤连接器的光学特性、机械特性以及环境特性的一般要求和测试方法提出了建议
L.37 分光器(非波长选择)	描述了分光器的主要特性，包括类型、应用场合、配置以及技术方面的情况，还描述了分光器的机械、环境及物理特性和可靠性的要求
L.43 直埋光缆	描述了直埋光缆的特性、结构和测试方法
L.50 无源光节点的要求：交换局环境的光纤配线架	用于描述交换局环境的光纤配线架的总体要求、性能评估以及力学和光学性能评估测试
L.59 室内光缆	描述了光纤和光缆的光学特性与机械特性、机械测试与环境测试方法以及防火测试方法
L.78 下水管道光缆结构	描述了安装在下水道和排水管的光缆的特性、结构以及测试方法

3.5　典型光纤通信系统介绍

3.5.1　IM-DD 光纤通信系统

在强度调制直接检测(intensity modulation with direct detection，IM-DD)光纤通信系

统中，其发射端是用信号直接调制光载波的强度，接收端是用探测器直接检测所接收的光信号。这里我们着重介绍其光发射机、光接收机和光通信系统。

1. 光发射机

对光发射机的要求有以下三点。

1) 光源的发光波长要合适

由于目前使用的光导纤维有 3 个低损耗窗口，即 0.85μm、1.31μm 和 1.55μm，其中第一个称为短波长，后两个称为长波长，因此光发射机光源发出的光波波长应与这 3 个波长相适应。

2) 合适的输出光功率

从后面对光纤通信系统的讨论将可知，在光纤通信系统中，要求光源有合适的输出光功率。然而，光源送入光纤的光功率太大并非好事，因为光功率太大就会使光纤工作在非线性状态。非线性是指光纤的各种特性参数随输入的光强做非线性的变化，进而光纤成为一种非线性器件。这种非线性效应将会产生很强的频率转换作用和其他作用。显然，这对正常工作的光纤将产生不良的影响。

3) 较好的消光比

消光比 (extinction ratio，EXT) 就是全“0”码时的平均输出功率与全“1”码时的平均输出功率之比。作为一个好的光源，应在进行“0”码调制时没有光功率输出，否则它将使光通信系统产生噪声，造成接收机灵敏度降低，故一般要求 EXT ≤ 10%。

2. 光接收机

目前广泛使用的是 IM-DD 数字光纤通信系统，其光接收机方框图如图 3-23 所示。该方框图中只示意出光接收机的主要部分，辅助部分没有画出。下面将介绍方框图中各部分的功能。

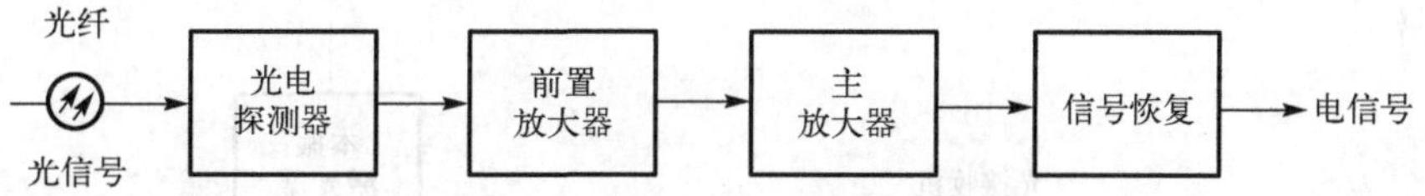

图 3-23　数字光纤通信光接收机方框图

1) 光电探测器

如前面所述，光电探测器的作用是利用光电检波管，将由光发射机经光纤传过来的光信号转换为电信号。目前广泛使用的光电检波管是半导体光电二极管，它们是 PIN 管和雪崩光电二极管 (APD)。这两种检波管的工作原理和特性已在前面讨论过。

2) 前置放大器

由于这个放大器与光电探测器紧紧相连，故称为前置放大器。

在一般的光纤通信系统中，经光电探测器输出的光电流是十分微弱的。为了保证通信质量，显然必须将这种微弱的电信号通过多级放大器进行放大。在放大过程中，放大器本身的电阻会引入热噪声，放大器中的晶体管会引入散粒噪声。不仅如此，在一个多级放大器中，后一级放大器将会把前一级放大器送出的信号和噪声同样放大，即前一级引入的噪声也被放大，因此对多数放大器的前级就有特别的要求，它应是低噪声、高增益的，这样才能得到较大的信噪比。

目前光接收机前置放大器有多种类型，如低阻型前置放大器、PIN-FET(PIN 管与场效应管)前置放大器组件和跨阻型前置放大器组件。由于跨阻型前置放大器不仅具有宽频带、低噪声的优点，而且其动态范围也比高阻型前置放大器改善很多，因此在光纤通信系统中得到广泛的应用。

3) 主放大器

主放大器的作用有两个方面。

将前置放大器输出的信号放大到判决电路所需要的信号电平。

它还是一个增益可调节的放大器，当光电检测输出的信号出现起伏时，通过光接收机的自动增益控制电路对主放大器的增益进行调整，以使主放大器的输出信号幅度在一定范围内不受输入信号的影响，一般主放大器的峰-峰值输出是几伏量级。

3.5.2 相干光通信系统

相干光通信系统由光发射机、光纤和光接收机组成，如图 3-24 所示。

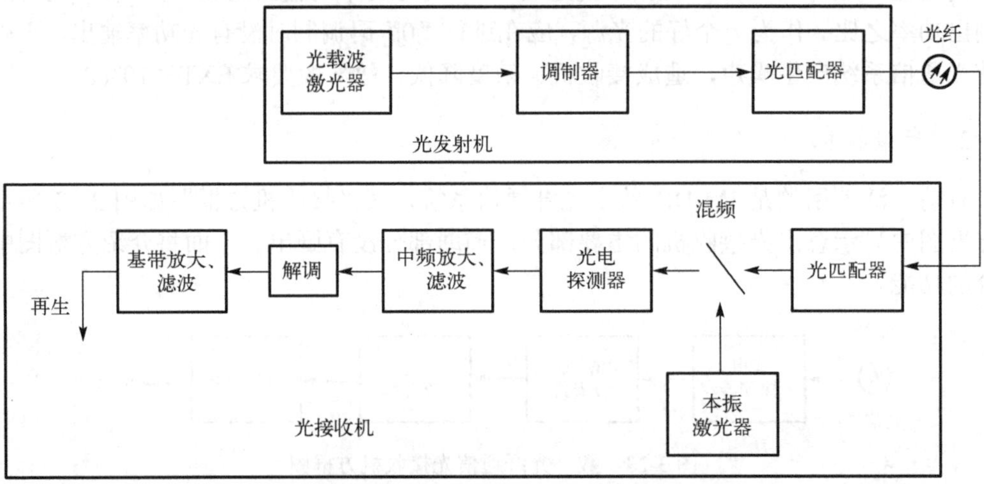

图 3-24 相干光通信系统结构

在相干光通信系统中，光发射机的功能就是将所需传送的信号调制到光载波上，使之适应光传输的要求，因而首先由光载波激光器发出相干性很好的光载波，然后通过调制器调制，输出已调波将随调制信号的变化而变化，然后再经过光匹配器。

由单模光纤输出的光信号首先经过光匹配器(该光匹配器的作用与发射端的相同)，然后进入光混频器。光混频器负责将本振光波与接收光波进行混合，然后通过光电探测器进行检波、中频放大，从而获得放大的差频信号，最后根据发射端所采用的调制方式进行解调，从而获得基带信号。

3.5.3 波分复用系统

与传统的光纤通信系统的结构相同，波分复用(WDM)系统是由光发射机、光接收机、光中继放大器、光监控信道与网络管理系统构成的，如图 3-25 所示。首先讨论光发射机、光接收机和光中继放大器。在 WDM 系统中，利用波长分割原理，将不同的 SDH 信号赋予不同的中心波长，这样不同波道可以同时共用一根光纤进行信息的传输。通常，在 WDM 系统设计中，对各波道的波长有固定的分配。这就是说，只有符合系统设计所规定的波长才能在系统中传输，因此在发射端，首先要将来自各 SDH 终端设备的光信号送入光波长转换器(optical transponder unit，OTU)，光波长转换器负责将符合 ITU-T G.957 规范的非标准波长的光信号转换成为符合设计要求的、稳定的、具有特定波长的光信号。各光波长转换器输出的是标准的波长，这些波长的信号在光波分复用器进行合路处理，形成包含多波长成分的光信号，然后再经 EDFA 将多波长信号同时放大。

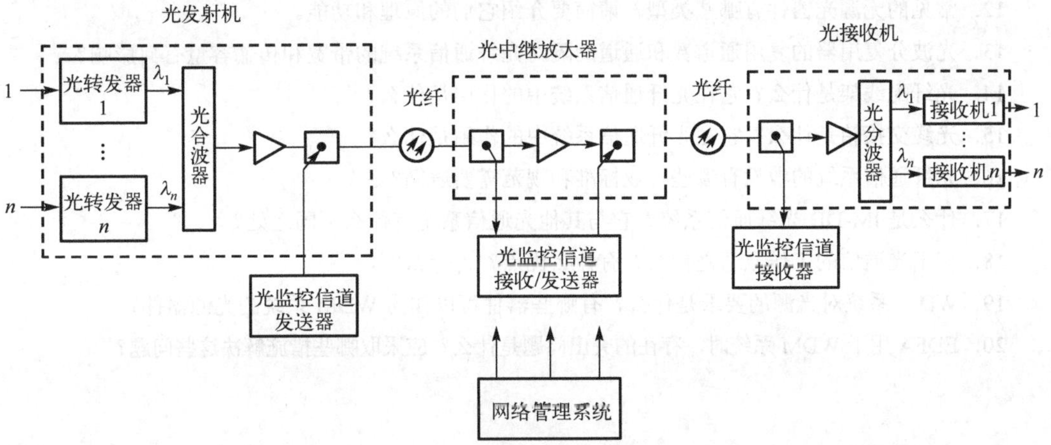

图 3-25　WDM 系统总体结构示意图

在接收端，首先经过一个 EDFA 进行前置放大，将经过长距离传输后相当微弱的多波长光信号放大，并送入光解复用器，从中分解出所需的特定波长的信号，送往规定波长的光接收机。为了能保证各波道都能恢复出正常信号，要求光接收机满足技术指标，如接收灵敏度、过载功率等，同时还应能容纳一定程度的光噪声的影响，并提供足够的电带宽。

当含多波长的光信号沿光纤传输时，由于受到衰减的影响，所传输的多波长信号功率逐渐减弱(长距离光纤传输距离为 80～120km)，因此需要对光信号进行放大处理。目前，在 WDM 系统中使用 EDFA 来起到光中继放大的作用。由于不同的信道是以不同的波长来进行信息传输的，因此要求系统中所使用的 EDFA 具有增益平坦特性，能够使所经过的各波长信号得到相同的增益，同时增益又不能过大，以免光纤工作于非线性状态，这样才能获得良好的传输特性。

习 题 三

1. 光纤通信有哪些优点？
2. 简述光纤通信系统的构成及各部分的作用。
3. 简述激光器和光电探测器的本质区别。
4. 光电探测器的作用和原理是什么？
5. 数字光接收机主要由哪几部分组成？
6. 什么是有源光器件？有源光器件与无源光器件有什么区别？
7. 激光器的工作原理是什么？它如何产生高强度、单一频率的光信号？
8. 可调谐光滤波器的工作原理是什么？它如何实现光信号的频率选择性传输？
9. 光放大器的工作原理是什么？它如何增强光信号的强度？
10. 常见的光电探测器类型有哪些？它们在光纤通信中的应用场景是什么？
11. 无源光器件在光纤通信中的作用是什么？
12. 常见的无源光器件有哪些类型？请简要介绍它们的原理和功能。
13. 光波分复用器的复用通道数和通道间隔对光纤通信系统的带宽和传输容量有何影响？
14. 光纤配线架是什么？它在光纤通信系统中的作用是什么？
15. 光缆交接箱是什么？它在光纤通信系统中的作用是什么？
16. 光纤通信系统的敷设有哪些行业标准和规范需要遵循？
17. 什么是IM-DD光纤通信系统？它与其他光通信系统有什么不同之处？
18. 相干光通信的工作原理是什么？有什么优点？为什么？
19. WDM系统对光源的要求是什么？有哪些器件可以作为WDM系统的光源器件？
20. EDFA用于WDM系统时，存在的突出问题是什么？应采取哪些措施解决这些问题？

第 4 章 光网络概述

微课视频

传输网络是各种业务网络的承载体，是公众电信网络层次中的重要网络。从 1977 年世界第一个光纤通信系统在美国投入商用以来，光纤通信网络技术快速发展，光传输网络为通信运营商、电力、石油、高速公路、金融、家庭等不同单位提供高速率、大带宽、稳定化的全面服务。

4.1 光网络发展及拓扑结构

信息需要利用传输介质进行传播。传输介质为两地之间信号能量传递提供传输通路。无线传输利用电磁信号在自由空间中传播，通常有微波、卫星等传输介质。有线传输则利用某种传输线来进行电磁信号的传输，可以是电缆、光纤等传输介质。

为了实现多个用户间的通信，需要将多个通信系统有机地组成一个整体，使它们协同工作，形成通信网络。现代通信网可以分为三层，第一层为通信基础网，也可称为传送网，第二层为业务网，第三层为应用层。现代通信基础网可以简单看成一个以光纤、微波接力、卫星传输为主的传输网络，在这个传输网络的基础上，根据业务节点设备类型的不同，可以构建不同类型的业务网络。传输网络是公众电信网络中的重要部分。传输网络的好坏，势必影响通信质量，必将制约其他业务网络的发展。

4.1.1 光网络发展及演变

光纤是光导纤维的简称，光纤通信是以激光为载波、以光纤为传输介质的一种通信方式。光纤由于具有传输容量大、传输损耗低、抗电磁干扰能力强、便于敷设和资源丰富等优点，广泛应用于越洋通信、长途干线通信、市话通信和计算机网络，现在已形成了以光纤通信为主，微波、卫星和电缆通信为辅的信息传输网络。

光纤通信网络不仅适用于电信业务网，也广泛应用于有线电视网、计算机局域网等信息网络。根据电信业务不同，光传输网络可以分为电话网、电报网、传真通信网、计算机数据网、图像通信网及有线电视网等；根据服务区域不同，光传输网络可以分为长途骨干网、本地城域网和用户接入网。

随着网络化时代的到来，用户不断增加的容量需求和业务多样化需求，促进传输网络不断演进，对光纤通信提出了更高的要求，同时也促进了光传输技术的发展，如图 4-1 所示。从光纤通信技术本身的发展来看，光网络可以分为三代。第一代光网络中，光纤只是作为纯粹的传输介质，实现点对点传输，所有交换和比特处理基于电信号完成，光只是用来实现大容量传输，节点间交换、路由和其他智能控制都是在电层面上实现的，SONET/SDH 就是第一代的光网络。20 世纪 90 年代，SDH 作为理想的传输体系，管理功能强，标准统一，很好地适应了通信网飞速发展的需要，经过 ITU-T 的规范，在世界范围内快速普及。随着 SDH 接入的业务类型不断丰富，SDH 产品不断更新，最终形成了以 SDH 为内核的基于 SDH 的多业务传送平台(multi-service transport platform，MSTP)产品系列。

光传送网(optical transport network，OTN)和全光网络可以被认为是第二代光网络和第三代光网络。光传送网的概念在 1998 年由 ITU-T 提出，现在是被普遍接纳和认可的光网络模型。20 世纪 90 年代后期，可以提供更高速率的密集波分复用(DWDM)技术出现并开始规模建设。应用 DWDM 技术时，可以在一根光纤中同时传输多个波长的信息，提高了光纤资源的利用率，降低了建设投资成本。第二代光网络将点对点的 DWDM 系统用 OXC 互连节点和光分插复用节点连接起来，组成光传送网。OTN 光网络中部分交换和路由功能从电层进入光层，在光域执行更多功能，如路由和交换波长，最终以光形式交换包。21 世纪初，为了将传输容量提高至 Tbit/s 量级，在光层对信号进行处理(如光信号的分插/复用、光波长转换/交换等)，采用光传输网络技术的产品开始应用。

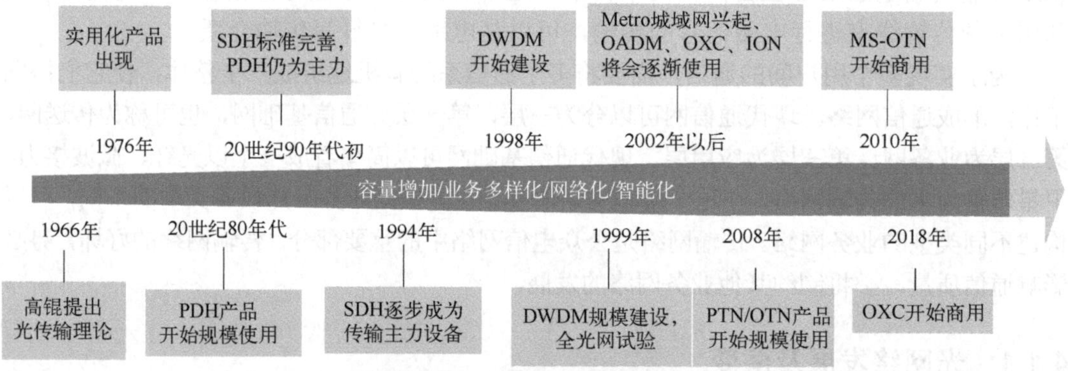

图 4-1 光传输网络关键技术的发展

PDH-准同步数字传输系统；SDH-同步数字传输系统；PTN-分组传送网；
DWDM-密集波分复用系统；OADM-光分插复用系统；
OXC-光交叉连接系统；ION-智能光网络；OTN-光传送网

全光网络是光的传输、放大、中继、光存储、上下话路、分组交换、复用和解复用过程完全是在光频范围内进行处理的网络。全光网络的实质是一根光纤中必须能够将承载信息的更多光波传输更远距离，要求以更高的速率和功率电平来实现，所以要求光纤更加完善和专业化。光交换技术是指不经过电光交换，在光域直接将输入光信号交换到不同的输出端。由于目前技术还不十分成熟，现有的分组光交换单元还需要电信号进行控制。随着光器件技术的发展，光交换技术的最终发展趋势将是光控光交换，保证用户和用户之间的信号传输与交换全部采用光波技术，即数据从源节点到目的节点的传输过程都在光域内进行。

4.1.2 光网络拓扑结构

网络的物理拓扑泛指网络的形态，即网络节点和传统线路的几何排列，反映了网络的物理连接。网络拓扑应综合考虑网络的生存性、网络配置的难易、未来业务需求等多种因素，网络性能、可靠性和经济性在很大程度上与具体网络拓扑有关。除了点对点网络拓扑结构外，网络的基本物理拓扑还有链形网络拓扑、星形网络拓扑、树形网络拓扑、环形网络拓扑和网孔形网络拓扑五种类型。

1. 链形网络拓扑

把涉及通信的各个点串接起来，使首尾两点开放，这样即构成链形网络拓扑，它是一种较为经济的拓扑结构。光纤线路投资比较节省，网络管理比较简单。链形网络拓扑结构如图 4-2 所示。

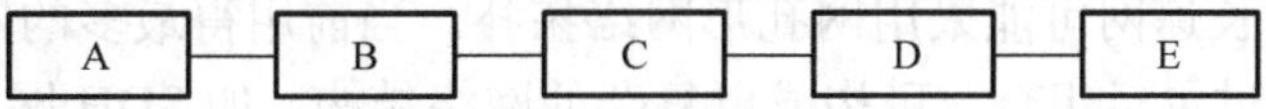

图 4-2 链形网络拓扑结构

2. 星形网络拓扑和树形网络拓扑

把涉及通信的所有点中某一个特殊点和其他所有点直接相连，而其余点之间互相不能直接相连，这样就构成星形网络拓扑。这种网络拓扑的特殊节点灵活分配带宽，能节省投资和运营成本，但该特殊节点会有潜在瓶颈问题和失效问题、光功率预算限制和设备失效问题。星形网络拓扑结构如图 4-3 所示。树形网络拓扑结构可以看成是链形网络拓扑和星形网络拓扑结构的结合，如图 4-4 所示。树形网络拓扑结构层次分明，易于管理与控制，但这种结构依然存在特殊节点的局限。

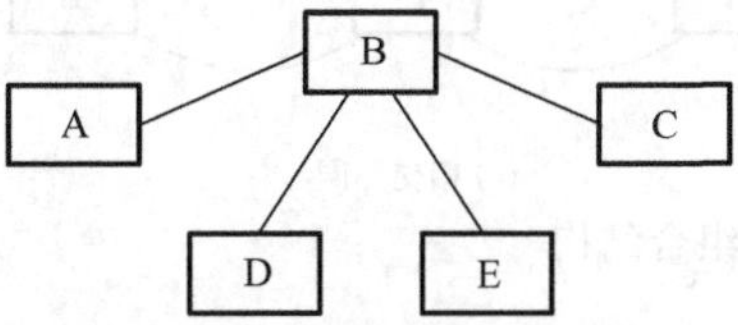

图 4-3 星形网络拓扑结构

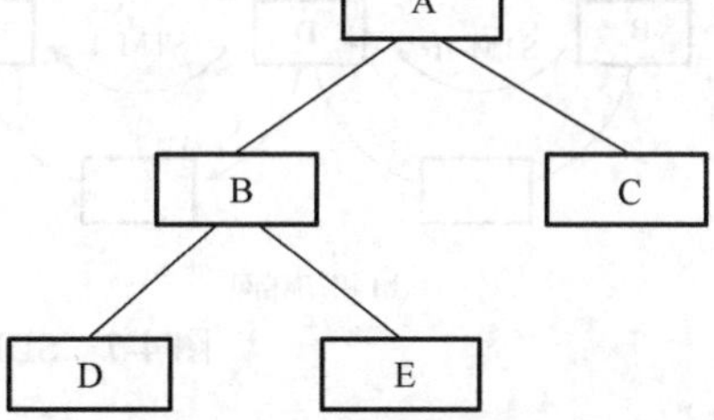

图 4-4 树形网络拓扑结构

3. 环形网络拓扑和网孔形网络拓扑

把涉及通信的所有点串接起来，首尾相连，这样即构成了环形网络拓扑，如图 4-5 所示。环形网络拓扑的最大优点是网络具有强大的保护功能，具有很高的网络生存性，所以它是目前应用广泛的网络拓扑。把涉及通信的许多点直接互连，这样即构成了网孔形网络拓扑，如图 4-6 所示。由于各节点间具有高度的互联，有多条路由的选择，可靠性极高，但结构复杂，成本高。

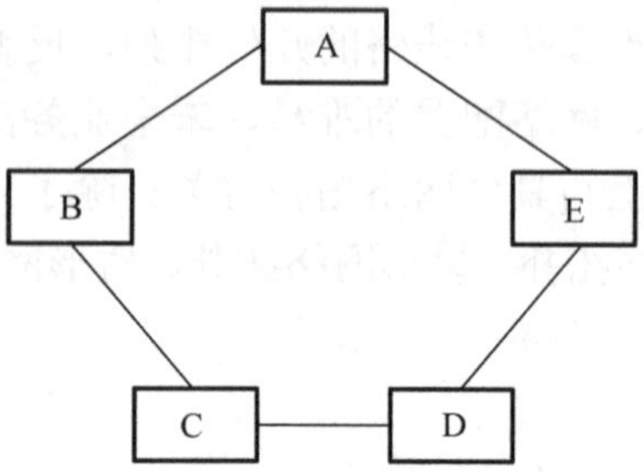

图 4-5　环形网络拓扑结构

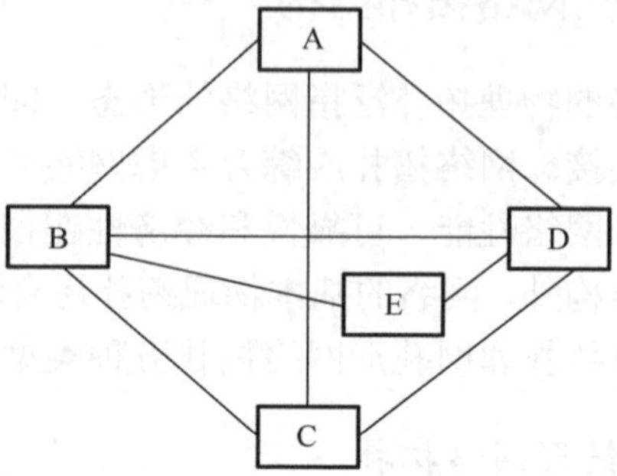

图 4-6　网孔形网络拓扑结构

一个实际网络的不同部分适宜采用的拓扑结构有可能不同，例如，本地网适宜采用环形和星形网络拓扑，有时也可能采用链形网络拓扑，市内局间中继网适宜采用环形和链形网络拓扑，而长途网可能采用网孔形网络拓扑。当前用得最多的网络拓扑结构是链形和环形，它们通过灵活组合，可构成更复杂的网络结构，如 SDH 网络和 DWDM 网络里的环带链网、相切环网、相交环网等，如图 4-7 所示。

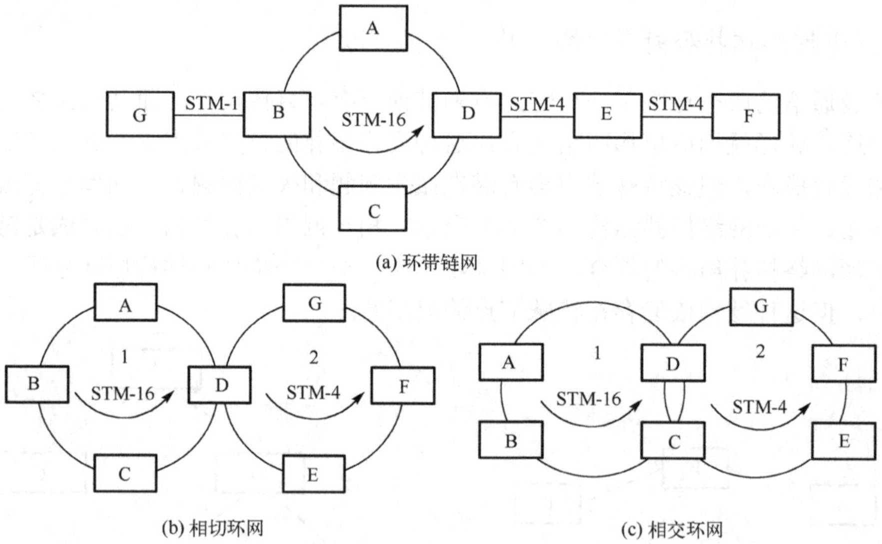

图 4-7　SDH 基本拓扑组合结构

4.2　SDH 同步网络

数字传输体制有两种，即准同步数字体系(plesiochronous digital hierarchy，PDH)和同步数字体系(SDH)。PDH 早在 1976 年就实现了标准化，在 1990 年以前，光纤通信一直沿用准同步数字体系。随着电信发展和用户需求不断提高，PDH 系统在运用中暴露出一些明显的弱点，SDH 解决了 PDH 存在的问题。SDH 数字传输体制是 1988 年由 ITU-T 参照 SONET(同步光纤网)概念提出的规范建议，并批准了一系列 SDH 的有关标准，不仅适用于光纤传输，也适用于微波和卫星传输，是一种全世界统一的技术体制，形成了一套高度标准化的技术规范。

PDH 传输体制只有地区性的电接口规范，欧洲、日本和北美三种数字体系电接口速率如图 4-8 所示。PDH 传输体制没有世界性的标准光接口规范，不同厂家同一速率等级的光接口码型和速率也不一样，致使不同厂家生产的设备无法在光路上互通和调配。

PDH 采用异步复用方式。低速信号复用到高速信号时，通过码速调整(塞入 bit)匹配和容纳信号时钟的偏差，导致低速信号在高速信号的位置无规律性和固定性，难以从高速信号中识别和提取低速支路信号。低速信号分插到高速信号通过层层复用和解复用过程，增加了信号损伤，传输性能劣化，不适宜长距离传输。

PDH 信号的帧结构中，开销比特的数量很少，不能提供足够的操作、维护和管理功能，因而不能满足现代通信网对网管和监控的要求。

SDH 是完全不同于 PDH 的新一代传输网络体制，它主要具有以下特点。

SDH 传输体制具有全世界统一的网络节点接口，有一套标准化的信息结构等级，即一套标准的速率等级。最基本也是最重要的模块信号是 STM-1，比特率是 155.520Mbit/s，STM-*N* 是 SDH 第 *N* 个等级的同步传送模块，比特率是 STM-1 的 *N* 倍，*N* 是 4 的倍数。SDH 传输体制中的各网络单元的光接口有严格的规范要求，采用世界统一的 7 级扰码，因此不同厂家的 SDH 设备可以进行光接口互联，从而使得任何网络单元在光路上互联互通。

低速 SDH 信号以字节间插方式复用进高速 SDH 信号的帧结构中，低速 SDH 信号在高速 SDH 信号帧中的位置是固定的、有规律的。SDH 传输体制利用同步复用方式和灵活的复用映射结构，将 PDH 低速支路信号复用进 SDH 帧中，PDH 低速支路信号在 SDH 帧里的位置也是可以预见的。

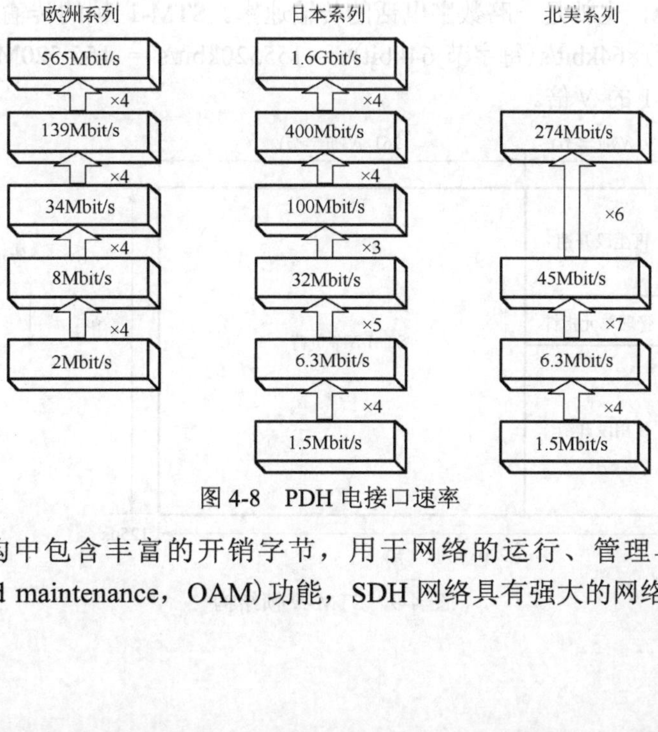

图 4-8　PDH 电接口速率

SDH 帧结构中包含丰富的开销字节，用于网络的运行、管理与维护(operation administration and maintenance，OAM)功能，SDH 网络具有强大的网络管理功能。SDH

网络有很强的兼容性，与原来的PDH网络完全兼容，还可以容纳新的数字业务信号，如异步转移模式(asynchronous transfer mode，ATM)信元等。

由于SDH帧里加入大量用于OAM功能的开销字节，相对于PDH具有较低的频带利用率。SDH采用复杂的指针调整机理，会引起较大的相位抖动，信号损伤更为严重。SDH采用软件控制，各种人为错误、软件故障可能导致网络故障，强有力的安全管理尤为重要。

4.2.1 SDH的帧结构与段开销

SDH传输网所传输的信号由不同等级的同步传输模块(STM-*N*)组成，其中*N*是正整数。STM-1是最基本的信息结构，其速率是155.520Mbit/s，STM-*N*信号由*N*个基本模块信号STM-1经过字节间插同步复用后得到，因此STM-*N*的速率是155.520Mbit/s的*N*倍。目前国际化标准中*N*的取值是1、4、16、64。因此，同步数字系列信号在网络节点接口处的速率得以确定，其规定见表4-1。

表4-1　SDH速率等级

SDH等级	STM-1	STM-4	STM-16	STM-64
速率/(Mbit/s)	155.520	622.080	2488.320	9953.280

1. SDH帧结构

STM-*N*的帧结构由三部分组成：段开销(section overhead，SOH)、信息净负荷(payload)和管理单元指针(administration unit pointer，AU-PTR)，如图4-9所示。SDH帧是一种以字节为基础的矩形块状帧，它由(270×*N*)列和9行字节组成。在SDH帧中，字节的传输是按行从左到右进行的，首先由图4-9中的左上角第一字节开始，从左向右按顺序传送。SDH的帧频为8000帧/秒，即SDH帧中的字节每秒被传送8000次，所以字节的比特速率为8000次/s×8bit＝64kbit/s，也就是一路数字电话的传输速率。STM-1帧的传输速率为270(每帧270列)×9(共9行)×64kbit/s(每字节64kbit) = 155520kbit/s = 155.520Mbit/s，STM-*N*的传输速率为STM-1的*N*倍。

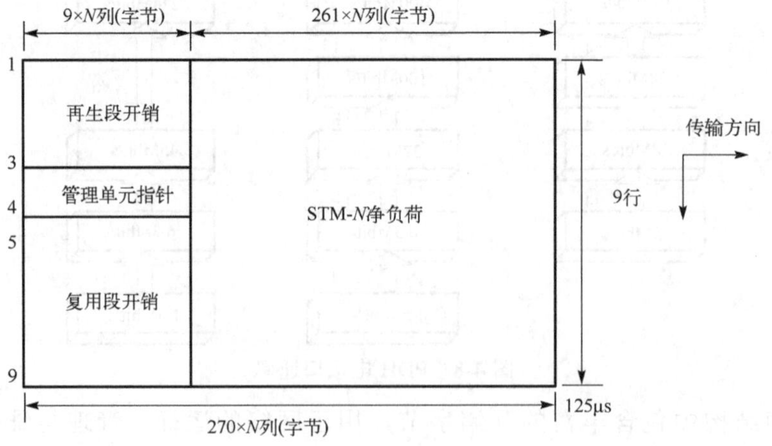

图4-9　STM-*N*帧结构

1) 段开销区域

开销是指 STM-N 帧结构中为了保证信息净负荷正常传送所必需的附加字节，主要用于网络运行、管理、维护等功能。段开销可分为再生段开销(regenerator section overhead，RSOH)和复用段开销(multiplex section overhead，MSOH)。在图 4-9 所示的 STM-N 帧结构中，RSOH 位于纵向第 1～3 行、横向第 1～9×N 列；MSOH 位于纵向第 5～9 行、横向第 1～9×N 列。对 STM-N 来说，RSOH 对 STM-N 整体信号进行监控；MSOH 负责监控其中每一个 STM-1 信号。

2) 信息净负荷区域

信息净负荷区域是 SDH 帧结构中用于存放各种业务信息的地方。横向(10～270)×N 列，纵向(1～9)行都属于信息净负荷区域，共有 2349×N 字节。当 N 个 STM-1 信号通过字节间插复用成 STM-N 信号时，仅仅是将 STM-1 信号的列按字节间插复用，行数恒定为 9。在信息净负荷中，还存在着少量用于通道性能监视、管理和控制的通道开销(path overhead，POH)字节。

3) 管理单元指针区域

管理单元指针位于 STM-N 帧结构中(1～9)×N 列中的第 4 行。它主要用来指示信息净负荷的第一字节在 STM-N 内的准确位置，以便在接收端正确地进行信息分解。发射端在将信号包装入 STM-N 净负荷时，加入 AU-PTR，指示信号包在净负荷中的位置，接收端根据 AU-PTR，从 STM-N 帧净负荷中直接拆分出所需的低速支路信号。

2. SDH 段开销

开销是为了对 SDH 信号提供层层细化的监控管理功能。SDH 帧结构中设置了两种开销来实现 SDH 网络的运行、管理、维护功能，分别是段开销和通道开销。段开销包括再生段开销和复用段开销，通道开销分为高阶通道开销和低阶通道开销两类。

STM-N 的段开销由 N 个 STM-1 段开销按字节间插同步复用而成，但只有第一个 STM-1 的段开销完全保留，其余 N–1 个 STM-1 的段开销仅保留 A1、A2 和 B2 字节，其他的字节全部省略。STM-N 帧的段开销字节位于帧结构的(1～9)行×(1～9)列。注意：第 4 行 AU-PTR 除外。以 STM-1 信号为例，段开销包括位于帧中的(1～3)行×(1～9)列的再生段开销和位于(5～9)行×(1～9)列的复用段开销，如图 4-10 所示。

	1	2	3	4	5	6	7	8	9
1	A1	A1	A1	A2	A2	A2	J0	* ×	* ×
2	B1	△	△	E1	△		F1	×	×
3	D1	△	△	D2	△		D3		
4	AU-PTR								
5	B2	B2	B2	K1			K2		
6	D4			D5			D6		
7	D7			D8			D9		
8	D10			D11			D12		
9	S1					M1	E2	×	×

图 4-10　STM-1 段开销字节安排

4.2.2 SDH 的复用映射结构

SDH 信号的复用包括两种情况：一种是低阶的 SDH 信号复用成高阶 SDH 信号；另一种是低速支路信号（如 2Mbit/s、34Mbit/s、140Mbit/s）复用成 SDH 信号 STM-*N*。第一种复用主要通过字节间插复用方式来完成。下面主要介绍第二种情况。

1. SDH 的复用映射过程

ITU-T 规定了一套完整的复用结构，通过这些路线可将 PDH 的 3 个系列的数字信号以多种方法复用成 STM-*N* 信号。世界上绝大部分国家采用的复用结构为图 4-11 所示的欧洲标准，我国也采用这种标准。

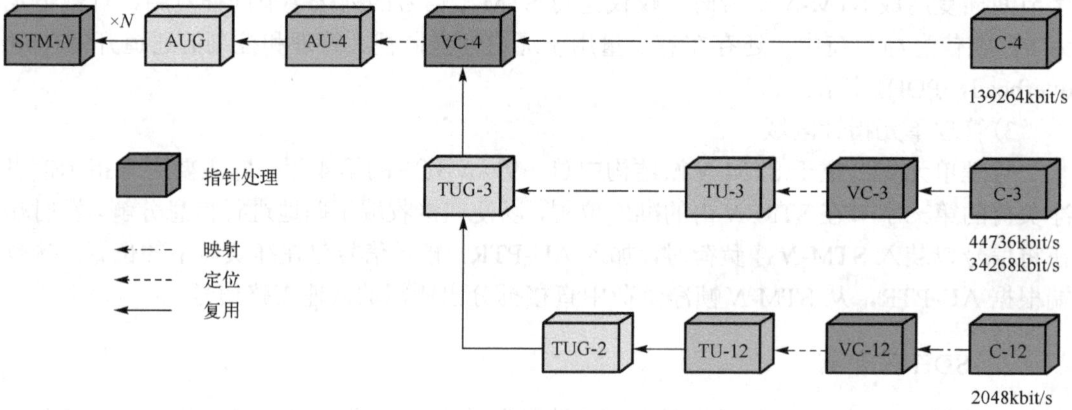

图 4-11 我国的 SDH 基本复用结构

各种信号装入 SDH 帧结构的净负荷区都需经过映射、定位和复用三个步骤。映射相当于一个对信号打包的过程，它使不同的支路信号和相应的 *n* 阶虚容器（VC-*n*）同步。定位即加入调整指针，用来校正支路信号频差和实现相位对准。复用即字节间插复用，用于将多个低阶通道层信号适配进高阶通道，或者将多个高阶通道层信号适配进复用段层。

2. 复用映射过程描述

PDH 信号经过同步复用和灵活的映射，可以形成 STM-*N* 信号。常见的映射有 140M、34M 和 2M 复用映射三种。由于 2M 是普遍的话路信号的速率，因此以 2M 复用为例来描述 SDH 的复用映射过程。完整的 2M 复用映射过程如图 4-12 所示。

1）2M 信号进入 C-12 进行适配处理

C-12 是五种标准接口容器的一种，对应速率是 2.048Mbit/s。对于各路接入的 2M 信号，由于各路信号的时钟精度不同，都将在标准接口容器 C-12 里作容差调整，适配成速率一致的标准信号。

2）C-12 加上相应的低阶 POH 映射后构成 VC-12 信息结构

VC-12 是低阶虚容器的一种，是与 2M 相对应的标准信息结构。VC-12 的主要作用是完成对某路 2M 信号的实时监控。

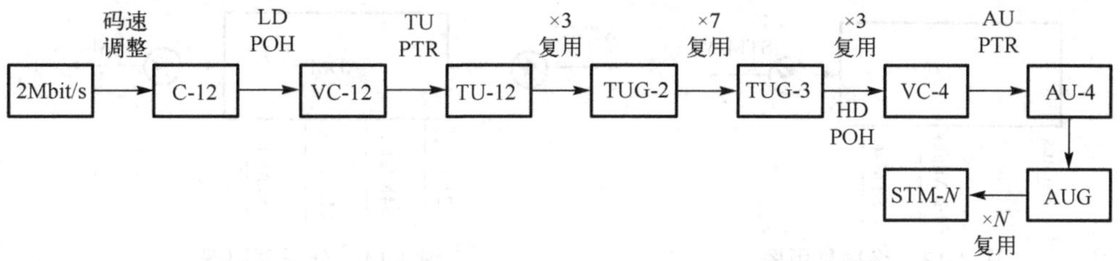

图 4-12　2Mbit/s 信号复用进 STM-N 信号

3) 引入支路单元指针 TU-PTR

为了使接收端能正确定位 VC-12 的帧，设置支路单元指针 TU-PTR，指明 VC-12 相对 TU-12 的相位。引入指针的过程定义为定位。

4) 字节间插复用

3 个 TU-12 经过均匀的字节间插后复用成 TUG-2，此时的帧结构是 9 行×12 列。7 个 TUG-2 同样经字节间插后复用成 TUG-3 的信息结构，7 个 TUG-2 复用成的信息结构前加入两列固定塞入比特。3 个 TUG-3 再经字节间插复用成 C-4 信息结构，加入两列固定塞入比特，并加上高阶 POH 后构成 VC-4 帧结构。此过程定义为复用。

5) 增加管理单元指针

在 VC-4 前附加一个 AU-PTR 组成管理单元 AU-4 信息结构。一个或多个在 STM-N 帧内占有固定位置的 AU 组成管理单元组 AUG。

6) 复用得到 STM-N

AUG 附加上相应的 SOH 就得到 STM-1 信号。将 N 个 STM-1 信号通过字节间插复用成为 STM-N 信号。从 2Mbit/s 信号复用到 STM-1 信号的过程可以看出，STM-1 信号可容纳 $3\times7\times3=63$ 个 2Mbit/s 信号。

4.2.3　SDH 网络的基本网元

SDH 网络中的常见网元有终端复用器（termination multiplexer，TM）、分插复用器（add-drop multiplexer，ADM）、再生中继器（regenerative repeater，REG）、数字交叉连接设备（digital cross connect equipment，DXC）。

1. 终端复用器

终端复用器用于网络的终端节点上，如图 4-13 所示。TM 的作用是将支路端口的低速信号复用到线路端口的高速信号 STM-N 中，或从 STM-N 的信号中分出低速支路信号。

2. 分插复用器

分插复用器用于 SDH 传输网络的转接点处，例如，链的中间节点或环上节点，是 SDH 网上使用最多、最重要的一种网元，如图 4-14 所示。ADM 有两个线路端口和一个支路端口。低速支路信号从支路端口交叉复用到线路上去，或者从线路端口收到的线路信号中拆分出低速支路信号；两个线路端口的 STM-N 信号进行交叉连接。

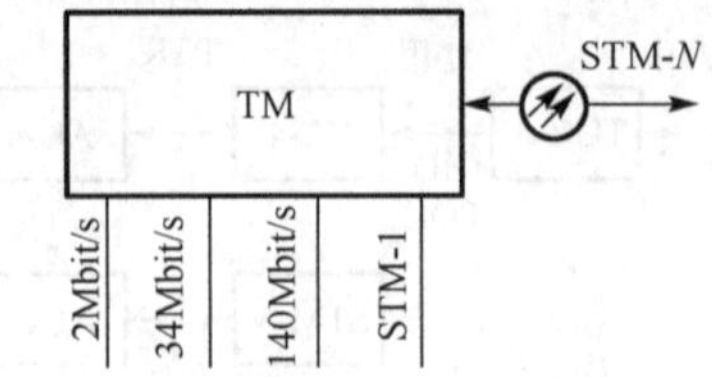

图 4-13　终端复用器

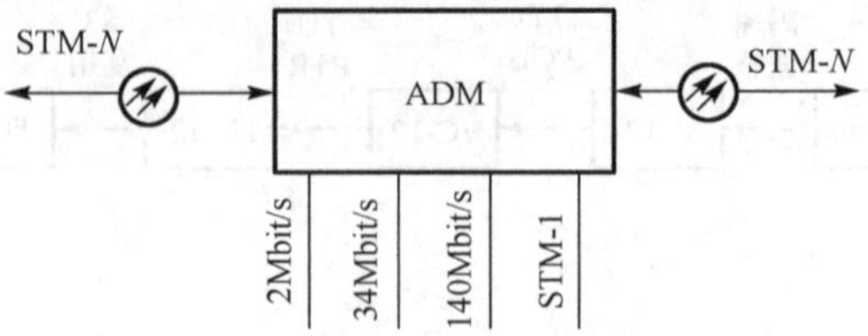

图 4-14　分插复用器

3. 再生中继器

光传输网的电再生中继器(即中继设备)只有两个线路端口，如图 4-15 所示。其主要作用是通过光电(O/E)转换、电信号抽样、判决、再生整形、电光(E/O)转换等处理，以达到不积累线路噪声、保证传送信号波形完好的目的。

4. 数字交叉连接设备

数字交叉连接设备主要完成 STM-*N* 信号的交叉连接，它实际上相当于一个交叉矩阵，完成各个信号间的交叉连接，如图 4-16 所示。

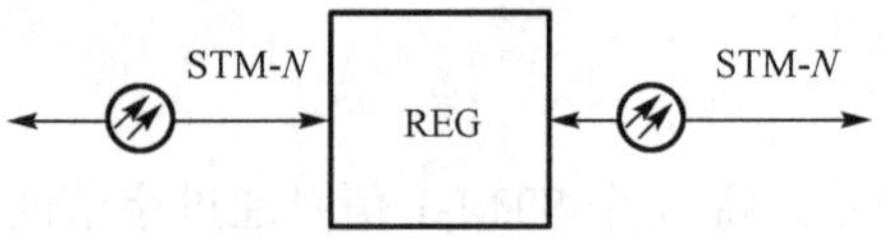

图 4-15　再生中继器

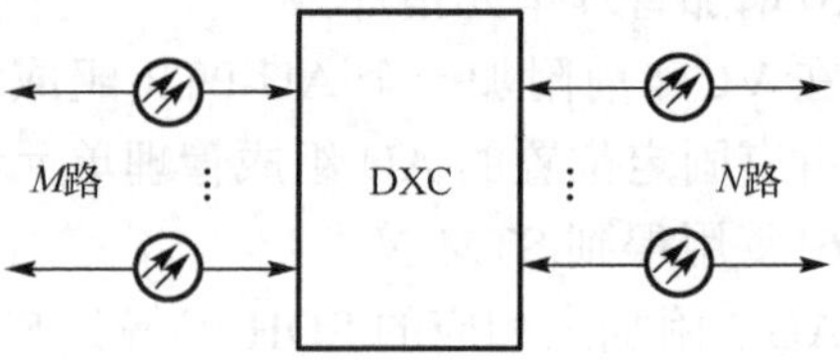

图 4-16　数字交叉连接设备

4.2.4　SDH 自愈网原理

自愈是指当业务信道损坏(如光纤断裂)导致网络故障，引起业务中断时，无须人为干预，网络自动在极短的时间内(ITU-T 规定为 50ms 以内)使业务恢复正常传输，用户几乎感觉不到网络发生了故障。SDH 传输网络采用的网络结构有多种，其中采用分插复用器组成环形网络具有真正意义的自愈功能，故称为自愈环。按自愈环结构分类，有通道保护环和复用段保护环；按光纤数量分类，有二纤环和四纤环；按接收和发送信息的传输方向分类，有单向环和双向环。

1. 二纤单向/双向通道保护环

二纤环网通常由两根光纤来实现业务保护，二纤单向通道保护环如图 4-17(a)所示，用于传送正常业务信号的光纤称为 S1 纤，另一根用于保护的光纤称为 P1 纤。采用 1+1 的保护方式，环中任一节点发出的信号以相反方向传输到 S1 纤、P1 纤上。网络正常工作时，对于 A、C 两点之间的通信，在 S1 纤上信号沿顺时针传输，在 P1 纤上沿逆时针传输，当节点 B、C 之间两根光纤同时中断时，如图 4-17(b)所示，在节点 C 处，由 A 点经沿 S1 纤传送过来的信号丢失，此时接收侧的倒换开关由 S1 纤倒向 P1 纤，接收 A

节点经 P1 纤逆时针方向经过 D 节点传来的信号，保证 AC 业务信号正常维持，而 C 发向 A 的信号依然按顺时针传送。

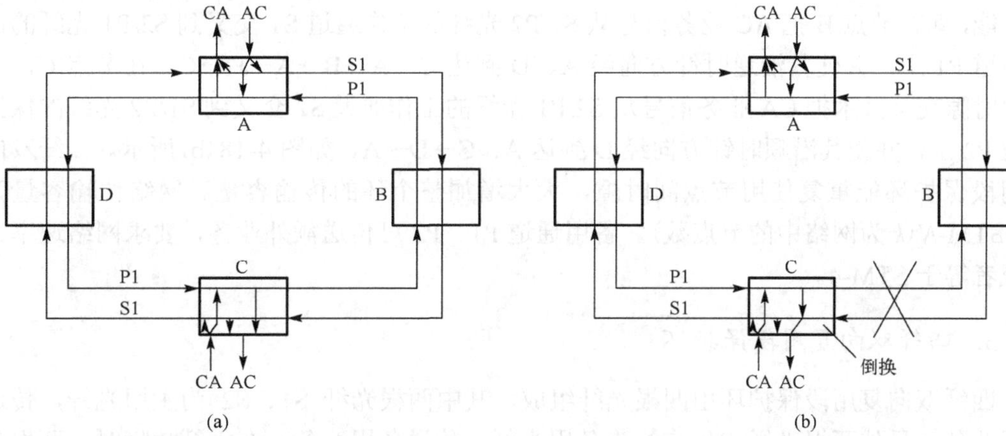

图 4-17　二纤单向通道保护环

二纤双向通道保护环仍然采用两根光纤来实现，倒换方式与单向通道保护环基本相同(双发选收)。二纤环网的单向/双向通道保护，在工作过程中可以相互转化，对网络速率没有限制，业务容量恒定为 STM-*N*，与环上的节点数和网元间业务分布无关。

2. 二纤双向复用段保护环

二纤双向复用段保护环上没有特定的主、备用光纤，每一条光纤的前半时隙是主用信道，传送主用业务；后半时隙是备用信道，传送额外业务，两根光纤上业务流向相反。如图 4-18 所示，S1/P2 和 S2/P1 可以看作使用时分技术将两对光纤合成的两根光纤，一根光纤的保护时隙用来保护另一根光纤上的主用业务，如 S1/P2 光纤上的 P2 时隙用来保护 S2/P1 光纤上的 S2 业务。

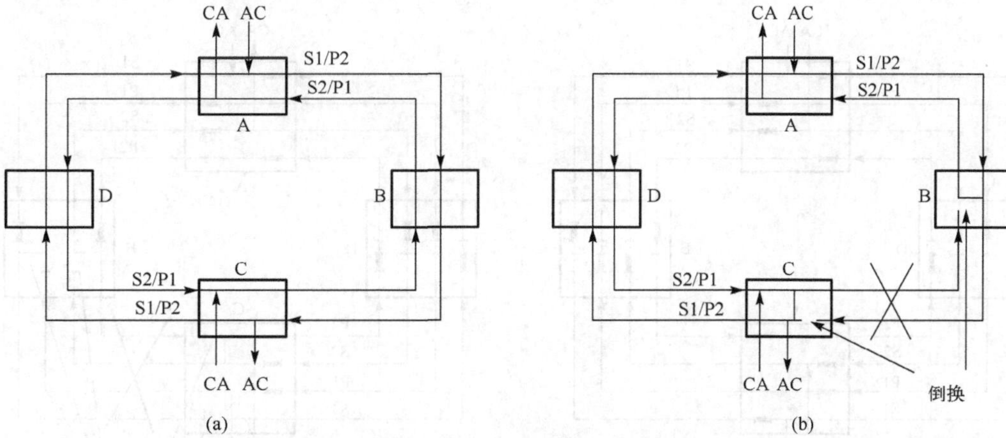

图 4-18　二纤双向复用段保护环

网络正常时，从 A 到 C 的业务信号 AC，在节点 A 馈入光纤 S1/P2 的工作通道 S1，并沿顺时针方向经 B 传送到 C：A→B→C；从 C 到 A 的业务信号 CA，在节点 C 馈入光纤 S2/P1 的工作通道 S2，并在同一区段沿逆时针方向经 B 传送到 A：C→B→A，如图 4-18(a)所示。故障时，如果 BC 节点间的光缆被切断，节点 B 和节点 C 分别执行时隙交叉功能，即在节点 B 把 AC 业务信号从 S1/P2 光纤的工作通道 S1 交叉到 S2/P1 光纤的保护通道 P1 上，并使其沿逆时针方向经 A、D 到达 C：A→B→A→D→C。在节点 C，也利用时隙交叉技术把 CA 业务信号从 S2/P1 光纤的工作通道 S2 交叉到 S1/P2 光纤的保护通道 P2 上，并使其沿顺时针方向经 D 到达 A：C→D→A，如图 4-18(b)所示。二纤双向复用段保护环能重复使用节点间时隙，大大增加整个环的传输容量。网络传输容量为 $k/2\times$STM-N(k 为网络中的节点数)。备用通道 P1、P2 可传送额外业务，要求网络速率大于或者等于 STM-4。

3. 四纤双向复用段保护环

四纤双向复用段保护环由四根光纤组成，其中两根光纤 S1、S2 为主用光纤，传送主用业务，另外两根光纤 P1、P2 为备用光纤，传送备用业务。在主纤故障时，两根备用光纤分别用来保护主纤上的主用业务。如图 4-19 所示，两根业务光纤 S1、S2 构成双向业务通道，两根保护光纤 P1、P2 构成双向保护通道。假设此时有业务信号，由节点 A 发送到目的节点 C，沿 S1 顺时针方向传输，P1、P2 一般是空闲的。四纤双向复用段保护环存在着两种保护方式：段保护方式和环保护方式。如果两节点间发生同时影响业务通路和保护通路的故障，如四纤同时被切断或节点故障，则采用环保护方式，即：当 B、C 节点间光缆被切断时，B、C 两节点执行倒换，S1 与 P1 连通，S2 和 P2 连通，AC 业务由 S1 转到 P1 光纤上传输，CA 业务由 S2 转到 P2 光纤传输。如果故障只影响到业务通路，如发送、接收设备故障或只是业务光纤被切断，则采用段保护方式，即：当 B、C 节点间业务光纤被切断时，A、C 节点进行倒换，A 节点将 S1、P2 光纤连通，C 节点将 S2 与 P1 连通，S1 信号由 P2 传输，S2 信号由 P1 传输。四纤双向复用段保护环能重复使用节点间时隙，传输容量为 $k\times$STM-N(k 为网络中的节点数)。备用光纤 P1、P2 可传送额外业务。

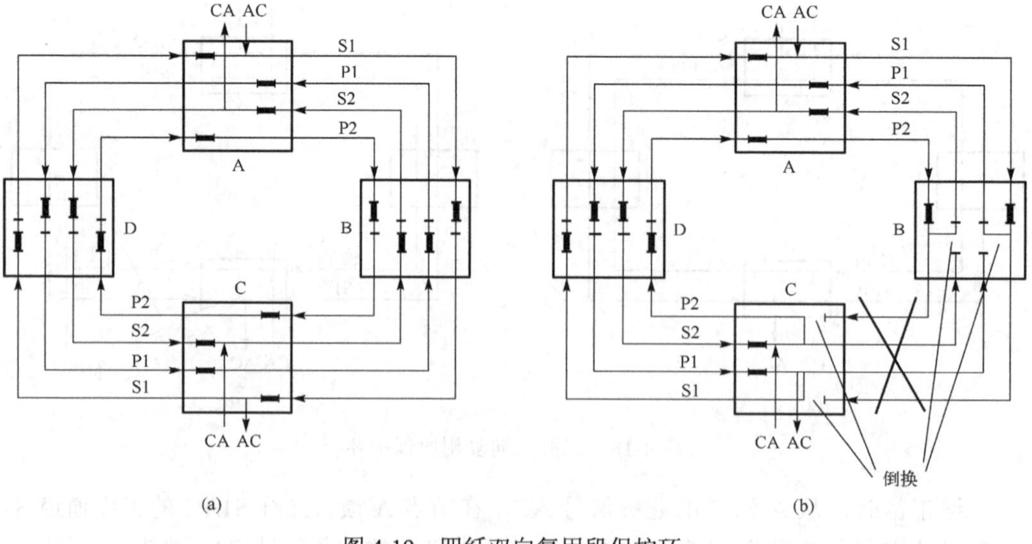

图 4-19　四纤双向复用段保护环

几种常见自愈环的特性总结如表 4-2 所示。

表 4-2 常见自愈环的特性总结

保护环类型	二纤单向通道保护环	二纤单向复用段保护环	四纤双向复用段保护环	二纤双向复用段保护环
节点数	k	k	k	k
高速线路速率	STM-N	STM-N	STM-N	STM-N
最大业务容量	STM-N	STM-N	k×STM-N	(k/2) ×STM-N
集中业务成本	低	低	高	中
均匀业务成本	高	高	中	中
APS	无	有	有	有
系统复杂性	最简单	简单	简单	复杂
应用场合	接入网、中继网	接入网、中继网	中继网、长途网	中继网、长途网

4.3 DWDM 网络

随着社会的不断进步，业务需求越来越多，信息时代越来越要求大容量的传输网。光纤通信系统按信号的复用方式进行分类，可以分为频分复用(frequency division multiplexing，FDM)系统、时分复用(time division multiplexing，TDM)系统、波分复用系统和空分复用(space division multiplexing，SDM)系统。

4.3.1 DWDM 的基本概念

波分复用是指能够利用一根光纤同时传输多个不同波长的光载波，它把光纤的波长范围划分为若干个波段，每个波段独立地传输一定波长的光信号。波分复用分为粗波分复用和密集波分复用。粗波分复用是指相邻波长间隔较大的波分复用技术，相邻信道一般大于或者等于 20nm，波长数量较少，可以为 4 个波、8 个波，最多不超过 16 个波，传输容量比较受限，传输距离较短。密集波分复用技术是指利用单模光纤的带宽以及低损耗的特性，于波长 1550nm 窗口附近，在掺铒光纤放大器能提供增益的波长范围内，选用密集的但相互又有一定波长间隔的多路光载波，这些光载波各自受不同数字信号的调制，复合在一根光纤上传输，允许各载波信道在光纤内同时传输，提高每根光纤的传输容量，如图 4-20 所示。

DWDM 具有多业务接入能力，能够在一根物理光纤上提供多个虚拟的光纤通道，每个波长能够承载不同的信号，如 2.5Gbit/s SDH、10Gbit/s SDH、ATM、IP 等。DWDM 系统传输容量大，复用光通路速率以 SDH 系统的 10Gbit/s 或者 2.5Gbit/s 为基本波道速率，复用通道的数量可以是 4、8、16、32，甚至更多。DWDM 系统中的各复用通路是彼此相互独立的，所以各光通路可以分别透明传输不同的光信号，根据实际业务量需求逐步增加波长来扩容，方便灵活。DWDM 系统利用掺铒光纤放大器对各复用光通路的信号同时进行放大，实现系统的超长距离传输。

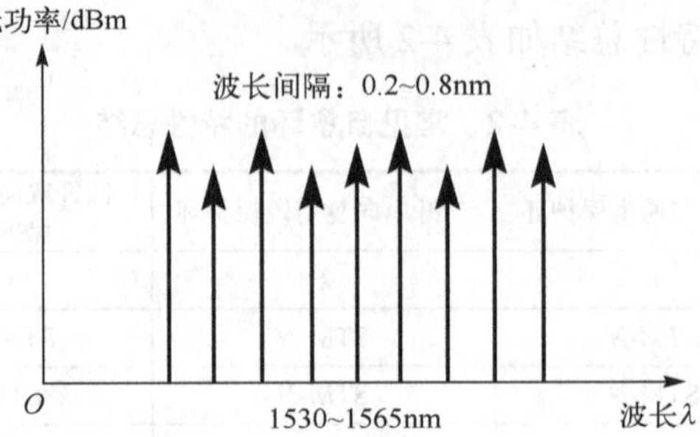

图 4-20　DWDM 的基本概念

4.3.2　DWDM 的系统结构和组成

1. DWDM 系统结构

DWDM 系统主要由光发射机、光中继放大器、光接收机、光监控信道和网络管理系统五部分组成，如图 4-21 所示。

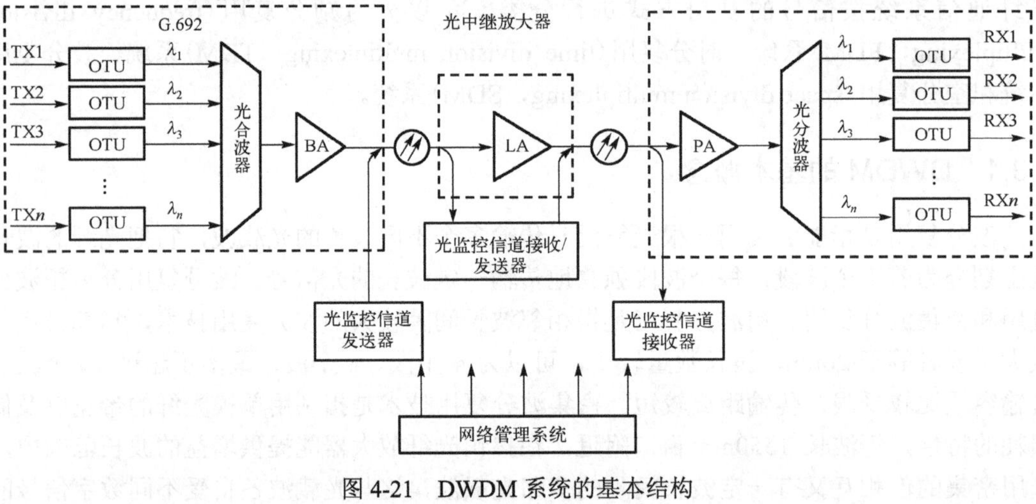

图 4-21　DWDM 系统的基本结构

光发射机是 DWDM 的核心，它将来自终端设备输出的非特定波长光信号，在光波转发器处转换成具有特定波长的光信号，然后利用光合波器将各路单波道光信号合成多波道通路的光信号，再通过功率放大器(booster amplifier，BA)放大后输出多通路光信号送入光纤进行传输。

光中继放大器往往包括一个或者多个线路放大器(line amplifier，LA)。光中继放大器主要用来对光信号进行补偿和放大，要求光中继放大器对不同波长信号具有相同的放大增益。目前使用最多的就是掺铒光纤放大器。

光接收机利用前置放大器(preamplifier，PA)放大经传输而衰减的主信号，然后利用光分波器从主信号中分出各特定波长的各个光信号，再经 OTU 转换成原终端设备所具有的非特定波长的光信号。接收机不但要满足光信号灵敏度、过载功率等参数的要求，还要能承受一定光噪声的信号，要有足够的电带宽性能。

光监控信道的主要功能是用于放置监视和控制系统内各信道的传输情况的光监控信号，在发射端插入本节点产生的波长为 1510nm 或 1625nm 的光监控信号，与主信道的光信号合波输出。在接收端，从主信号中分离出 1510nm 或 1625nm 波长的光监控信号。

网络管理系统通过光监控信道物理层，传送开销字节到其他节点或接收来自其他节点的开销字节对 DWDM 系统进行管理，实现配置管理、故障管理、性能管理和安全管理等功能。

2. DWDM 系统组成

DWDM 系统主要有双纤单向 DWDM 系统和单纤双向 DWDM 系统两种基本形式。实际使用的 DWDM 系统大都采用双纤单向传输方式。

双纤单向 DWDM 系统中采用两根光纤完成光信号传输，一根光纤只完成一个方向光信号的传输，反向光信号的传输由另一根光纤来完成，如图 4-22 所示。

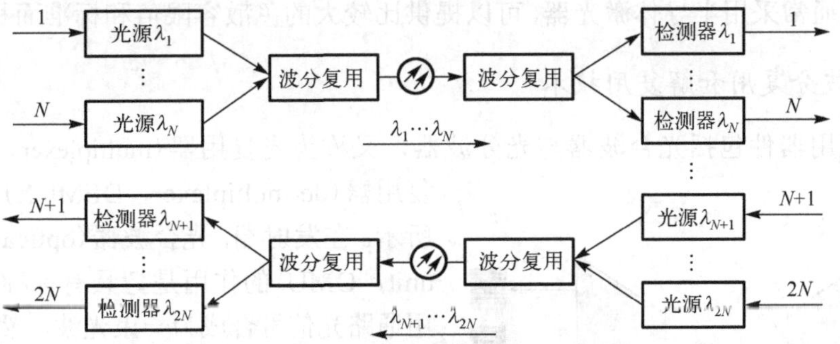

图 4-22 DWDM 系统的单向传输

单纤双向 DWDM 系统利用一根光纤实现两个方向光信号的同时传输，两个方向光信号安排在不同波长上，如图 4-23 所示。

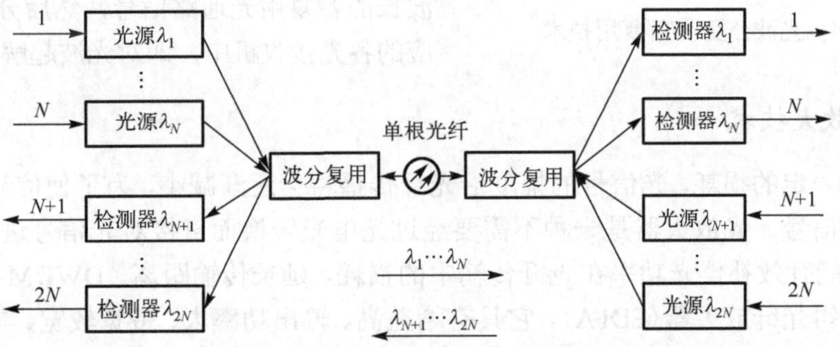

图 4-23 DWDM 系统的双向传输

4.3.3 DWDM 的关键技术

DWDM 系统的关键技术主要包括光转发技术、光波分复用和解复用技术、光放大技术、DWDM 系统的监控技术。

1. 光转发技术

1）光接口的标准

波分复用的光接口遵循 G.957、G.691、G.692 标准。G.957 是 2.5Gbit/s 速率以下的 SDH 信号光接口标准，G.691 是 10Gbit/s 速率的 SDH 信号或者使用光放大器的 SDH 信号光接口标准，G.692 是带有光放大器的多信道系统的光接口标准。

2）光转发单元

光转发单元采用光电光转换的方法实现波长转换，首先利用光电探测器把接收到的光信号转换成电信号，经过限幅放大、时钟提取、数据再生后，再将电信号调制到激光器或外调制器上，从而得到新的满足要求的光波长信号。

3）光源技术

目前应用于光纤通信的光源有半导体激光器和半导体发光二极管。由于半导体激光器入纤功率大、光谱谱线窄、调制速率高，一般适用于长距离、大容量的传输系统。DWDM 系统的光源通常采用半导体激光器，可以提供比较大的色散容限值和标准而稳定的波长。

2. 光波分复用和解复用技术

波分复用器件包括光合波器与光分波器，又称为光复用器（multiplexer，MUX）与解复用器（de-multiplexer，DEMUX），如图 4-24 所示。在发射端，光合波器（optical multiplexer unit，OMU）的作用是把具有标称波长的各复用通路光信号合成为一束光波，然后输入到光纤中进行传输，即对光波起复用作用。在接收端，光分波器（optical de-multiplexer unit，ODU）的作用是把来自光纤的光波分解成具有原标称波长的各复用光通路信号，然后分别输入到相应的各光接收机中，即对光波起解复用作用。

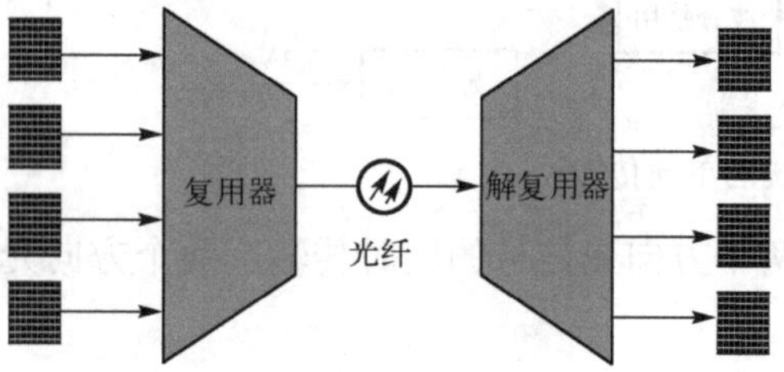

图 4-24 光波分复用/解复用技术

3. 光放大技术

光纤有一定的损耗，光信号的幅度沿光纤传播将会逐渐减小，为了使信号传得更远，必须增强光信号。光放大器是一种不需要经过光电光转换而直接对光信号进行放大的有源光器件，能有效补偿光功率在光纤传输中的损耗，延长传输距离。DWDM 系统中应用最多的是掺铒光纤放大器（EDFA），它具有增益高、输出功率大、带宽较宽、与偏振无关、噪声指数较低、放大特性与系统比特率和数据格式无关等优点。它是大容量 DWDM 系统中必不可少的关键部件。

1）EDFA 的组成

EDFA 主要由掺铒光纤（erbium doped fiber，EDF）、泵浦激光器、光耦合器、光隔离器等部件组成，结构如图 4-25 所示。其中，光耦合器的作用是将信号光和泵浦光合在一起；光隔离器的作用是抑制光反射，以确保光放大器工作稳定；泵浦激光器产生泵浦光源。

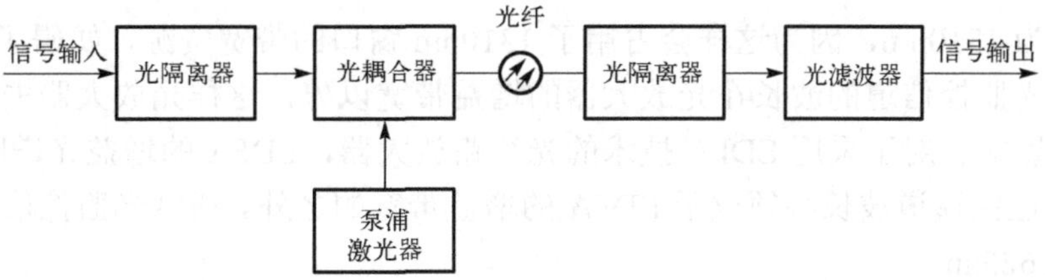

图 4-25　掺铒光纤放大器结构图

2) EDFA 的工作原理

EDF 是光纤放大器的核心，它是一种内部掺有一定浓度 Er^{3+}的光纤，Er^{3+}的外层电子具有三个能级结构，其中 E1 是基态能级，E2 是亚稳态能级，E3 是高能级，其能级图如图 4-26 所示。当用高能量的泵浦激光器来激励 EDF 时，可以使 Er^{3+}的束缚电子从基态能级 E1 大量激发到高能级 E3 上。然而，E3 不稳定，Er^{3+}很快会经历无辐射衰减(即不释放光子)落入亚稳态能级 E2。E2 上粒子的存活寿命较长，受到泵浦光激励的粒子，以非辐射跃迁的形式不断地向该能级汇集，从而实现粒子数反转分布。当具有 1550nm 波长的光信号通过这段 EDF 时，亚稳态的粒子以受激辐射的形式跃迁到基态，并产生出和入射信号光中的光子一模一样的全同光子，从而大大增加信号光中的光子数量，即实现信号光在 EDF 传输过程中不断被放大的功能。

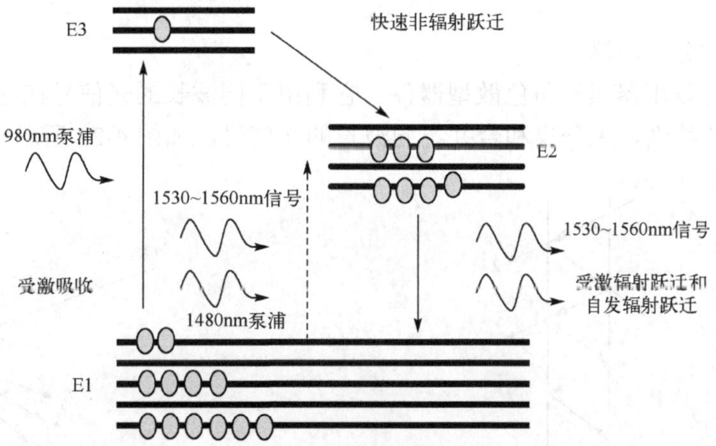

图 4-26　EDFA 能级图

4. DWDM 系统的监控技术

SDH 传输网络中，网络管理系统可以通过 SDH 帧结构中的开销字节来对网络中的设备进行管理和监控。在 DWDM 系统中，线路放大设备无业务信号的上下，只对业务信号进行光放大，所以必须增加一个信号对光放大器的运行状态进行监控；于是 DWDM 系统可以增加一个波长信道专用于对系统的管理，这个信道就是光监控信道(optical supervisory channel，OSC)。

光监控信道的波长不能为 980nm 或 1480nm，因为 EDFA 使用以上波长的激光器作泵浦光源，拉曼光纤放大器也使用 1480nm 附近波长的激光器作泵浦光源；光监控信道的波长不能为 1310nm，因为这样会占用了 1310nm 窗口的带宽资源，妨碍了 1310nm 窗口的业务；光监控信道的波长在光放大器的增益带宽以外，这样光放大器失效时光监控通道不会受影响。对于采用 EDFA 技术的光线路放大器，EDFA 的增益光谱区为 1528～1610nm，光监控通道波长必须位于 EDFA 的增益带宽的之外。通常光监控信道的波长为 1510nm 或 1625nm。

4.3.4 DWDM 的关键组件

DWDM 系统包括复用与解复用器、光波长转换器、光放大器等核心部件。

1. 复用与解复用器

光复用器与解复用器在超高速、大容量波分复用系统中起着关键作用，其性能的优劣对系统的传输质量有决定性的影响。DWDM 对其的要求是：复用信道数量足够多，插入衰耗以及偏差小，信道间的串扰小，通带范围宽。常用的波分复用器有以下几种。

1) 介质薄膜滤波器型波分复用器

介质薄膜滤波器型波分复用器是利用几十层不同的介质薄膜组合起来，组成具有特定波长选择特性的干涉滤波器，这样就能够实现将不同的波长分离或者合并，如图 4-27 所示。

2) 光栅型波分复用器

光栅型波分复用器属于角色散型器件。它利用不同波长的光信号在这种元器件的反射角度不一样的特性，来分离和合并不同波长的光信号，如图 4-28 所示。

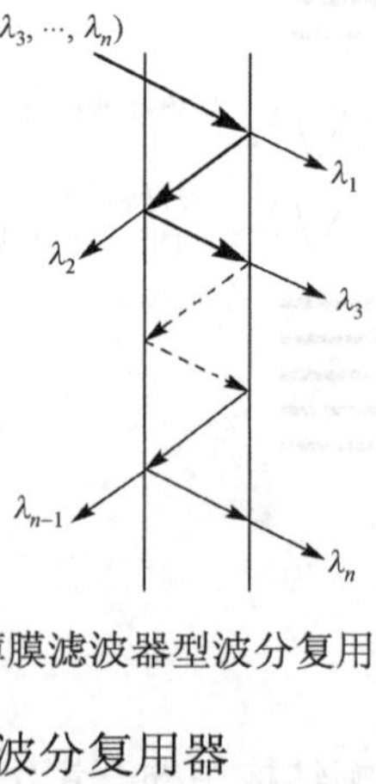

图 4-27 介质薄膜滤波器型波分复用器

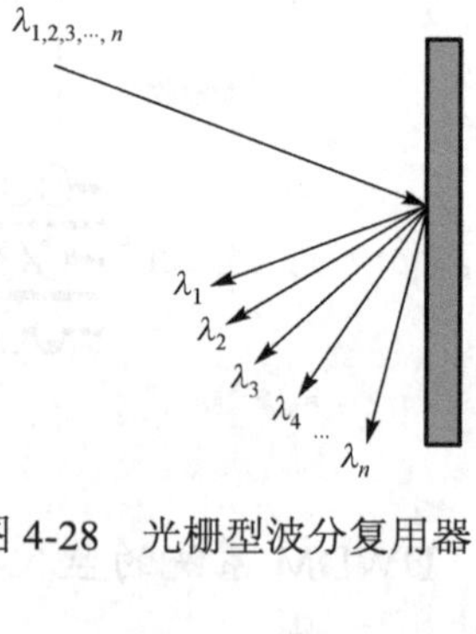

图 4-28 光栅型波分复用器

3) 耦合器型波分复用器

耦合器型波分复用器通过将多根光纤熔融在一起，再将多个输入波长耦合在一起，达到波长合并的目的，但不能用来将不同的波长进行分离，如图 4-29 所示。

4) 阵列波导光栅型波分复用器

阵列波导光栅(array waveguide grating，AWG)是一种以光集成技术为基础的平面波导无源光器件。AWG 通常由一排平行的有特定规律的波导构成，每个通道的波长都会被某个特定的波导引导出去，这样就可以实现对信号的复用和分离，如图 4-30 所示。

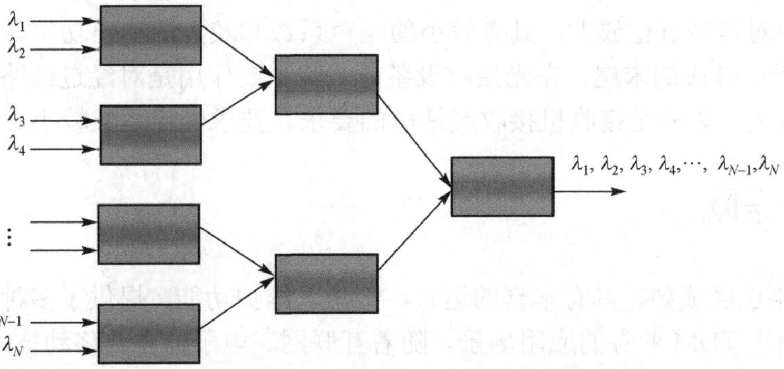

图 4-29　耦合器型波分复用器

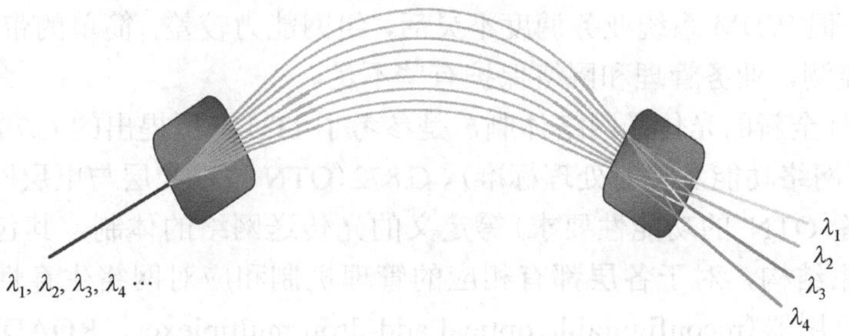

图 4-30　AWG 型波分复用器

2. 光波长转换器

开放式 DWDM 系统必须依靠波长转换器(OTU)这一关键器件来实现波长转换，使光信号的波长、谱宽、单色性以及稳定性等符合 DWDM 系统的要求。OTU 是把某一个波长的输入光信号转换成另一个波长或者同一个波长的输出光信号的器件。OTU 通过光电光转换，实现光信号的波长变换。

3. 光放大器

DWDM 系统中使用的 EDFA 必须具有足够的带宽、平坦的增益、低噪声系数、较高的输出功率。根据放大器在光传送网络中的位置，分为功率放大器(BA)、线路放大器(LA)、前置放大器(PA)，各种放大器在光路中的位置如图 4-31 所示。

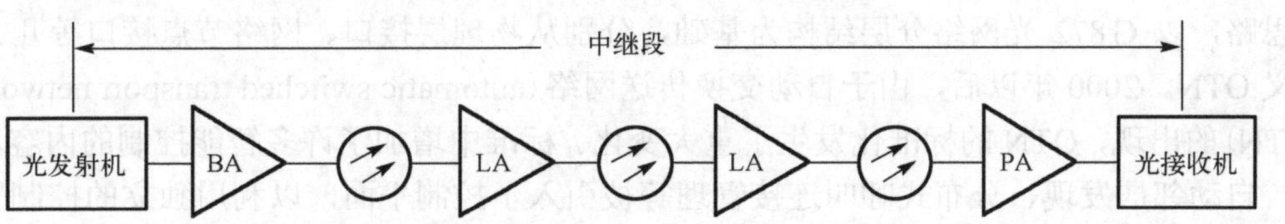

图 4-31　各种放大器在光路中的位置

BA：置于终端复用设备或中继设备的发射光源后，在中继段中的位置靠前。其主要作用是提高发送功率，从而延长传输距离。

LA：置于中继段的中间。其主要作用是补偿线路传输损耗，将 EDFA 直接插入光纤传输链路中对信号进行放大，具有较小的噪声系数和较大的输出功率。

PA：置于中继段的末尾，在光接收设备前。其主要作用是对经过线路衰减后的微弱信号进行预放大，以满足接收机接收灵敏度的要求。要求噪声系数较小。

4.4 光传送网

SDH 网络已经成熟，具有丰富的运行、管理、维护功能，提供了多种业务的接入功能，主要适用于 TDM 业务的应用场景。随着互联网、电子商务、移动技术的迅速发展，以太网等数据业务快速增长，SDH 网络在传送层方面存在不足，不能满足未来骨干网节点的 Tbit 以上的大容量业务调度；WDM 系统通过波分复用技术提高了带宽利用率，增大了传输容量，但 WDM 系统业务调度不灵活，组网能力较差，简单的带外 OSC 不能对通路进行精确监测，业务管理和网络保护有些不足。

OTN 是一种全新的光传送网络体制，是参考了 ITU-T 所提出的 G.709（OTN 技术的帧结构、电光层网络功能及映射处理标准）、G.872（OTN 技术光层与电层网络功能描述）、G.798（网元设备 OTN 的功能性要求）等定义的光传送网络的体制。其包含了完整的光层与电层的体系结构，对于各层都有相应的管理机制和应对网络生存性的措施。通过可重构光分插复用器（reconfigurable optical add-drop multiplexer，ROADM）技术、光传输体系（optical transport hierarchy，OTH）技术、G.709 的 OTN 帧结构封装和控制平面的引入，可解决传统 DWDM 网络波长/子波长业务调度能力差、组网能力弱、保护能力弱等问题。

4.4.1 OTN 的基本概念及原理

OTN 即光传送网，是在光层组织网络的传送网，也是下一代的骨干传送网。其主要是以 DWDM 技术为基础平台，结合了 SDH 技术中出色的网络组网保护能力以及 OAM 的运行和维护管理能力，从而解决了传统传输网络中业务调度等能力较弱的问题。

1998 年，ITU-T 提出的光传送网的概念取代了过去全光网的概念。从 OTN 功能上看，OTN 的一个重要出发点是子网内全光透明，子网边界采用光电光（optical to electrical to optical，O/E/O）转换技术。OTN 在光域内可以实现业务信号的传送、复用、路由选择、监控，并保证其性能指标和生存性。2000 年以前，OTN 的标准化基本采用与 SDH 相同的思路，以 G.872 光网络分层结构为基础，分别从物理层接口、网络节点接口等几方面定义 OTN。2000 年以后，由于自动交换传送网络（automatic switched transport network，ASTN）的出现，OTN 的标准化发生了重大变化。标准中增加了许多智能控制的内容，例如，自动邻居发现、分布式呼叫连接管理等被引入了控制平面，以利用独立的控制平面来实施动态配置连接管理网络。

按照 ITU-T 的定义，狭义的 OTN 特指基于 G.872 的光传送网，它仅仅是一个传送平面，必须加上管理平面才能进行配置、监控、运行管理维护。在 OTN 传送平面和管理平面的基础上，再加上控制平面，以及能为管理平面与控制平面的信息提供传送的网络，

OTN 就发展成为自动交换光网络(automatic switched optical network，ASON)。广义的 OTN 是包括 ASON 在内的光层网络。

1. OTN 的优点

(1)超大带宽。OTN 通过波分功能满足每根光纤超大带宽的传送需求。

(2)高速接口。OTN 可以提供 2.7Gbit/s、10.7Gbit/s、43Gbit/s 以及 111.8Gbit/s 高速接口。

(3)透明传送。OTN 可以支持多种客户信号透明传送，包括多种净负荷和时钟信息，如 SDH、以太网、ATM 信元、IP、MPLS 以及 OTN 信号自身，满足数据增长的不断需求，通过波分功能满足高带宽需求，对高带宽客户业务的适配和传送效率显著提升，满足 ALL IP 时代对承载网络的需求。

(4)大容量业务灵活调度。OTN 可以满足未来骨干网节点大容量业务调度，支持灵活的光/电层调度能力，具有电信级的、可管理可运营的组网保护能力，具备交叉连接的可升级性。

(5)网络管理能力强大。OTN 支持虚级联传送方式，可以完善和优化网络结构；提供强大的带外前向纠错(forward error correction，FEC)功能，可有效保证线路传送性能；含有丰富的维护信号，提供独立于客户信号的网络监视和管理能力，可以实现端到端和多个分段同时进行性能监视。

2. OTN 协议

OTN 协议主要包括 G.874、G.872、G.709、G.798 等 ITU-T 的建议所规范的新一代“数字传送体系”和“光传送体系”。这些协议对 OTN 的帧结构、开销功能、映射方式、复用方式、光层传输特性等进行了定义，涉及设备管理、抖动和性能、网络保护、设备功能特征、结构与映射、物理层特征和架构等。

(1)G.874 协议。该协议规范了光传送网元的管理特性，描述了 OTN 中一个或者多个网络层的 OTN 网元及其传送功能的管理特性。G.874 协议详细规定了用于故障管理、配置管理、计费管理和性能监视的管理功能，主要描述了在网元管理层操作系统和光网络网元的设备管理功能之间通信的管理网络结构模型。

(2)G.872 协议。该协议规范了光传送网的架构，给出了 OTN 分层结构、特征信息、客户/服务层之间的关系以及网络拓扑和层网络方面的功能描述。

(3)G.709 协议。该协议规范了光传送网的接口，定义了光传送网中 n 阶光传送模块(optical transport module，OTM-n)信号的需求，包括光传送体系，以及支持多波长光网络的开销的功能、帧结构、比特速率、用于映射客户信号的格式。

(4)G.798 协议。该协议规范了光传送网的设备功能块特征，规定了网元设备内 OTN 的功能性要求。

3. OTN 的基本原理

OTN 的基本原理主要包括光传输、封装和交换三个方面。光传输是 OTN 的核心部分，利用光纤的折射和反射来传输信号，具有高带宽、低损耗、低延迟等优点。封装是OTN 实现不同协议数据的关键技术，OTN 的封装是一种将数字信号转换为光信号，并按照 ITU-T G.709 标准封装成 OTN 帧的过程。这个过程包括对数据进行分组、添加同步信息和错误校验等操作，以确保数据的可靠传输。在接收端，OTN 将接收到的光信号进行解封装，并将其转换成数字信号。这个过程还包括对接收到的信号进行校验和恢复，以确保数据的准确性和完整性。交换是 OTN 实现光信号转发的关键技术，通过将光信号从一个光路转发到另一个光路的过程，可以实现灵活的光信号转发。在 OTN 中，光信号被分为不同的层次，每个层次都有特定的功能和特性。光信号在不同层次之间进行交换和传输，以满足不同的需求。

4.4.2 OTN 的分层结构

OTN 的主要特点是引入“光层”概念，在 SDH 传送网的再生段层和物理层之间加入光层，如图 4-32 所示。光传送网被分解为若干个独立的层网络，其中每个层网络可以进一步分割成子网和子网间链路，按照 2017 年 1 月之前的 ITU-T G.872 建议，OTN 的光层主要包括光通道层(optical channel，OCH)、光复用段层(optical multiplex section，OMS)、光传输段层(optical transmission section，OTS)三个层次。其中，光通道层又分成三个电域子层，包括光通道净荷单元(optical channel payload unit，OPU)、光通道数据单元(optical channel data unit，ODU)、光通道传送单元(optical channel transmission unit，OTU)等子层。

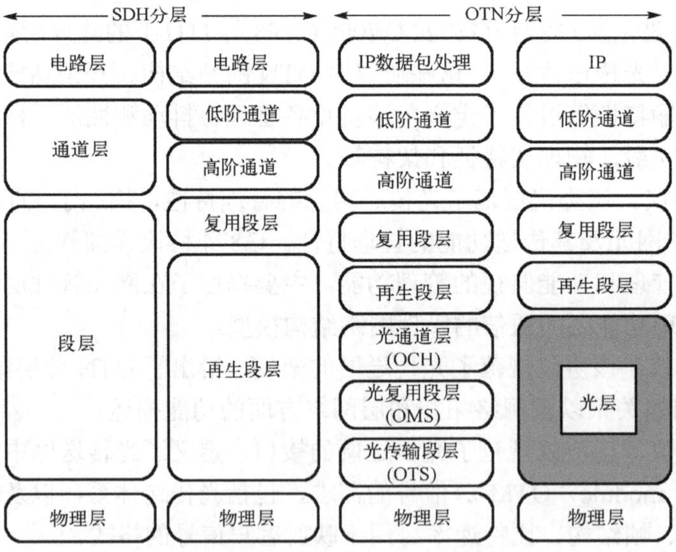

图 4-32 SDH 传送网和 OTN 的分层结构

1. 光通道层

光通道层既包含电层信号的处理，又包含电层信号加载到波长通道的处理，其主要负责适配不同客户信号，如 PDH、SDH、ATM 信元，并将其封装到光通道上传输，每个光通路 OCH 占用一个光波长。具体来说，OPU 用来承载和适配业务信号，使其适合在光通道上传输；ODU 以 OPU 为净负荷，增加相应开销，提供端到端光通道的性能监测、OTN 保护倒换、通用通信处理等功能，实现业务信号在 OTN 端到端的传送，用来给客户信号建立电路并提供监视和维护功能；OTU 以 ODU 为净负荷，增加相应开销，提供 OTN 成帧、FEC 功能和对 OTU 段的性能监测，实现业务信号在 OTN 网络 3R 再生点之间传送，OTU 给 ODU 提供电域的传输和维护功能。

OTN 网络的光通道层又分为三个子层网络，包括光通道净荷单元(OPU*k*，*k* = 0、1、2、2e、3、4 或者 flex)子层网络、光通道数据单元(ODU*k*，*k* = 0、1、2、2e、3、4 或者 flex)子层网络、光通道传送单元(OTU*k*，*k* = 0、1、2、2e、3、4 或者 flex)子层网络，如图 4-33 所示。

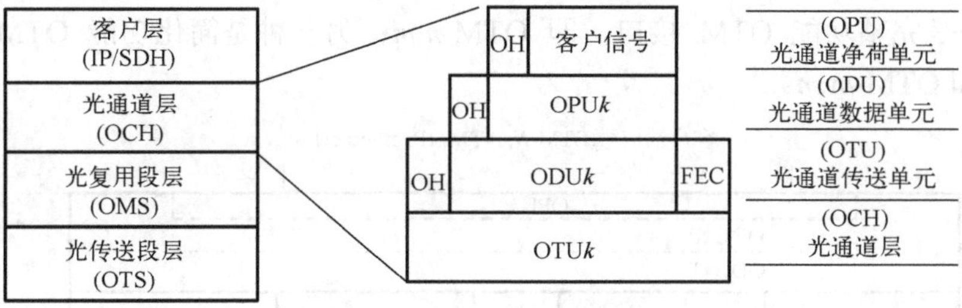

图 4-33　OTN 光层功能结构

OPU*k*：直接承载用户业务信号、具有一定帧结构的最基本信息结构，阶数 *k* 代表承载不同比特速率的用户业务信号，*k*=0、1、2、2e、3、4 分别代表承载速率为 1.25Gbit/s、2.5Gbit/s、10Gbit/s、增强型 10Gbit/s、40Gbit/s、100 Gbit/s；*k*=flex，专用于突发的、变长的信号封装，包括客户信号和开销(OH)两部分，相当于 SDH 的容器，提供客户信号的映射功能。

ODU*k*：以 OPU*k* 为净负荷的信息结构，阶数 *k* 与 OPU*k* 的阶数相对应，相当于 SDH 的虚容器，包括净负荷和开销两部分，提供客户信号的数字包封、OTN 的保护倒换、提供踪迹监测、通用通信处理等功能。

1) ODU*k* 路径

光数据单元 *k* 路径(ODU*k*P)用于支持端到端路径监视的 ODU*k* 路径信息结构，简单地说，就是具有端到端路径监视功能的电路。

2) ODU*k* 串联连接监视

光数据单元 *k* 串联连接监视(ODU*k*T)用于支持串联连接监视的 ODU*k* 路径信息结构，它可以将 ODU*k*P 根据管理域的不同进行分段监视。G.709 支持最多 6 级的串联连接监视。

OTU*k*：以 ODU*k* 为净负荷的信息结构，包括净负荷和开销两部分，提供 OTN 成帧、前向纠错处理、通信处理等功能。波分设备中的发送 OTU 单板完成了客户端信号到光通道载波的变化；波分设备中的接收 OTU 单板则完成了光通道载波到客户端信号的变化。

2. 光复用段层

光复用段层将各个不同波长的光通道复用在一起，保证相邻两个波分复用设备多波长信号完整传输，实现光通道在接入点之间的传送。

3. 光传输段层

通过光传输段层路径实现光复用段在接入点之间的传送，提供在光纤上传输光信号的功能，进行光传输段的开销处理和维护。

4.4.3 光传送模块

光传送模块(OTM-*n*)是支持 OTN 接口的信息结构，如图 4-34 所示。它有两种结构定义：一种是完整功能 OTM 接口，即 OTM-*n*.*m*；另一种是简化功能 OTM 接口，即 OTM-0.*m* 和 OTM-*n*r.*m*。

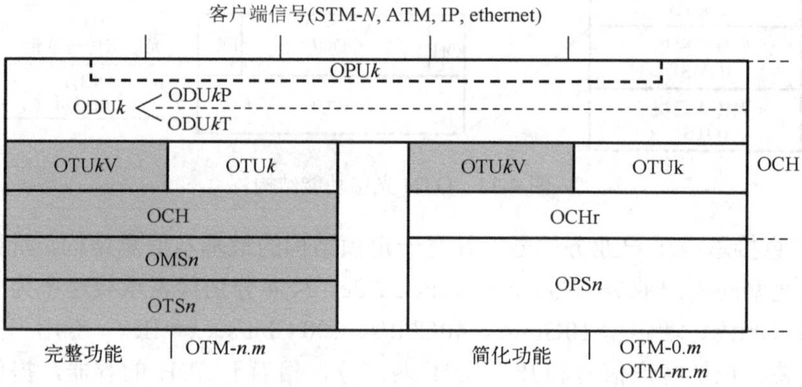

图 4-34 OTM-*n*.*m* 信号接口结构

1. 完整功能 OTM-*n*.*m* 信号组成

完整功能 OTM-*n*.*m* 由光传输段 OTS*n*、光复用段 OMS*n*、完整功能的光通道层 OCH、完全或者功能标准化的光通道传送单元 OTU*k* 及光通道数据单元 ODU*k* 组成。接口及功能模块中相应的数字及字母的意义如下。

n 表示在支持的最低比特率的情况下，接口所能支持的最大波长数目。$n=0$，表示一个波长。

m 表示接口支持的比特率或者比特率集合。

OTM-*n*.*m* 信号中包含 *n* 波波分传送通道，*m* 可取 1、2、3、4、1234、123、12、23、34。*m* 为单独数字 1、2、3 或 4 时，表示承载的信号分别为 OTU1/OTU1V、OTU2/OTU2V、OTU3/OTU3V、OTU4/OTU4V；*m* 为 12 时，则表示承载的信号 OTU1/OTU1V、OTU2/OTU2V 各占一部分，以此类推。目前 OPU*k*、ODU*k*、OTU*k* 均为电信号，电层单元 OPU*k*、ODU*k*、OTU*k* 的开销为随路开销，和信息净负荷一起传送；而 OCH 及更高

层次则为光信号，光通道层信号 OCH 由 OCH 净负荷和 OCH 开销组成，OMS*n* 净负荷和 OMS*n* 开销组成 OMU-*n.m*，OTS*n* 净负荷和 OTS*n* 开销组成 OTM-*n.m*，这几部分光层管理单元的开销和通用管理信息一起构成 OTM 开销信号，以非随路开销的形式由一路独立的光监控通道(OSC)负责传送。

2. 简化功能 OTM-0.*m*、OTM-*n*r.*m* 信号组成

OTM-0.*m* 信号仅由单个光通道组成，不支持随路开销，没有特定的波长配置，由于只包含单个光通道，所以 *m* 只能为 1、2、3、4。OTM-*n*r.*m* 由最多 *n* 个光通道复用组成，r 表示简化功能，不支持随路开销。目前，OTM-*n*r.*m* 信号支持的规格有 OTM-16r.m 和 OTM-32r.*m*，*m* 取 1、2、3、4、1234、123、12、23、34。

4.4.4 OTN 的帧结构与开销

OTN 的帧结构与 SDH 的帧结构类似，OTN 帧包含信息净负荷和大量的开销字节，利用开销字节实现基于波长的端到端业务调度管理和维护功能。用户业务信号经过 OPU、ODU、OTU 的三层封装最终形成 OTU*k* 单元。OTU*k* 帧是 OTN 电层帧结构。

1. OTU*k* 的帧结构及开销

OTU*k* 的帧结构如图 4-35 所示。OTU*k*(*k* = 1、2、3)帧由 OTU*k* 开销、ODU*k* 帧和 OTU*k* FEC 字节三部分组成，是一个 4 行×4080 列字节组成的矩阵。其中，1～16 字节列是开销字节；17～3824 字节列是净负荷区域，包括净负荷数据；3825～4080 字节列是 FEC 编码数据。OTU*k* 帧共 4 行 4080 列，以字节为单位，总共有 4×4080 = 16320 字节。OTU*k* 帧在发送时按照先从左到右、再从上到下的顺序逐字节发送。

OTU*k* 帧的大小是固定的，不同速率的客户信号，如 OTU1 帧(对应 STM-16 加 OTN 开销后的帧结构和速率)、OTU2 帧(对应 STM-64 加 OTN 开销后的帧结构和速率)、OTU3 帧(对应 STM-256 加 OTN 开销后的帧结构和速率)都具有相同的帧结构，都是 4 行 4080 列，即 4×4080 = 16320 字节。但每个 OTU 帧的发送速率不同，每一帧的帧周期当然也不同。

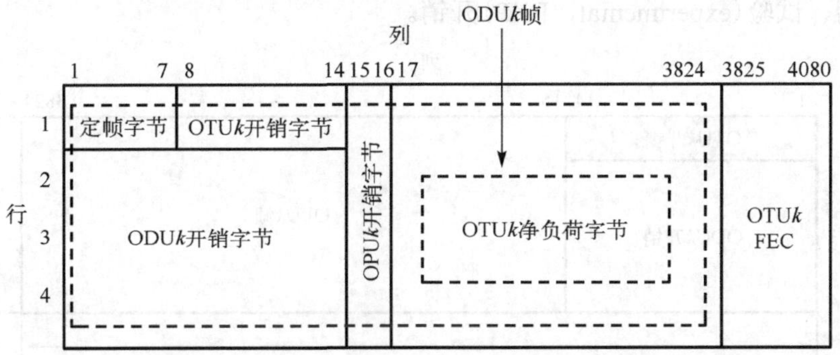

图 4-35 OTU*k* 的帧结构

信号传送过程中，信号中的开销字节用于操作、管理、维护信息。OTU*k* 帧的开销部分如图 4-36 所示，位于第 1 行的第 1～14 列。

	1	2	3	4	5	6	7	8	9	10	11	12	13	14
1	FAS						MFAS	SM			GCC0		RES	

图 4-36　OTU*k* 帧电层开销

与 STM-1 帧定位字节(A1、A2)相同，OTU*k* 帧第 1 行的 1～6 列共 6 字节为帧定位信号(frame alignment signal，FAS)，用来定义帧开头的标记；第 7 列 1 字节为复帧定位信号(multi-frame alignment signal，MFAS)，用于复帧计数；256 个连续的 OTU*k* 帧组成 OTU*k* 复帧。第 1 行的前 7 列共 7 字节构成帧对齐开销，主要用于帧定位；OTU*k* 层开销用于支持一个或多个光通道连接的传送运行功能，第 8～10 列共 3 字节为段监视(section monitoring，SM)开销，第 11、12 列共 2 字节为两个 OTU*k* 终端之间进行通信而保留的通用通信通道 0(generic communication channel，GCC0)，第 13、14 列两字节保留，现在规定为 00，预留用作未来国际标准化(reserved for future international standardization，RES)。

2. ODU*k* 的帧结构及开销

ODU*k*(k = 1、2、3)的帧结构如图 4-37 所示，ODU*k* 帧基于字节块，共由 4 行和 3824 列组成 ODU*k* 帧的两个主要区域，即 ODU*k* 开销区域和 OPU*k* 区域(即 OPU*k* 帧)，ODU*k* 的第 2～4 行的第 1～14 列用于 ODU*k* 开销。第 1 行的第 1～14 列则用于 OTU*k* 开销。

ODU 的开销位于第 2～4 行前 14 列，共 42 字节。ODU 开销主要由用于端到端的通道监视(path monitoring，PM)开销和 6 级串联连接监视(tandem connection monitoring，TCM)开销构成，如图 4-38 所示。ODU 的开销除通道监视开销、串联连接监视开销外，还有错误类型和错误定位(fault type & fault location，FTFL)开销、通用通信通道(GCC1、GCC2)开销、自动保护倒换和保护通信通道(automatic protection swetching/protection communication channel，APS/PCC)开销、TCM 激活/去激活(activate，ACT)协调协议控制通道开销、试验(experimental，EXP)开销。

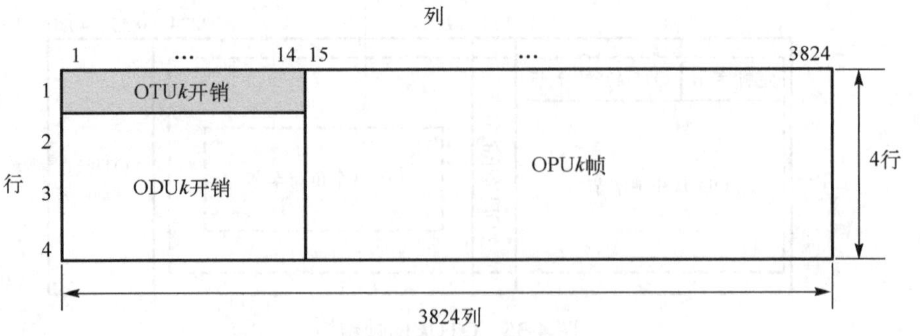

图 4-37　ODU*k* 的帧结构

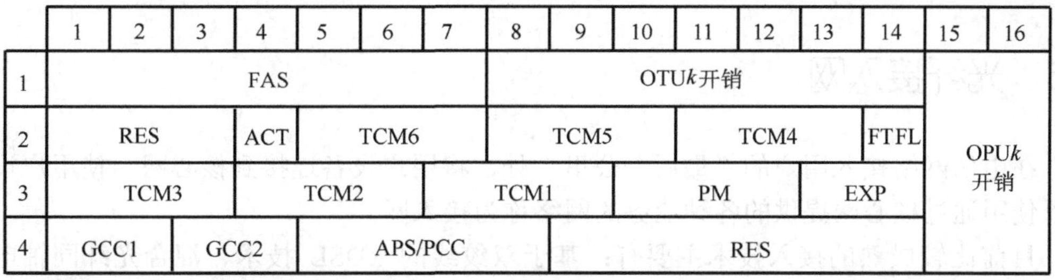

图 4-38　ODUk 的开销

3. OPUk 的帧结构及开销

OPUk(k = 1、2、3)是以字节为单位，具有 4 行 3810 列的块状帧结构，占用 OTUk 帧中的第 15～3824 列，如图 4-39 所示。OPUk 帧由 OPUk 开销区和 OPUk 净负荷区两部分组成，最前面的两列为 OPUk 开销区(第 15、16 列)，共 8 字节，第 17～3824 列为 OPUk 净负荷区。OPUk 净负荷区用来装载 OTN 的客户信号；OPUk 开销的作用是支持客户信号速率适配，并对净负荷类型进行描述，OPUk 开销在 OPUk 组装的地方加上去，在 OPUk 拆开时终结。

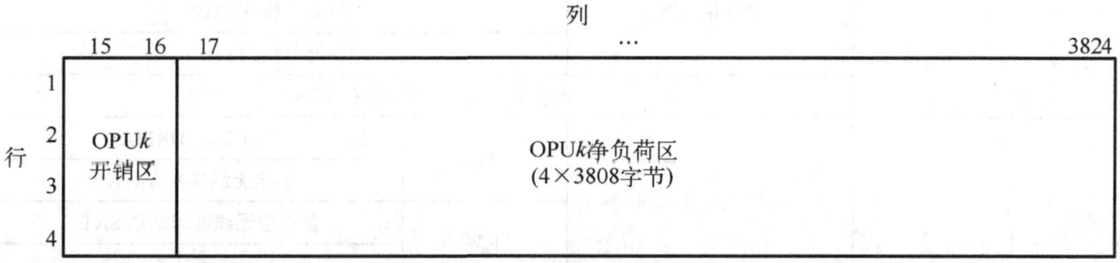

图 4-39　OPUk 帧结构

OPUk 开销由包括净负荷类型的净负荷结构标识(payload structure identifier，PSI)、与级联相关的开销、与客户信号映射到 OPUk 相关的开销构成，如图 4-40 所示。

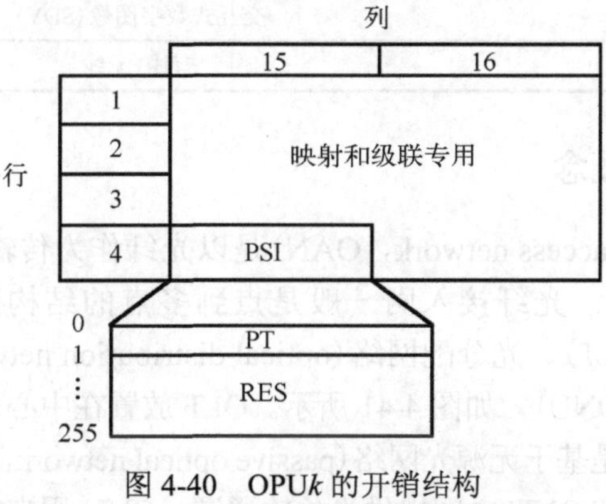

图 4-40　OPUk 的开销结构

4.5 光纤接入网

在电信网络接入用户的“最后一公里”处，将用户设备连接到核心网，使用户设备可以使用通过核心网提供的各种业务的网络称为接入网。

目前比较成熟的接入技术主要有：基于双绞线的 xDSL 技术、混合光纤同轴电缆(hybrid fiber coaxial，HFC)接入技术、无线接入技术和光纤接入技术。接入网类型如表 4-3 所示。光纤接入技术与其他接入技术(如铜双绞线、同轴电缆、无线接入等)相比，最大优势在于可用带宽大。此外，光纤接入网还有传输质量好、传输距离长、抗干扰能力强、网络可靠性高、节约管道资源等特点，光纤接入网必然会成为接入网建设的重点。

表 4-3 接入网类型

<table>
<tr><th colspan="2">接入网类型</th><th colspan="2">接入网技术</th></tr>
<tr><td rowspan="7">有线接入网</td><td rowspan="3">铜线接入网</td><td colspan="2">数字线对增益(DPG)</td></tr>
<tr><td colspan="2">高比特数字用户线(HDSL)</td></tr>
<tr><td colspan="2">不对称数字用户线(ADSL)</td></tr>
<tr><td rowspan="3">光纤接入网</td><td colspan="2">光纤到路边(FTTC)</td></tr>
<tr><td colspan="2">光纤到大楼(FTTB)</td></tr>
<tr><td colspan="2">光纤到户(FTTH)</td></tr>
<tr><td colspan="3">混合光纤同轴电缆(HFC)接入网</td></tr>
<tr><td rowspan="8">无线接入网</td><td rowspan="4">固定无线接入网</td><td rowspan="2">微波</td><td>一点多址(DRMA)</td></tr>
<tr><td>固定无线接入(FWA)</td></tr>
<tr><td rowspan="2">卫星</td><td>甚小型无线地球站(VSAT)</td></tr>
<tr><td>直播卫星</td></tr>
<tr><td rowspan="4">移动接入网</td><td colspan="2">无绳电话</td></tr>
<tr><td colspan="2">移动通信</td></tr>
<tr><td colspan="2">卫星通信</td></tr>
<tr><td colspan="2">集群调度</td></tr>
<tr><td rowspan="2">综合接入网</td><td colspan="3">交互式数字图像(SDV)</td></tr>
<tr><td colspan="3">有线+无线</td></tr>
</table>

4.5.1 PON 的基本概念

光纤接入网(optical access network，OAN)是以光纤作为传输介质，并利用光波为载波实现信息传输的网络。光纤接入网一般是点到多点的结构，其中包括光线路终端(optical line terminal，OLT)、光分配网络(optical distribution network，ODN)和光网络单元(optical network unit，ONU)，如图 4-41 所示。OLT 放置在中心局端，负责控制信道的连接、管理及维护。ODN 是基于无源光网络(passive optical network，PON)设备的 FTTx 光缆网络，其作用是为 OLT 和 ONU 之间提供光传输通道。ONU 用来接入最终用户或者楼道交换机，使用单根光纤通过无源分光器可将多个 ONU 的数据时分复用到一个 OLT 端口。

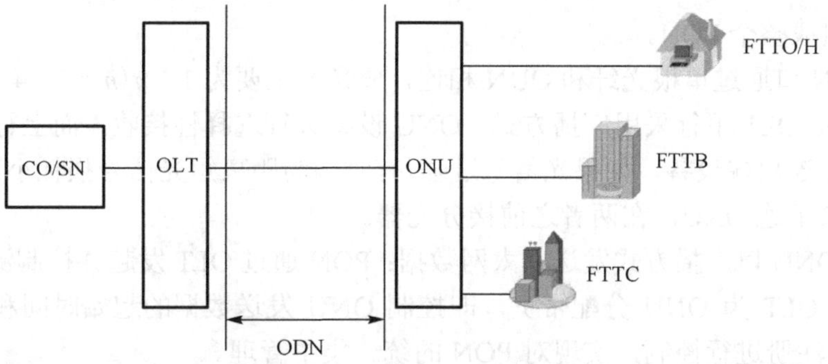

图 4-41　光纤接入网结构图

CO/SN-端局或业务节点；OLT-光线路终端；ODN-光分配网络；ONU-光网络单元

根据 ONU 放置的位置不同，光纤接入网可以分为以下四种应用类型：光纤到路边(fiber to the curb，FTTC)、光纤到大楼(fiber to the building，FTTB)、光纤到办公室(fiber to office，FTTO)、光纤到户(fiber to the home，FTTH)。根据光纤接入网的室外传输设备设施中是否含有源设备，光纤接入网分为有源光网络(active optical network，AON)和无源光网络(PON)。

无源光网络技术是点到多点的光纤接入技术，PON 的拓扑结构主要有星形、树形、总线形、环形等。采用点对多点的树形拓扑结构，因为减少了汇聚设备的投入，网络层次会更加清晰，应用更加广泛。

PON 一般下行采用 TDM 广播方式、上行采用时分多址接入(time division multiple access，TDMA)方式完成数据业务传输，PON 网络结构如图 4-42 所示。

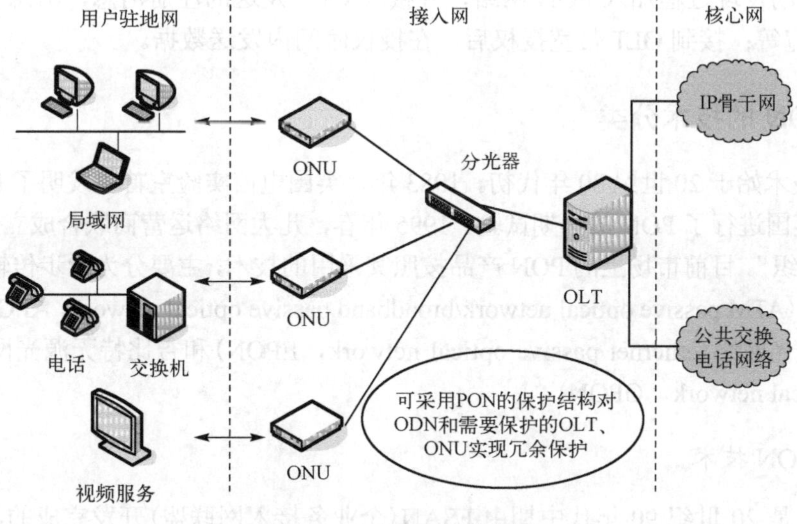

图 4-42　PON 网络结构图

1. OLT

OLT 用于连接光纤干线的终端设备，主要完成 PON 的上行接入，以及通过 PON 口与 ODN(由光纤和无源分光器组成)和 ONU 设备相连，一般采用 1∶32 分光器或 1∶64

分光器连接组成整个 PON。

一般 PON 口通过单根光纤和 ODN 相连，分光器主要为 1∶n(n=2、4、8、16、32、64 等)的规格。OLT 下行采用广播方式，ONU 设备进行选择性接收，而上行则采用共享方式。OLT 上连局端设备，如果光信号过强(有时因为距离短光信号损耗小)，需要加上衰减器。OLT 下连 ONU，在两者之前接分光器。

OLT 向 ONU 以广播方式发送以太网数据；PON 通过 OLT 发起并控制测距过程，记录测距信息；OLT 为 ONU 分配带宽，即控制 ONU 发送数据的起始时间和窗口大小；OLT 对 ONU 注册进行控制，实现对 PON 的统一集中管理。

2. ODN

ODN 是基于 PON 设备的 FTTx 光缆网络，其作用是为 OLT 和 ONU 之间提供光传输通道。ODN 建设成本高，是 FTTx 投资的重点，同时也是 FTTx 管理的难点。ODN 多采用 P2MP 结构，网络中的接续节点更多，网络管理要求更高。

3. ONU

ONU 是系统的用户侧设备，通过 ODN 用于接收从 OLT 传送来的业务。与 OLT 配合，ONU 可向相连的用户提供各种宽带服务，如高速上网、VoIP、高清电视、视频点播等。

ONU 提供多业务的数据接口，对用户数据进行缓存，通过下行控制帧的时间戳，实现数据与 OLT 同步；选择、接收 OLT 发出的广播数据；新加入的 ONU 通过 OLT 周期性地执行自动发现过程加入 PON 网络，并接收 OLT 发送的注册消息，消息包括指定物理 ID 和带宽等；接到 OLT 带宽授权后，在授权时间内发送数据。

4.5.2 PON 的技术分类

PON 技术始于 20 世纪 80 年代初。1983 年，英国电信实验室首先发明了 PON，并于 1987 年在英国进行了 PON 的早期试验。1995 年春，几大网络运营商联合成立了“全业务接入网络组织”。目前市场上的 PON 产品按照其采用的技术，主要分为异步传输模式/宽带无源光网络(ATM passive optical network/broadband passive optical network，APON/BPON)、以太网无源光网络(ethernet passive optical network，EPON)和吉比特无源光网络(gigabit passive optical network，GPON)。

1. APON 技术

APON 是 20 世纪 90 年代中期由 FSAN(全业务接入网联盟)开发完成的，它使用异步传输模式(ATM)作为其承载协议。1999 年，ITU-T 批准了 G.983.X 标准。2001 年，APON 被改名为宽带无源光网络(BPON)。APON 下行传输速率一般为 622Mbit/s，上行一般为 155Mbit/s，传输距离最大为 20km。带宽被 32～64 个 ONU 所分享，每个 ONU 只能得到 5～20Mbit/s。

2. EPON技术

以太网无源光网络的研究和开发是由Alloptic和Salira等后起的光网络设备商推动的。随着IP技术的不断完善，大多数运营商已将IP技术作为数据网络的主要承载技术，使得ATM技术完全退出了局域网。在这种背景下，两个颇为引人注目的新的PON标准孕育而生，其中一个是由ITU-T负责制定用来替换APON标准的吉比特无源光网络(GPON)标准，另一个是由IEEE802.3ah工作组负责制定的EPON标准。

EPON技术借鉴以太网成熟的协议标准和已有的APON协议标准，具有更宽的带宽、更低的费用和更灵活的业务功能。自2000年11月起，IEEE802.3ah工作小组开始进行EPON的标准化工作，2004年6月，EFM正式发布了EPON的相关标准802.3ah。EPON在PON层上以ethernet为载体，上行以突发的ethernet包方式发送数据流。EPON可提供上下行对称为1.25Gbit/s的传输速率，下行可达到10Gbit/s的传输速率。

3. GPON技术

2001年，FSAN开始起草制定一个超过1Gbit/s速率的PON网络标准GPON。ITU-T以APON标准为基本框架，重新设计了新的物理层传输速率和TC层，发布了G.984.x系列的GPON标准。GPON的下行最大传输速率可达2.488Gbit/s，上行最大传输速率达1.244Gbit/s，TC层可采用ATM和GEM两种封装方式。ITU-T在2003年正式通过颁布了GPON标准系列中的三个标准：G.984.1、G.984.2和G.984.3，2004年4月，ITU-T通过了G.984.4，至此GPON的标准已经完善。

4. APON、EPON、GPON接入技术比较

1) APON、EPON、GPON分层上的区别

各种PON分层区别如图4-43所示。

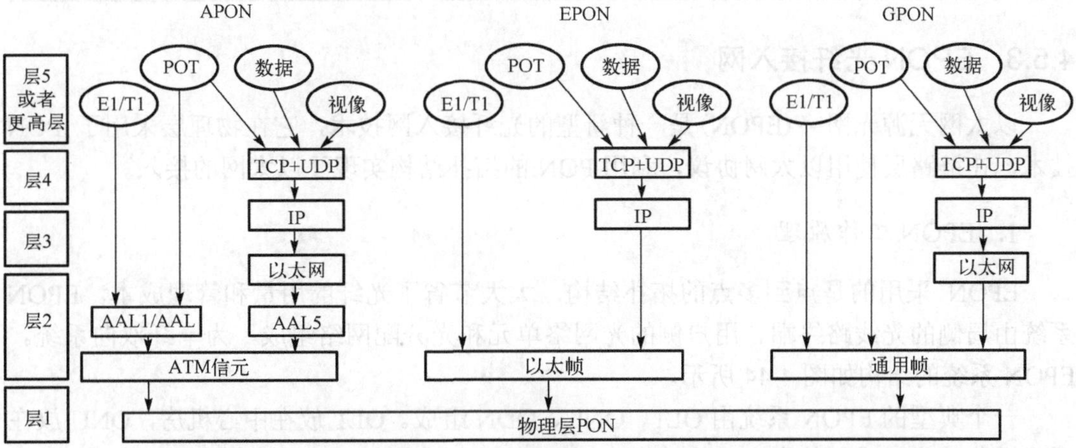

图4-43 APON、EPON、GPON三种接入技术在分层上的区别

2）APON、EPON、GPON 的特点

APON 以 ATM 格式封装数据，是目前标准化最完善的，但没有得到市场认可。APON 技术具备综合业务接入、QoS 服务质量保证等独有的特点；也存在利用 ATM 信元造成的传输效率较低，带宽受限，系统相对复杂、价格较贵，需要进行协议之间的转换等缺点。

EPON 采用以太网封装。在 EPON 中，根据 IEEE802.3 以太网协议，传送的是可变长度的数据包。EPON 能够提供高达 1Gbit/s 的上下行带宽，最大传输距离为 10～20km。EPON 融合了 PON 和以太网的优点，系统结构更简化，成本更低。EPON 技术目前仍难以支持实时业务的服务质量，在安全性、可靠性等方面与电信级的服务相比仍有差距。

GPON 提供 1.244Gbit/s 和 2.488Gbit/s 的下行速率和所有标准的上行速率，最大物理传输距离可达 20km，最大逻辑传输距离在技术规范内可达 60km，支持的光分路比为 64～128，以 ATM、GEM 封装，应用较广。三种技术标准比较如表 4-4 所示。

表 4-4 APON、EPON、GPON 的标准及主要参数比较

技术		APON	EPON	GPON
相关标准组织		ITU-T	IEEE802.3ah	ITU-T
支持速率等级	下行	622.Mbit/s 或 155Mbit/s	1.25Gbit/s	1.25Gbit/s 或 2.5Gbit/s
	上行	155Mbit/s	1.25Gbit/s	155Mbit/s、622Mbit/s 1.25Gbit/s 或 2.5Gbit/s
最大传输距离		10～20km	10～20km	10～60km
协议及封装格式		ATM 封装	以太网封装	ATM 或 GFM 封装
光分路比		32～64	16～32	64～128
业务能力		TDM、ATM	ethernet、TDM	ethernet、ATM、TDM
可用带宽(下行)		155Mbit/s	1000Mbit/s	1200/2400Mbit/s
可用带宽(上行)		155/622Mbit/s	800～900Mbit/s	140/560/1100/2200Mbit/s
技术标准化程度		最完善	完善	一般
OAM 功能		具备	具备	具备

4.5.3 EPON 光纤接入网

以太网无源光网络(EPON)是一种新型的光纤接入网技术，它在物理层采用了 PON 技术，在链路层使用以太网协议，利用 PON 的拓扑结构实现了以太网的接入。

1. EPON 工作原理

EPON 采用的是点到多点的拓扑结构，大大节省了光纤的用量和管理成本。EPON 系统由局侧的光线路终端、用户侧的光网络单元和光分配网络组成，为单纤双向系统。EPON 系统的结构如图 4-44 所示。

一个典型的 EPON 系统由 OLT、ONU、ODN 组成。OLT 放在中心机房，ONU 放在用户设备端附近或与其合为一体。EPON 的 ODN 由无源分光器件和光纤线路构成，分光器的分光能力在 1∶16 到 1∶128 之间。ODN 的功能是分发下行数据，并集中上行数据。

从 OLT 到 ONU 的方向称为下行方向，反之称为上行方向。上行和下行线路的光信号占用 C 波段(1550nm 窗口)的某两个不同波长，速率均为 1 Gbit/s，传输距离可达 20km。EPON 中使用单芯光纤，在一根芯上传送上下行两个波(上行波长：1310nm，下行波长：1490nm，另外还可以在这芯光纤的下行叠加 1550nm 的波长，来传递模拟电视信号)。

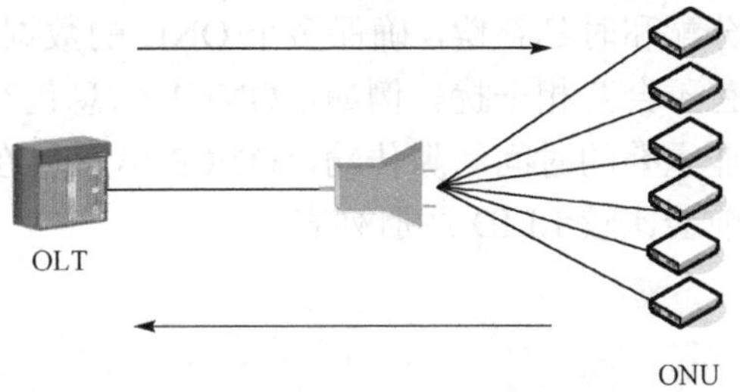

图 4-44　EPON 系统结构组成

1) EPON 下行传输

在 EPON 中，OLT 下行传输数据的过程采用数据广播方式发送，如图 4-45 所示。当 OLT 启动后，它会周期性地在本端口上广播允许接入的时隙等信息。ONU 上电后，根据 OLT 广播的允许接入信息，主动发起注册请求，OLT 通过对 ONU 的认证，允许 ONU 接入，并给请求注册的 ONU 分配 OLT 端口唯一的一个逻辑链路标识(logical link ID，LLID)，数据以变长信息包的形式从 OLT 下行广播到多个 ONU。依据 IEEE802.3 协议，信息包最长为 1518B。每个信息包带有一个 EPON 包头，用来标识该信息包是发给 ONU 1、ONU 2 还是 ONU 3，也可以标识为广播信息包发给所有 ONU 或特定的 ONU 组。当数据到达 ONU 时，ONU 通过地址匹配、接收并识别发给它的信息包，丢弃发给其他 ONU 的信息包。例如，ONU1 接收信息包 1、信息包 2 和信息包 3，但只将信息包 1 传输给最终用户 1。

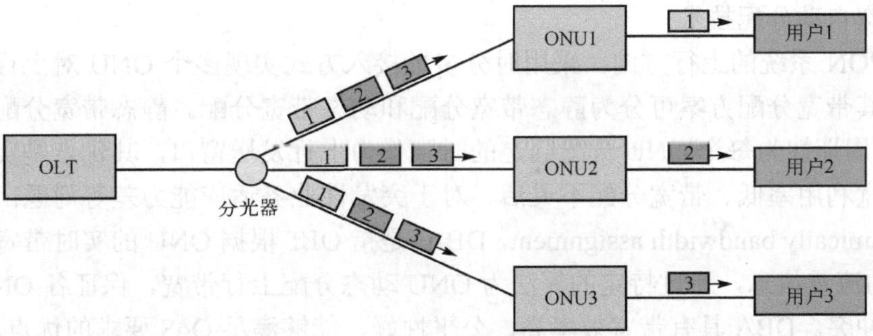

图 4-45　EPON 下行传输原理图

2) EPON 上行传输

EPON 上行传输数据采用时分多址接入技术分时隙给 ONU 传输上行流量，如图 4-46 所示。当 ONU 注册成功后，OLT 会根据系统的配置，给 ONU 分配特定的带宽(在采用动态带宽调整时，OLT 会根据指定的带宽分配策略和各个 ONU 的状态报告，动态地给每一个 ONU 分配带宽)。带宽对 PON 层面来说，就是可以传输数据的基本时隙，每一个基本时隙单位时间长度为 16ns。在一个 OLT 端口(PON 端口)下面，所有的 ONU 与 OLT 的 PON 端口之间的时钟是严格同步的，每个 ONU 上行数据分配一个专用时隙，每一个 ONU 只能在 OLT 给它分配的时刻开始，用分配给它的时隙长度传输数据。通过时隙分配和时延补偿，确保多个ONU的数据信号耦合到一根光纤时，各个ONU的上行信息包不会互相干扰。例如，ONU1信息包在第一个时间间隙传输，ONU2信息包在第二个非重叠的时间间隙传输，ONU3信息包在第三个非重叠的时间间隙传输。OLT接收数据前会比较LLID注册列表。

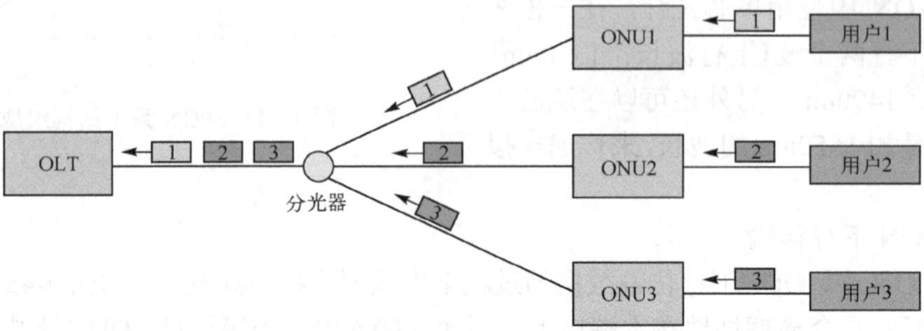

图4-46 EPON上行传输原理图

2. EPON关键技术

1) 自动发现技术

EPON系统中，最开始就是要解决ONU的注册问题。ONU自动加入是EPON系统的关键技术之一，其目的是通过系统的自动运行，不需要人工干预，完成对新ONU的发现和注册，使新ONU能够自动加入到EPON系统而不影响其他ONU运行，从而方便系统的扩展和操作维护管理。

2) 带宽自动分配技术

在EPON系统的上行方向，采用时分多址接入方式实现多个ONU对上行带宽的多址接入，其带宽分配方案可分为静态带宽分配和动态带宽分配。静态带宽分配方式的原理是OLT周期性为每个ONU分配固定的时隙作为上行发送窗口，其优点是实现简单，但存在带宽利用率低、带宽分配不灵活、对于突发性业务适应能力差等问题。动态带宽分配(dynamically bandwidth assignment，DBA)是指OLT根据ONU的实时带宽请求获取各ONU的流量信息，通过特定的算法为ONU动态分配上行带宽，保证各ONU上行数据帧互不冲突。DBA具有带宽效率高、公平性好、能够满足QoS要求的优点。

DBA采用集中控制方式，所有的ONU的上行信息发送都要向OLT申请带宽，OLT根据ONU的请求按照一定的算法给予带宽(时隙)占用授权，ONU根据分配的时隙发送信息。其算法的基本思想是：各ONU利用上行可分割时隙反应信元到达时间分布并请求带宽，OLT根据各ONU的请求公平合理地分配带宽，并同时考虑超载、信道有误码、有信元丢失等情况的处理。

EPON系统的DBA的实现基于两种MPCP帧：GATE消息和REPORT消息。ONU利用REPORT帧向OLT汇报其上行队列的状态，向OLT发送带宽请求。OLT根据与该ONU签署的服务等级协议(service level agreement，SLA)和该ONU的带宽请求，利用特定的算法计算并给该ONU发布上行带宽授权，以动态控制每个ONU的上行带宽。EPON系统的DBA一般采用轮询方式。

3) OLT的测距技术

由于EPON的上行信道采用TDMA方式,多点接入导致各ONU的数据帧延时不同,因此必须引入测距和时延补偿技术以防止数据时域碰撞。准确测量各个ONU到OLT的距离,并精确调整ONU的发送时延,可以减小ONU发送窗口间的间隔,从而提高上行信道的利用率并减小时延。另外,测距过程应充分考虑整个EPON的配置情况,例如,若系统在工作时加入新的ONU,此时的测距就不应对其他ONU有太大的影响。EPON的测距由OLT通过时间标记(time stamp)在监测ONU的即插即用的同时发起和完成,测距过程如图4-47所示,具体如下:

(1) OLT在T1时刻发送GATE;

(2) ONU在T2时刻接收到GATE,此时复位本地计数器,时间戳置为T1;

(3) ONU在T3时刻发送REPORT,此时填入的时间戳为T4;

(4) OLT在T5时刻接收到REPORT。

最后,往返时延(RTT)由公式:RTT = T2−T1+T5−T3 = T5−T4 得出,其中T3−T2 = T4−T1。

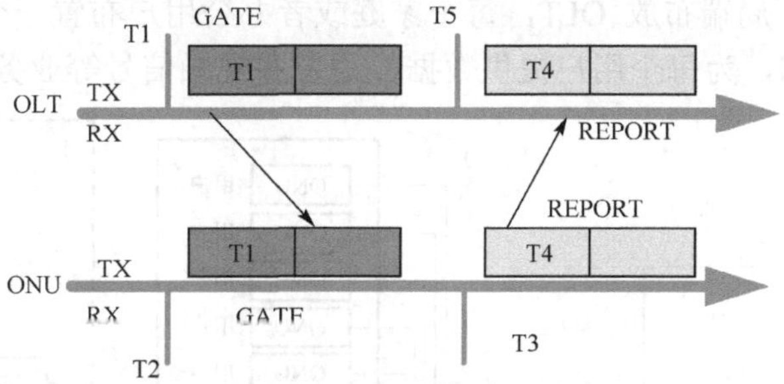

图4-47 OLT测距过程

4) 突发控制

EPON系统中的ONU工作在突发发送模式下。ONU由OLT指示在什么时间发送数据,当ONU发送数据时,打开激光器,发送数据;当ONU不发送数据时,为了避免对其他ONU的上行数据造成干扰,必须关闭激光器。ONU上的激光器要求能够非常快速地开启和关闭,迅速建立信号。在EPON系统的下行方向,ONU只能接收OLT的数据,因此ONU上接收来自OLT的功率是相同的,ONU接收机采用普通的接收机即可。但OLT接收到的信号为各个ONU的突发信号,OLT必须能在很短的时间(几比特传输时间)内实现相位的同步,进而接收数据。因为ONU到OLT的距离不同,来自各个用户的信号光功率是不同且变化的,所以OLT的突发接收电路必须在每次收到新的信号时调整接收电平(门限)。

4.5.4 光纤接入网的应用

相比于其他接入网,光纤接入网损耗低,成本不高,更能支持高速率的宽带业务,使信息高速公路畅通无阻。EPON因为协议简单,对光收发模块技术指标要求低,所以系统成本较低,维护简单。另外,它继承了以太网的可扩展性强、对IP数据业务适配效率高等优点，同时支持高速 Internet、语音、IPTV、TDM 专线甚至 CATV 等多种业务综合接入，服务范围大，带宽高而且分配灵活，具有很好的 QoS 保证和组播业务支持能力，所以在许多场合得到广泛应用。EPON 由于其技术和价格方面的优势已逐渐成为最受欢迎的 FTTH 技术。

1. FTTB

家庭客户采用 FTTB 方式的 ONU，可以选用 EPON MDU(多用户终端)设备，放置在高层设备间。根据住宅楼内部布线情况，用户与 ONU 之间采用灵活的不同接入方式。针对商业、企业用户提供的 FTTB 接入专门设计的 SBU 终端设备，可以为用户提供 FE/GE 接口、E1 接口，满足用户宽带、PBX 业务的接入。分光器可以根据实际情况放在室外交接箱或者商业建筑里。

2. FTTH

FTTH 方式适合高带宽需求用户。采用 FTTH 方式的 EPON 接入示意图如图 4-48 所示。在这种方式下，局端布放 OLT，每个家庭或者办公用户布置一个内置 IAD(综合接入设备)功能的 ONU，为每个用户提供数据、语音和视频信号等业务。

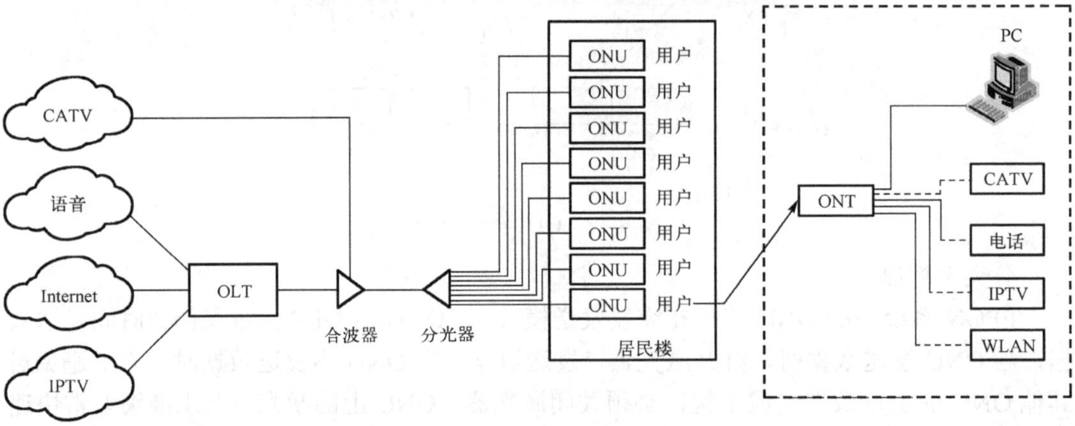

图 4-48　FTTH 的 EPON 接入

习 题 四

1. 相对于 PDH 技术，SDH 技术的主要优势有哪些？
2. 请画出 2Mbit/s 信号复用成 STM-4 帧的步骤。
3. 目前 SDH 帧的信息结构有哪些？其比特速率分别是多少？
4. 简单描述二纤双向通道保护环和二纤双向复用段保护环的自愈保护原理。
5. 什么是 WDM、DWDM 和 CWDM？
6. 画出实用 DWDM 系统的基本结构，并解释每一部分的功能。
7. DWDM 系统中，常用光纤是 ITU-T 建议的哪种类型？为什么？

8．DWDM 系统中的光监控信号的工作波长是多少？为什么？

9．OTN 与 SDH 分层的主要区别是什么？OTN 的主要技术优势有哪些？

10．简述 OTN 的层次。

11．OTN 的帧结构是什么帧？包含多少字节？

12．PON 的主要技术分类有哪些？其各自特点是什么？

13．画出 EPON 的结构图，标注各部分名称，并简述其基本作用。

14．简单描述 EPON 的上行和下行传输原理。

第 5 章 光缆通信工程

微课视频

光缆通信工程的设计，是基于现有通信网的规划、整合与优化，结合通信网发展需求、先进的工程技术和经济实力分析，严格遵循技术标准、规范及规程，对工程项目进行详尽的勘察与深入的技术分析。设计文件的编制，旨在作为工程建设的权威依据，确保其内容准确反映综合技术的先进性、可行性、经济性以及社会效益，以满足未来 5～10 年内的技术先进性和适用性需求。

5.1 光缆线路工程的建设程序

光缆通信工程的核心组成涵盖光纤通信系统工程(包含核心网或接入网)与光缆线路工程，其中光缆线路工程作为该领域的核心要素，兼具重要性、挑战性与复杂性。鉴于光缆通信系统工程在设计与实施层面和传统电缆通信系统工程存在相似性，本节在此仅详细阐述光缆线路工程的建设程序。

建设程序，或称为建设流程，是工程项目建设过程中必须严格遵循的既定步骤，它基于工程建设的丰富实践经验，反映了项目建设的客观内在规律，同时也是企业对投资建设项目实施有效管理的重要依据。

光缆线路工程设计范围是本局 ODF 至对方局的 ODF 之间，如图 5-1 所示。

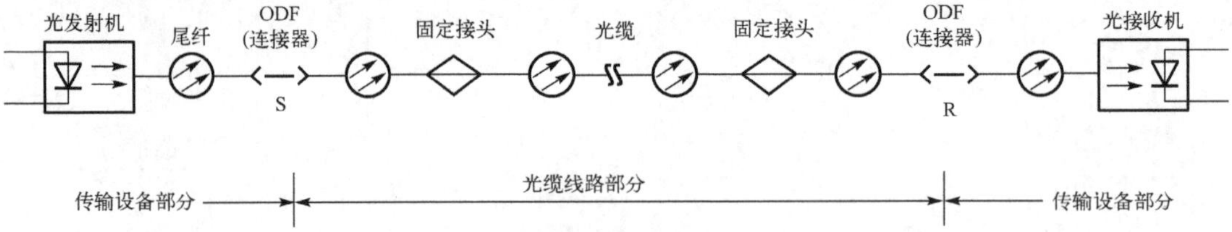

图 5-1　光缆线路工程设计范围示意图

在我国，一般大中型光缆线路工程的建设流程如图 5-2 所示，主要涵盖工程立项阶段、工程实施阶段以及工程验收投产阶段三个关键阶段，以及十五个关键步骤。对于具体到通信行业的基本建设项目和技术改造建造项目，尽管其投资管理和建设规模等细节存在差异，但整体建设过程中的核心程序仍保持一致。

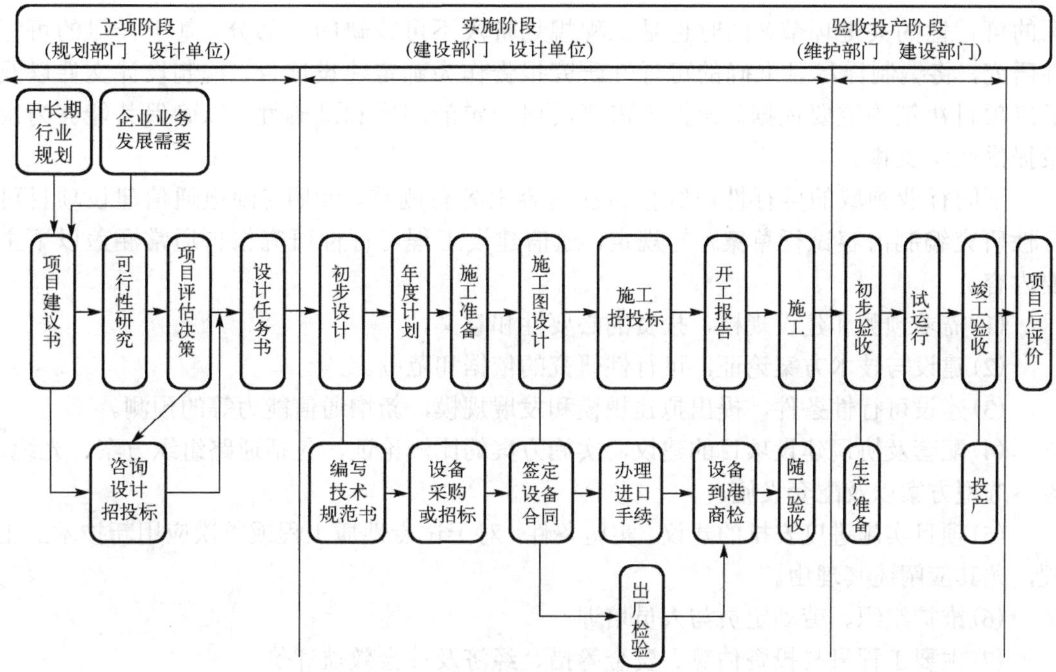

图 5-2　光缆线路工程建设程序

5.1.1　立项阶段

立项阶段是光缆线路工程建设的第一阶段，它以中长期行业规划和企业业务发展需求为依据，经过调查、预测、分析后，拟定项目建议书、可行性研究和项目评估决策以及最后的设计任务书。

1. 项目建议书

项目建议书的提出是工程建设程序中最初阶段的工作，是在投资决策前拟定该项目的轮廓。它包括如下主要内容。

(1) 项目提出的背景、建设的必要性和主要依据。

(2) 建设规模、地点等初步设想。

(3) 工程投资估算和资金来源。

(4) 工程进度和经济、社会效益估计。

项目建议书经具备审批权限部门的正式批准后，可以着手进行项目的可行性研究工作。然而，这一批准并不构成对项目的最终决策，即项目并非必须实施，项目建议书仅作为项目决策的初步依据。

2. 可行性研究

在项目建议书获得审批后，依据审批结果展开项目的可行性研究，并召集行业专家对项目进行全面评估。可行性研究是深入分析和论证建设项目在技术层面和经济层面的可行性的关键环节，同时也是工程规划阶段不可或缺的一部分。基于详尽的可行性研究，将编制详尽且准确的可行性研究报告作为确定建设项目、编制设计文件以及最终项目决策的重要依据。该报告需要展现一定的深度和准确性，以确保其能够为决策提供坚实支撑。

不同行业领域的可行性研究报告在内容上各有侧重。参照《邮电通信建设项目可行性研究编制内容试行草案》的规定，通信建设工程可行性研究报告通常涵盖以下主要内容。

(1)需求预测和建设规模，投资的必要性和意义。

(2)建设与技术方案论证，可行性研究的依据和范围。

(3)建设可行性条件，提出拟建规模和发展规模，新增通信能力等的预测。

(4)配套及协调建设项目的建议，实施方案的比较论证，包括通路组织方案、光缆、设备选型方案以及配套设施。

(5)项目实施进度安排的建议、实施条件，对于试点性质工程或首次应用新技术的工程，尤其应阐述其理由。

(6)维护组织、劳动定员与人员培训。

(7)主要工程量与投资估算、资金筹措、经济及社会效益评价。

国家和各部委、地方政府对可行性研究均设有明确的规范和标准：针对大中型项目、利用外资项目、技术引进项目、主要设备引进项目、国际出口局新建项目以及重大技术改造项目等，均须进行严格的可行性研究。

3. 项目评估决策

项目评估决策是一项严谨且重要的工作，由项目主要负责部门牵头，召集一批具备深厚理论基础和丰富实践经验的专家，针对可行性研究的内容，从技术、经济等多个维度进行全面而系统的评价，并提出具有针对性与建设性的意见和建议。这一评价过程坚持客观、公正的原则，对项目进行深入细致的分析评估，旨在科学、客观地判断项目可行性研究报告中所提方案的可行性，确保评价意见的公正性和准确性。其目的在于为决策部门、单位或业主在项目审批决策提供科学、合理的依据，以确保项目决策的稳妥和有效。

4. 设计任务书

在进行通信线路工程设计之前，建设单位应基于电信发展的长远规划，结合技术与经济等多方面的考量，先行编制设计任务书。该设计任务书需经上级机关审批通过后，方可启动设计工作。

设计任务书应明确设计中必须遵循的原则，阐述工程的规模、具体内容、性质及其重要性，并对设计提出特殊要求。同时，需考虑建设投资、时间规划以及利用现有资源的可能性。

设计任务书作为确定项目建设方案的基本文件，是编制设计文件的重要依据。其编写应依据可行性研究报告推荐的最佳方案进行，并根据项目规模，报请主管部门审批生效。之后，由建设单位委托具备相应资质的勘察设计单位进行初步设计。

设计任务书的主要内容包括以下几点。

(1)建设目的、建设依据、建设规模以及本项目与全网的关系。

(2)预期增加的通信能力，包括线路和设备的传输容量。

(3)光缆线路的走向，终端局、各中间站配置及其配套情况。

(4)经济效益预测、投资回收年限估计以及引进项目的用汇额。

(5)财政部门对资金来源等的审查意见。

5.1.2 实施阶段

根据上述建设程序图所展示的信息，实施阶段涵盖了初步设计、年度计划制定、施工准备、施工图设计、施工招投标、开工报告提交以及施工等多个环节。

1. 初步设计

初步设计基于已批准的可行性研究报告与设计任务书，严格遵循国家相关政策、法规及技术规范，在特定范围内全面考量拟建工程技术可行性、先进性及其潜在的社会与经济效益。在此过程中，结合客观实际，充分运用科学技术成果与长期实践经验，依据工程建设的实际需求，依托现场勘察、测量所得的基础资料、数据与技术标准，采用当前可用的材料、设备、机械与仪器等，编制精确的概(预)算。该阶段旨在将可行性研究中推荐的最优方案具象化为图纸与文字，为工程实施奠定坚实的基础。

初步设计的主要职责包括明确项目的建设方案、进行设备的选型、编制工程项目总概算量。其产出的初步设计文件需满足编制施工招标文件、主要设备材料订货以及编制施工图设计文件的需求，同时作为施工图设计阶段的基石。

初步设计的根本目的在于，根据已批准的设计任务书或经过审批的方案报告，通过详尽的现场勘查、勘测与调查，进一步确定工程建设方案，并对该方案在政治原则性与经济指标方面进行严谨论证，编制工程概算，明确工程所需投资额。此外，还需为组织工程所需的设备生产、器材供应、工程建设进度计划等提供有力依据，并针对新设备、新技术的采用提出切实可行的方案。

2. 年度计划制定

年度计划应全面涵盖工程项目的整体进展及年度投资与进度规划，作为确保工程项目总进度达标的关键性文件。建设项目须在获得初步设计和总概算的批准后，经过资金、物资、设计、施工能力等多方面的综合平衡考量，方可纳入年度建设计划之中。

年度计划文件详细列明了基本建设的拨款计划、设备与主要材料的采购及储备计划、贷款计划，以及工期组织配合计划等关键内容。经过正式批准的年度建设计划，将作为进行基本建设拨款或贷款的主要依据。

3. 施工准备

工程建设准备阶段涵盖了开工前所需的一系列关键准备措施，这包括但不限于水文、地质、气象、环境等勘察资料的全面收集；路由障碍物的迁移、交越处理措施及手续的妥善安排；主要材料、设备的预先订购；施工队伍的甄选与调配等。

在工程计划安排方面，依据已获批准的初步设计总概算，精心编制年度计划。在此过程中，将对资金、材料、设备等进行科学、合理的配置，以确保工程建设的连续性与可行性，从而保障工程项目建设的顺利推进与完成。

施工准备是基本建设程序的核心环节，承担着衔接基本建设阶段与生产阶段的关键作用。为此，建设单位应根据建设项目或单项工程的技术特点，适时组建相应机构，并做好以下几项工作。

(1)制定建设工程管理制度，落实管理人员。

(2)汇总拟采购设备、主材的技术资料。

(3)落实施工和生产物资的供货来源。

(4)落实施工环境的准备工作，如征地、拆迁、“三通一平”(水、电、路通和平整土地)等。

4. 施工图设计

施工图设计的目的在于确保依据经审批的初步设计进行精确的定点定线测量，明确防护段落及各项技术措施的细化执行，它是工程建设的施工基准。因此，设计图需详尽标注尺寸、具体施工方法和要求，以及准确的位置和地点信息，确保施工人员能够依据图纸进行施工。

施工图设计的主要内容依据为经审批的初步设计和主要设备订货合同，旨在绘制出准确、全面且详尽的施工图纸。这些图纸需明确标注房屋、建筑物、设备的结构尺寸，设备安装配置关系与布线布局，施工工艺，并提供设备与材料明细表。同时，应编制施工图预算作为施工成本控制的依据。

完成施工图设计后，必须委托具备审查资格且符合审查权限要求的设计咨询单位进行审查，并加盖审查专用章后方可投入使用。审查单位需确保施工图设计符合相关标准和要求，以确保施工过程的顺利进行。

光缆线路工程包含两个主要阶段，即勘测设计过程和施工过程。勘测设计过程涉及勘察、测量和编制设计文件三个关键步骤，以确保工程建设的顺利进行。

5. 施工招投标

施工招标是建设单位依法进行的一项重要活动，旨在将建设工程发包给具备相应资质和能力的施工企业。通过鼓励施工企业参与投标竞争，建设单位能够从中筛选出技术实力强、管理水平高、信誉可靠且报价合理的中标企业。推行施工招标对于优化选择施工企业、确保工程质量与工期目标的实现具有至关重要的意义。

建设单位负责编制招标文件，并依照相关法律法规规定，公开向社会发布招标信息。

在招标文件中，建设单位需预先明确拟建工程的技术要求、质量标准、工期目标，以及建设单位与施工企业或监理企业各自应承担的责任和义务。随后，建设单位与中标企业依法签订合同，确立合作关系。

施工招标遵循《中华人民共和国招标投标法》的规定，可采取公开招标和邀请招标两种形式进行。这两种形式均确保了招标活动的公开、公平、公正，为施工企业的公平竞争提供了制度保障。

6. 开工报告提交

经过施工招标并成功签订承包合同后，建设单位在确保年度资金拨款、设备及主材供应以及工程管理组织均已得到妥善落实的基础上，将于开工前一个月，协同施工单位一并向主管部门提交开工报告。

在项目开工报批之前，为确保项目财务的合规性和透明度，应由审计部门对项目相关的费用计取标准及资金渠道进行详尽的审计审查，以确保项目资金使用的合规性和合理性，之后方可正式启动项目施工。

7. 施工

通信建设项目的施工任务应由具备相应资质证书的单位负责执行。施工单位必须严格按照经批准的施工图设计进行施工操作。

施工监理作为建设单位的代表，全面监管施工过程中的工程质量、进度以及资金使用情况，确保各项管理控制措施得以有效实施。在隐蔽工程施工过程中，每完成一道工序后，需由建设单位指派的工地代表进行随工验收。只有验收结果合格，方可进入下一道工序的施工。

工程施工是施工组织根据设计文件、施工合同以及施工验收规范和技术规程的明确要求，通过合理调配和动态管理各项生产要素，组织实施通信建设工程项目的一系列生产活动。

5.1.3　验收投产阶段

为确保通信光缆线路施工质量的严谨性与可靠性，工程完工后，务必经过验收流程方可投入生产运营。此阶段的核心环节涵盖初步验收、生产准备、工程移交和试运行，以及最终的竣工验收，共包含三个主要步骤及五个关键方面。

1. 初步验收

光缆线路工程项目在完成所有按批准设计文件内容的建设后，应由主管部门组织建设单位、档案管理单位、投资建设单位以及设计、施工、维护等相关单位进行初验，并向上级有关部门提交初验报告。初验后，光缆线路和设备通常交由维护单位进行代维工作。大型及中型工程的初验，一般光缆线路部分和设备部分分别进行，而小型工程则可合并进行。

初验合格的工程项目即可进行工程移交，并启动试运行阶段。

2. 生产准备、工程移交和试运行

生产准备是指在工程交付使用前，为确保生产、技术和生活等方面的顺利进展而进行的必要准备，包括以下内容。

(1)对生产人员进行培训。一般在施工前完成人员配备，使其能够直接参与工程施工、验收等工作。

(2)根据设计文件配置相应的工具、器材及备用维护材料。

(3)组织好管理机构，制定规章制度，并配备好办公、生活等设施。

工程移交是在线路初验合格、施工正式结束后，将工程技术资料、借用器具、工余料以及遗留问题的处理等及时移交至维护部门。

试运行是指工程初验后至正式验收、移交之间的设备运行阶段。通常试运行期为 3 个月，但对于大型或引进的重点工程项目，试运行期可根据需要适当延长。在试运行期间，维护部门负责代维工作，而施工部门则负有协助处理故障、确保正常运行的职责。

3. 竣工验收

在试运行期内，电路将按地方网管理，即一级干线试运行阶段将按二级干线管理使用。竣工验收是在系统和试运行结束，并确认工程已具备验收交付使用条件后，由相关部门组织对工程进行系统验收。竣工验收旨在对整个光缆通信系统进行全面检查和指标抽测。对于中小型工程项目，可视情况适当简化验收程序，将工程初验与竣工验收合并进行。

鉴于光缆线路工程的复杂性和广泛涉及面，本章仅对设计、施工、竣工测试验收等重要环节进行介绍，并在后续部分提供核心网及接入网设计的简单实例，以便读者了解光缆线路工程设计的主要内容。

5.2 光缆线路工程设计的内容及要求

光缆线路工程设计的核心工作涵盖光缆线路路由的优选、局/中继站位置的选定及建筑标准的明确、敷设方式的筛选与确认、光纤光缆种类的选择、光缆光纤的接续、预留及保护标准的制定、光缆线路防护标准的设定、光缆成端规范的遵循、光缆线路传输性能指标的详细设计以及施工过程中的关键注意事项等。

对于规模较小的光缆线路工程，通常采用一阶段设计模式，即直接进行初步设计(包含图纸设计)。而对于大中型项目，则采用更为详尽的二阶段设计模式，即首先进行初步设计，随后进行施工图设计。对于大型、特殊工程项目或技术上较为复杂且缺乏设计经验的项目，可进一步采用三阶段设计模式，即先进行初步设计，随后进行技术设计，并最终完成施工图设计。根据项目规模、性质等差异，光缆线路工程设计的具体内容及要求将因设计阶段的不同而有所区别。以下将针对这三个阶段设计的主要内容进行阐述。

5.2.1　三阶段设计

1. 初步设计

初步设计是依据已获批准的可行性研究报告、设计任务书、初步勘测资料以及相关设计规范要求而进行的系统规划。初步设计文件采取分册编制的方式，其内容主要包括详尽的初步设计说明、光缆线路方案及技术要求、详细的初步设计概算以及精准的图纸等关键组成部分，详见表 5-1。

表 5-1　初步设计内容及主要要求

内容	主要要求
概述	①设计依据；②设计内容与范围和工程建设分期安排；③工程主要工作量；④工程总概算及技术经济指标；⑤维护体制及人员数、车辆的配备原则
选定路由方案的论述	①光缆线路具体路由确定；②干线路由方案及选定的理由
主要设计标准和技术措施	①光缆结构、型号和光电参数；②单盘光缆的光电主要参数；③光缆连接和接头保护；④光缆的敷设方式和要求；⑤光缆的防护要求；⑥光中继站的建筑方式及要求
概算说明	①概算依据；②有关费率及费用的取定；③有关问题的说明
总概算	①概算总表；②建筑工程概算表；③建筑安装工程概算表；④主要设备及材料表；⑤维护仪表及机具、工具表；⑥无人光中继站主要材料表；⑦次要材料表；⑧其他有关工程费用表
图纸	①光缆线路路由图；②光缆线路传输系统配置图；③光缆线路进局管道路由图；④光缆截面图

2. 技术设计

技术设计是根据已批准的初步设计进行的。在技术设计及修正总概算批准后，即可编制施工图设计文件，如表 5-2 所示。

表 5-2　技术设计内容及主要要求

内容	主要要求
概述	①工程概况；②设计依据；③设计内容与范围；④主要设计方案变更论述；⑤主要工程量表；⑥线路技术经济指标；⑦维护体制及人员数、车辆的配备原则
选定路由方案的论述	①沿线自然条件简述；②各线路路由方案论述及选定的理由
主要设计标准和技术措施	①光纤光缆主要技术要求和指标；②光缆结构及应用场合；③光缆的敷设和连接要求；④光缆系统配置及防护；⑤无人地下中继建筑标准；⑥其他特殊地段的技术保护措施
其他有关问题的说明	①与有关部门的协议；②仪表的配置原则说明；③光缆数量调整及其他说明
修正概算	修正概算表格对应初步设计光缆线路部分概算表
图纸	①光缆线路路由图；②光缆线路传输系统配置图；③光缆线路进局管道路由图；④光缆截面图

3. 施工图设计

施工图设计是在初步设计的基础上进行深化，为线路工程的建设及施工组织提供确切的指导和依据。对建设单位而言，施工图文件是控制建设安装工程造价、办理工程造价款结算以及考核工程成本的重要依据。对施工单位而言，施工图是指导施工人员进行施工作业的直接参照，即“按图施工”。具体内容和要求详见表5-3。

表5-3 施工图设计内容及主要要求

内容	主要要求
概述	①设计依据；②设计内容与范围和工程建设分期安排；③本设计变更初步设计的主要内容；④主要工程量表
光缆线路路由概述	①光缆线路路由；②沿线自然和交通情况；③市区及管道路由
敷设安装标准、技术措施及施工要求	①光缆结构及应用场合；②单盘光缆的技术要求；③光缆的敷设与安装要求；④光缆的防护要求和措施；⑤光中继站的建筑方式；⑥光缆的防护要求和措施；⑦特殊地段和地点的技术保护措施；⑧光缆进局的安装要求；⑨维护机构、人员和车辆的配置
其他有关问题的说明	①施工注意事项和有关施工的建议；②对外联系工作
设备、器材表	①国内主要材料表；②中继站土建主要材料表；③线路维护队（班）用房器材表；④水泥盖板、标石材料表；⑤维护仪表、机具工具表；⑥次要材料表；⑦线路安装、接头工具表
图纸	①（中继）光缆线路路由图；②光缆线路传输系统配置图；③光缆线路施工图；④光缆排流线布放图；⑤管道光缆路由图；⑥光缆接头及保护图；⑦直埋光缆埋设及接头安装图；⑧进局光缆安装方式图；⑨光缆进局封堵和保护；⑩监测标石加工图

5.2.2 光缆线路路由的选择

在长途干线光缆线路路由的选择上，必须严格遵循工程设计合同或工程设计委托的具体要求，同时以光缆通信网络规划为指导，恪守“确保路由稳定可靠、走向经济合理、易于施工维护与抢修”的准则。在路由决策过程中，需全面考量国家、军队、地方及个人的利益，通过深入勘察、广泛调查，综合权衡各方案优劣，以实现投资最小化、效益最大化的目标。

(1)在选择光缆线路路由时，应依据现有的地形、地物、建筑设施以及既定的建设规划书，优先选择远离干线铁路、高速公路、水利设施、长途输送管道等重要基础设施及重大军事目标的路径，力求路由长度最短、弯曲程度最低。

(2)光缆线路路由应优先选取地质稳固、地势平坦的地段，避免追求长距离的大直线设计，同时需充分考虑当地水利及土地平整规划可能带来的影响。

(3)光缆线路应尽量减少翻越山岭的次数，优先选择地势变化平稳、土石方工作量小的地段，同时规避陡峭地形、沟壑、滑坡、泥石流等自然灾害频发以及洪水、水土流失等风险较高的地区。

(4)市区内的光缆线路路由应与当地城建、电信等相关部门充分协商，确保路由选择的合理性与可行性。

5.2.3 局/中继站的选择

在传输长度符合技术要求的范围内，局/中继站的设立应优先考虑利用现有的机房设施。在不存在可用现有机房的情况下，局/中继站的选址应遵循以下要求。

(1)应优先选择交通便利、供电供水条件良好的地区，以确保施工及后续维护抢修工作的顺利进行。

(2) 应选取便于地线安装的区域，同时应避免靠近电厂、变电站、高压杆塔及其他防雷接地装置，以保障通信设施的安全运行。

局/中继站的设立还需要建筑满足如下要求。

(1) 在设立新的局/中继站时，应优先选择地上型建筑方式。若环境安全或设备工作条件存在特殊要求，局/中继站机房也可采用地下或半地下结构的建筑方式。

(2) 对于新建、购买或租用的局/中继站机房，其承重、消防、高度、面积、地坪、机房环境等各项指标，均须严格遵循 YD 5003—2014《通信建筑工程设计规范》以及其他相关标准的规定，以确保机房的安全、稳定及高效运行。

5.2.4 敷设方式与光纤光缆的选择

1. 光缆敷设方式的选择

光缆敷设方式需根据长途与市区内的不同环境特点进行选择。对于非市区地段的长途光缆干线，主要采用直埋和简易塑料管道敷设方式，而架空光缆作为当前广泛应用的敷设方式，在省内光缆线路、本地线路及边远地区尤为常见。在农村及野外地区，光缆线路通常选择直埋方式。然而，在环境条件不适宜直埋或施工费用过高的情况下，需考虑其他适宜的敷设方式。

当光缆线路进入市区或城镇区域时，应优先采用管道敷设方式。对于缺乏管道敷设条件的地段，可采用简易塑料管道、槽道或其他合适的敷设方案。长途光缆线路在特定情况下，如穿越河沟、峡谷等施工困难或赔偿费用过高的地段，以及已有杆路且可架挂的地段或市区暂时无法建设管道的地段，可采用架空敷设方式。注意：在最低气温低于 –30℃且易受强风暴或沙暴影响的地段，不宜采用架空敷设。

对于本地光缆线路，城区内应主要采用管道敷设方式，郊区也可采用管道敷设方式。在缺乏管道的地段，可采取埋式并加设塑料管保护的方式进行敷设。

2. 光纤光缆的选型

在光纤光缆的选型过程中，务必根据预定的光传输系统和网络的实际情况，挑选出具备相应性能的光纤光缆。首先，应审慎评估光纤的种类、参数及其适用范围，随后对光缆结构的选择进行仔细考虑。

对于核心网络的建设，推荐选用 G.655 和 G.656 光纤。这两款光纤的截止波长已降低至 1450nm，并在 1460～1625nm 波长段内，展现出 0.1～10ps/(nm·km) 和 1～14ps/(nm·km) 的正色散特性，因此它们极其适用于在更广泛的波长范围内进行波分复用，并能够有效增加 DWDM 的光通道数量。

对于城域(本地)网络的建设，G.652 和 G.656 光纤是较为合适的选择。其中，G.652 光纤能够在 10Gbit/s 和 40Gbit/s 传输速率下实现更长的传输距离，确保信号的稳定传输；而 G.656 光纤则适用于大容量 CWDM 和 DWDM 传输网络，为城市内部的网络通信提供高效、稳定的支持。

3. 光缆选型主要考虑因素

1)光缆纤芯数的选择

光缆纤芯数的选择应基于严谨和理性的考量，以确保光缆在未来20年的使用寿命内能够满足各种需求。在确定光缆纤芯数量时，需综合考虑以下因素。

(1)根据网络安全可靠性的高标准要求，必须预留适量的纤芯，以确保能够满足各种系统保护的需求，以及网络运行的稳定性和连续性。

(2)需充分考虑工程中远期可能的扩容需求，预留足够的光纤数量，以适应未来网络容量的增长。

(3)鉴于通信技术的飞速发展，必须预见性地考虑未来数据、图像、多媒体等新业务对缆芯的潜在需求，确保光缆能够支持这些新业务的发展。

(4)还需考虑向其他公司提供租纤业务所需的光纤数量，以满足外部合作伙伴的需求。

(5)为保证光缆的可靠运行，还需考虑光缆施工维护、故障抢修等实际操作中的因素，以确保光缆网络的稳定性和可维护性。

2)光缆结构选型

常见的缆芯结构主要涵盖层绞式、骨架式、中心(束)管式和带状管式四种类型。针对工程设计的实际需求，缆芯结构的选择应严谨地考虑光缆的敷设方式、所处环境、工程的具体需求以及光缆的成本等因素，以确保最终选择的缆芯结构能够满足工程的稳定性和经济性要求。

(1)直埋光缆：PE内护层＋防潮铠装层＋PE外护层或防潮层＋PE内护层＋铠装层＋PE外护层，宜选用GYTA53、GYTA33、GYTS和GYTY53等结构。

(2)管道或采用塑料管道保护的光缆：防潮层＋PE外护层，宜选用GYTA、GYTS、GYTY53和GYFTY等结构。

(3)架空光缆：防潮层＋PE 外护层，宜选用 GYTA、GYTS、GYTY53、GYFTY、ADSS和OPGW等结构。

(4)水底光缆：防潮层＋PE 内护层＋钢丝铠装层＋PE 外护层，宜选用 GYTA33、GYTS333和GYTS43等结构。

(5)局内光缆：阻燃材料外护层。

(6)防蚁光缆：直埋光缆结构＋防蚁外护层(聚酞胺或聚烯烃共聚物)。

5.2.5 光缆接续与光缆预留

在工程设计环节，应依据勘测所得路由长度精确计算出光缆的敷设总长度，并据此进行光缆配盘。为确保工程质量和减小潜在风险，光缆应尽可能整盘敷设，以降低中间接头的数量。在配盘完成后，需特别注意管道光缆的接头位置，应规避交通繁忙的要道口，确保安全性。对于架空光缆的接头，应妥善安排于杆上或杆旁1m左右的位置，以保障其稳固性。此外，在光缆的接头处，光缆与光纤均需保留一定的预留长度，以备日后可能出现的维修或二次接续之需。预留长度参照表5-4所示的要求。

表 5-4 陆地光缆布放预留长度表

敷设方式	直埋	管道	架空	爬坡(埋)
自然弯曲增加长度/(m/km)	6～8	10	7～10	10
人孔内弯曲增加长度/(m/孔)	—	0.5～1	—	—
杆上伸缩弯长度/m	—	—	0.2	—
接头重叠预留长度/m	10～20			
局内预留长度/m	20			

光缆接头盒应满足防水、防腐蚀的要求，并具备一定的抗压力、张力和冲击力能力。对于光缆接头处的加强件，必须进行牢靠的固定，从而避免光缆接头因外部作用力而受损。此外，关于光缆金属加强芯，在通常情况下无须进行电气连通。针对不同负荷区域，中负荷区、重负荷区和超重负荷区要求在每根杆上预留光缆，而轻负荷区则建议每 3～5 杆预留一处。

5.2.6 光缆线路的防护

1. 光缆线路的防雷措施

(1) 光缆金属护套与吊线每隔 2000m 做防雷接地。

(2) 光缆金属构件在接头处不连通，局/中继站内构件全部连接到保护地。

(3) 架空光缆可选光缆吊线，每隔 10～15 根杆距装避雷针或接地，雷击地段可装架空地线。

2. 光缆线路防强电措施

(1) 光缆线路与高压输电线或馈电线保持距离，穿越时尽量垂直。

(2) 光缆线路及设备距发电厂或变电站接地装置大于 200m，距高压电杆接地装置大于 50m。

(3) 接近交流电气化铁路地段施工时，光缆金属构件临时接地。

3. 直埋光缆防机械损伤措施

(1) 光缆过铁路垂直顶钢管穿越，钢管伸出路基排水沟外 1m，距沟底不小于 0.8m。

(2) 光缆过公路垂直穿越，车流量大时采用钢管或塑料管保护，保护管伸出路基排水沟外 1m，距沟底不小于 0.8m。

(3) 光缆穿越沟渠、水塘等，加盖水泥盖板或加塑料管保护。

(4) 在坡度大于 20°、坡长大于 30m 的斜坡上，光缆“S”形敷设；在坡度大于 30°、波长大于 30m 的斜坡上，选用抗张强度大于 20000 N 的钢带铠装光缆，并“S”形敷设。

(5) 梯田、台田处的光缆沟，根据地形采取措施，坎高大于 60cm 时采用片石和混凝土堆砌坡。

4. 其他防护措施

(1)防蚀、防潮：采用具有良好的防腐蚀性能 PE 塑料为光缆外护套，设有金属防潮层及石油膏填充的缆芯，一般无须额外防蚀防潮措施。

(2)防鼠、防白蚁：管道光缆需封堵管子端头以防鼠害，直埋光缆需深埋并夯实回填土以防鼠害。

5.3 光缆线路施工

光缆线路工程的全流程涵盖光缆线路施工与传输系统设备安装。此处专注于对光缆线路施工及其测试过程的阐述。光缆工程的测试，作为以中继段为基准的竣工检测环节，主要侧重于对光缆、光纤的光电特性及绝缘特性等进行详尽的度量，其目的在于评估线路的传输性能及光缆线路施工质量的整体表现。

光缆线路施工的主要流程如图 5-3 所示，可被明确划分为三个阶段：施工准备阶段、工程施工阶段以及工程竣工阶段。具体而言，在施工准备阶段，主要包括路由复测、单盘检测、光缆配盘和路由准备等四个关键步骤；随后，进入工程施工阶段，涵盖光缆线路敷设布缆、光缆接续以及中继段竣工测试等三个核心环节；最后，在工程竣工阶段，将执行隐蔽工程随工验收、线路初验以及竣工验收等三个必要步骤，以确保工程质量和完整性。

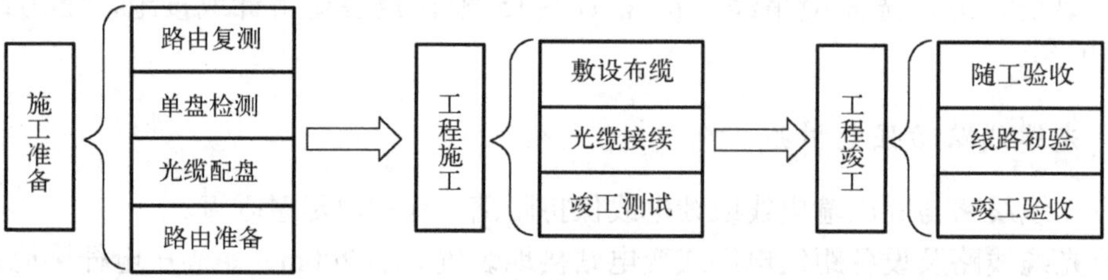

图 5-3 光缆线路施工的主要流程

光缆线路施工的工程特性在于，无论是局内光缆线路、局间中继线路，还是长途干线(或一级干线)，均将 1 个中继段视作独立的施工单元。在施工过程中，光缆的敷设常通过管道、架空和直埋等方式进行。从工程技术层面来看，光缆工程与电缆工程在基本原理上并无显著区别，但光缆在承受张力和抗侧压能力上相较于电缆稍显不足。此外，光缆的单盘长度通常远大于电缆盘长，电缆盘长一般控制在 250～500m 之间，而光缆的标准出厂盘长则达到 2km，特别是在超长中继段(超过 70km)的埋设情况下，其盘长可达 4km。这样的设计有助于减少接头数量，进而降低故障发生的概率，为后续的维护工作提供了便利。注意：由于光纤直径小、韧性较差等特性，对光纤接续设备的精度要求极高，同时光纤的测试技术也较为复杂，测试结果相较于电缆而言，其精确性可能受到一定影响。

5.3.1　光缆线路施工准备

1. 路由复测

光缆线路的路由复测是光缆线路工程正式开工后的首要任务。复测必须以经过审批的施工图为依据。复测内容有：核对路由的具体走向、敷设方式、环境条件以及接头具体位置；核对施工图纸、光缆穿越障碍物时需要的防护措施及地段的具体位置等。复测的结果为光缆配盘、分屯(即为施工方便，将光缆分开到的不同地点囤放)以及敷设提供必要的资料。相关要求如表 5-5～表 5-7 所示。

表 5-5　直埋光缆与其他建筑物的最小净距　　(单位：m)

其他建筑物名称	水平净距	交越净距
通信管道边线	0.75	0.3
直埋电力管道	0.5	0.5
直埋电力电缆 35kV 以下/以上	1.0/2.0	0.5
给水管(管径<300mm)	0.5	0.5
给水管(300mm ≤ 管径<500mm)	1.0	0.5
给水管(管径 ≥ 500mm)	1.5	0.5
石油、天然气管道	10.0	0.5
排水沟	0.8	0.5
房屋建筑红线或基础	1.0	—
市内大树/市外大树	0.75/2.0	—
积肥池、粪坑、水井、沼气池、坟墓等	3.0	—

注：直埋光缆采用钢管保护时，与水管、煤气管、石油管交越时的最小净距可降为 0.15m。

表 5-6　架空光缆与其他建筑物的最小垂直净距　　(单位：m)

其他建筑物名称	水平净距	交越净距	备注
铁路	3.0	7.0	最低光缆到地面
公路	3.0	5.5	最低光缆到铁轨面
土路	3.0～4.0	4.5	最低光缆到地面
河流	3.0	5.5	最低光缆到最高水面
市区树木/郊区树木	1.25/2.0	1.5	最低光缆到树枝顶
架空电力线路	1.25	2.0	一方最低缆线与另一方最高缆线
高秆农作物	2.0	1.0	最低光缆到最高农作物顶
消火栓	1.0	4.5	
地下管线、路沿	1.0	1.5	
电杆距人行道	1.0	0.6	—
跨越平顶房顶	1.0	0.6	最低光缆到屋顶
跨越人字房顶			

表 5-7 架空光缆与其他电气设施交越时的最小垂直净距 （单位：m）

其他电气设施名称	有防雷保护装置	无防雷保护装置	备注
1～10kV 电力线路	2.0	4.0	最高线条到电力线条
25～110kV 电力线路	3.0	5.0	最高线条到电力线条
154～220kV 电力线路	4.0	6.0	最高线条到电力线条
供电线接户线	4.0	6.0	最高线条到电力线条
霓虹灯及其铁架	1.6	1.6	最高线条到电力线条

2. 单盘检测

光缆敷设前需进行单盘检测和配盘。单盘检测包括核对光缆、连接器材规格、数量，检测光电特性、光缆长度、光纤损耗等，以及外观检查确认无损。检测后记录信息并标明盘号、端别、长度等。光缆长度复测应 100%抽样，用光时域反射仪(optical time-domain reflectometer，OTDR)或简易方法测试。损耗测试是关键，影响传输质量，需测不同波长衰减系数。

检查光缆长度是一项至关重要的环节，其目的在于核实光缆的实际长度并保障其布放的准确性。首先运用 OTDR 对每盘光缆随机抽取 1～2 根光纤进行长度测量，再依据光缆制造厂家提供的纤/缆换算系数，将测得的光纤长度准确换算为光缆长度：

$$L_{光缆} = L_{光纤}(1-\rho) \tag{5-1}$$

式中，$L_{光缆}$ 为光缆长度(km)；$L_{光缆}$ 为测得的光纤长度(km)；ρ为纤/缆换算系数。

3. 光缆配盘

应根据复测路由计算出的光缆敷设总长度进行合理配盘，其目的是减少光缆接头数目和降低接头损耗，从而节省光缆和提高传输质量。一般应由经验丰富的工程技术人员来完成。相对于电缆配盘，光缆配盘要简单一些，但同样要求配盘细致准确。

1) 光缆配盘的要求

(1) 光缆宜整盘敷设，以减少接头。近设备的前两段光缆应长于 1km，选择参数偏差小、一致性好的光缆。

(2) 配盘时，中继段长度应接近设计长度，并考虑接头、预留长度和自然弯曲增长量(埋式 7‰～10‰，管道 10‰，架空 7‰)。尽量整盘配置，同段选用同厂家光缆。

(3) 接头位置应避开水域、交通要道。直埋接头选平坦稳固地；管道接头在人孔内；架空接头在杆上或旁 1m 处。

(4) 长途光缆线路朝北(东)为 A 端，南(西)为 B 端。

2) 光缆配盘步骤

光缆配盘以一个中继段为单元，共分如下 5 步进行。

(1) 计算敷设光缆长度。计算包括各种类型路由的敷设长度和预留长度。

(2) 列出光缆路由长度总表。根据复测资料及计算结果，列出各中继段地面长度，包括直埋、管道、架空、水底或爬坡等布放的总长度以及局内长度(局前人孔至机房光纤分配架)。光缆路由长度总表如表 5-8 所示。

表 5-8　光缆路由长度总表

中继段的各段名称					
设计总长度/km					
复测地面长度/km	直埋				
	管道				
	架空				
	水底				
	爬坡				
	局内				
	合计				

(3) 列出光缆总表。将单盘检测合格的不同光缆列入总表，如表 5-9 所示。

表 5-9　光缆总表

序号	盘号	规格、型号	盘长	备注

(4) 初步配置和正式配盘。在初步配置阶段，首要任务是制定中继段光缆分配表。该过程基于光缆路由长度总表，根据其中列明的不同敷设方式，对每段路由的地面长度增加 1%的余量，从而精确计算出各个中继段所需的光缆总长度。随后，根据已计算出的各中继段光缆用量，参照光缆总表，选取适当规格和型号的光缆，确保所选光缆的累计长度能够充分满足中继段总长度的需求。最后，将初配结果以表格形式呈现，即生成中继段光缆分配表，其格式参照表 5-10。

表 5-10　各中继段的光缆分配表

中继段的各段名称	光缆	数量/km		出厂盘号	备注
	类别、规格、型号	计划量	实配量		

(5) 编制中继段光缆配盘图。在完成光缆配置后，务必将光缆配盘结果详细记录在“中继段光缆配盘图”中，其标准格式应参照图 5-4。此外，为了确保信息的准确性和可追溯性，需在所选用的光缆盘上明确标注该盘光缆所属的中继段段别及其配盘编号。

4. 路由准备

在光缆敷设之前，务必严格按照施工图纸的指示完成路由的准备工作，以确保为光缆的布放创造有利条件。不同的敷设方式对应着不同的路由准备措施。若采用管道敷设，则必须实施管道清理、预放铁丝或塑料导管等准备工作；若选择架空敷设，则需进行杆

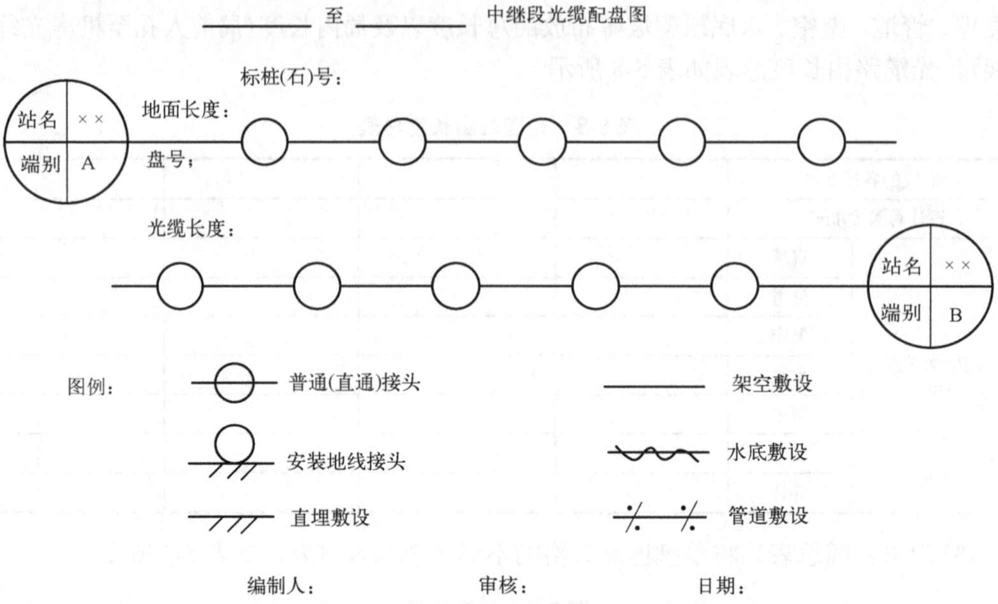

图 5-4　中继段光缆配盘图

路建筑、合理选择光缆的支承方式等准备；而当采用直埋敷设时，则须预先埋设光缆穿越铁道、公路所需的顶管，预埋过河、渠塘的塑料管，预放子管，埋设标石，设置排流线，以及跨越河堤和一般公路的预埋钢管等。这些准备工作的实施是确保光缆敷设顺利进行的关键。

5.3.2　光缆线路工程施工

光缆线路工程施工是光缆工程的主要施工阶段，简称光缆敷设。敷设作为关键环节，对工程质量及通信质量有重大影响。因此，路由和位置应依据预先勘测的最佳方案进行，确保敷设质量。

光缆敷设是光缆线路施工的核心，需根据预设的敷设方式，严格遵循设计施工规定。为确保施工安全，敷设时应遵守相关规定。

(1) 中继段光缆配盘图或敷设作业计划表为光缆敷设的主要依据，禁止随意变动，需按路由复测划线进行。特殊情况改动需经主管部门同意，且不增加敷设长度。

(2) 光缆弯曲半径应大于外径的 15 倍，施工时应大于 20 倍。

(3) 光缆牵引张力不超过允许张力的 80%，瞬间最大张力不超过 100%(无金属内护层光缆)。牵引时，合格牵引端头需加在光缆加强件上，防止外护层脱落。机械牵引时，速度为 0～20m/min，无级调速。

(4) 人工牵引时，速度约为 10m/min，若长度过长，可分次牵引。牵引应均匀，避免浪涌、扭转等。

(5) 光缆布放、安装、回填过程中需保护好光缆，严禁损伤。若发现异常，及时测量光纤状况。

1. 管道光缆的敷设

管道光缆敷设在本地网(或城域网、接入网)局间中继光缆工程中所占比例是较大的，长途通信工程中几乎每个工程都有一定比例的管道光缆，故管道光缆敷设技术是十分重要的。

光缆管道由若干带管孔的管路、人孔(或手孔)级联而成，管路中间的若干人孔或手孔是为了便于施工和维护。管孔种类有混凝土管孔、陶瓷管孔、石棉水泥管孔、塑料管孔等，其中混凝土管孔和塑料管孔应用最为广泛。目前，塑料管孔已基本取代混凝土管孔，塑料管管道建造更为简单容易，且易建造多孔管道。

2. 直埋光缆的敷设

直埋光缆敷设是一种通过挖掘沟槽，直接将光缆埋入地下的施工方法，最终通过回填土壤完成敷设。这种方法无须建设杆路或地下管道，目前已被广泛应用于长途干线光缆工程中。然而，直埋光缆敷设也可能受到多种因素的挑战，包括耕地、排水沟等地面设施，以及鼠害、冻土层深度等环境因素的影响。因此，为确保光缆的安全，直埋光缆通常需埋设至更深的层次。一般土质地段的埋深应达到 1.2m，沟道上部宽度为 60cm，底部宽度为 30cm，且沟底应平整无碎石。如果遇到石质或半石质沟底，应敷设至少 10cm 厚的细土或沙土。对于全石质路由，经主管部门批准后，其埋深可降低至 50cm，但需采取相应的封沟措施，以确保光缆安全。

在挖沟方面，常用的方法包括人工挖沟法和机械挖沟法。光缆沟应尽量保持沟道的直线走向，确保沟底平坦，避免蛇形走向。在路由出现弯曲时，需充分考虑光缆弯曲半径的允许值，以防光缆因过度弯曲而受损。

3. 架空光缆的敷设

架空光缆主要有钢丝线支承式和自承式。在我国基本都采用钢丝线支承式，即通过架空杆路吊线来吊挂光缆。架空光缆因长期暴露在自然界，易受环境温度影响，特别是在低温可达−30℃以下的地区，不宜采用架空敷设方式。架空光缆线路的杆路建设，要求电杆具备相应机械强度，如防震、防风、防雪、防低温变化负荷产生的张力并具有防潮、防水性能。

架空线路的杆间距离，在市区、郊区为 35～50m，郊外随不同气象负荷区而异，可做适当调整，但最短为 45m，最长为 150m。我国负荷区的划分是依据风力、冰凌和温度三要素，根据不同负荷区可确定钢丝吊线的规格和杆距。其中，轻负荷区的吊线及光缆上的冰凌有效厚度为 5mm，中负荷区的厚度为 10mm，重负荷区的厚度为 15mm，超重负荷区的厚度为 20mm。

架空光缆需要采用接地保护措施。光缆接头盒靠近的杆、角杆、分线杆、H 杆、跨越杆、终端杆以及直线杆路每隔 10～15 根的电杆上应装设避雷针，其接地电阻不超过 20Ω。光缆金属护层连同吊线一起每隔 2000m 做一次防雷保护接地。

4. 水底光缆的敷设

水底光缆敷设是将光缆穿过水域的敷设方法，适用于光缆线路需穿过江河湖泊等地段。水底光缆敷设方式隐蔽、安全，不受河流宽度和振动等因素的限制，但工程难度大，费用高。水底光缆施工包括敷设路由选择、挖沟深埋、布放等。

水底光缆的埋深要求对光缆安全和传输质量的稳定具有非常重要的作用，一般要求不小于 1.2m，洪水季节会受冲刷或土质松散不稳定的地段要求不小于 1.5m。

对于水底光缆路由选择，首先考虑光缆的稳定性，同时也应考虑施工与维护的方便。因此，要认真勘察水底光缆经过的河床断面、土质、水流及两岸地理环境后，确定水底光缆弧形敷设路线。

5. 局内光缆的敷设

局内光缆特指从进线室至光纤配线架之间的光缆类型，其主要包括普通型进局光缆与阻燃型进局光缆两类。普通型进局光缆通过管道、架空或直埋方式直接引入局内，在进线室放置约 10m 后，直接连接至机房的光纤配线架上；而阻燃型进局光缆则在光缆从局(站)外引入进线室(多为地下进线室)时采用，该类型光缆随后被放置至机房光纤配线架上，并在进线室内设置一接头，用于连接普通型与阻燃型进局光缆。阻燃型进局光缆通常采用无铠装层、无铜导线的设计，对于雷击严重地区，埋式缆的铠装层在进线室内接地，有效避免雷击电流进入机架，从而提高机房的防雷安全性。

目前，国内多数工程倾向于使用普通型进局光缆进行敷设，以减少接头数量。然而，针对特定工程需求，阻燃型进局光缆仍被选用。局内光缆的长度预留遵循一定标准，一般预留长度为 15～20m，对于未来可能移动位置的局，需按照设计长度预留足够长度。设备侧预留长度则为 5～8m，阻燃型进局光缆预留长度为 15m。

5.3.3 光纤、光缆接续

由于生产和运输，光缆的制造长度一般为 1～2km，所以光缆接续是不可避免的。光缆接续的核心是光纤接续。光缆线路接续是把一段光缆中的光纤与另一段光缆中的光纤对应连接起来，光缆成端接续则是把光缆中光纤与带活动接头的尾纤连接起来。光缆接续包括光缆线路接续和光缆成端接续，光纤接续可分为固定接续(死接头)、活动接续(活接头)、临时接续等几种方式。不同用途、场合应采用不同的连接方式。

光纤接续一定要配置专用光纤熔接机(图 5-5)对光纤熔接，这是光纤连接方法中使用最广泛的方法，即熔接法，利用电弧放电产生高温 2000℃，使被连接的光纤熔化而焊接成为一体。当前光纤熔接机能做到全自动熔接，熔接损耗低于 0.05dB。

1. 光纤的熔接

1) 光纤端面处理

光纤剥除涂覆层后，用棉纱蘸酒精或丙酮擦洗光纤表面，再用光纤切断器切割光纤断面。光纤切割要求裸纤长度为 2cm(切断器上有定位标志)，光纤端面平整无损伤。

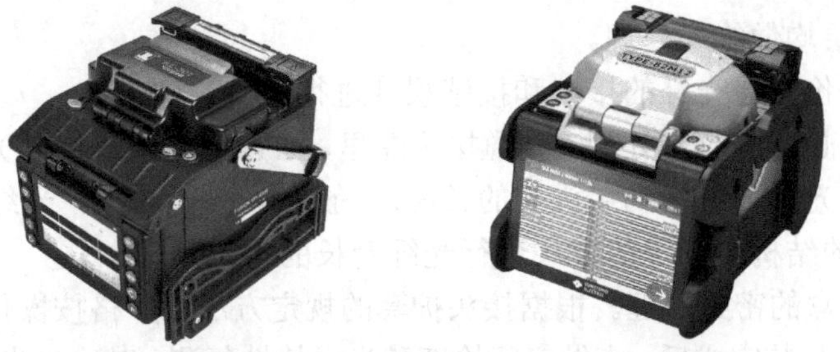

(a) 单芯熔接机　　(b) 多芯熔接机

图 5-5　光纤熔接设备

2) 光纤的对准及熔接

光纤正确放置在 V 形槽内，控制电路自动进行校准，直至熔接和接续损耗估算结束。

3) 连接质量的评价

光纤完成熔接后，应及时对其质量进行评价，确定是否需要重新接续。图 5-6 所示为部分熔接不好的情况。

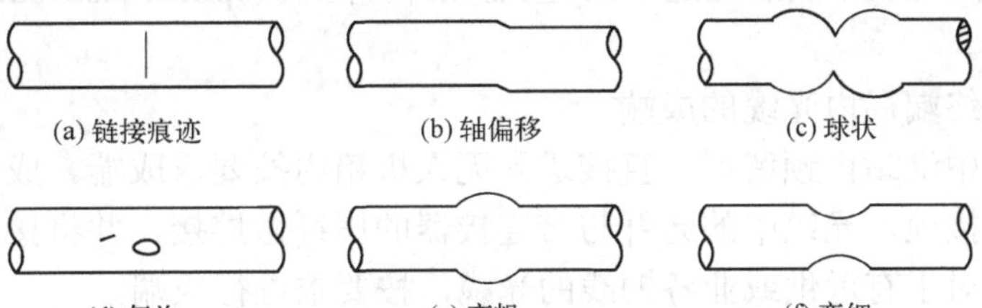

(a) 链接痕迹　(b) 轴偏移　(c) 球状

(d) 气泡　(e) 变粗　(f) 变细

图 5-6　光纤熔接部位的几种不良状况

评估接续损耗时，首先直接参考自动熔接机上显示的接续损耗值，以确定其是否处于预定的可接受范围内。对正式光缆施工工程而言，为确保光缆接续质量达到高标准，还需采用 OTDR 进行现场的接续损耗测试。

2. 光缆线路接续

光缆线路接续包括缆内光纤的连接、光缆加强件的固定、接头余纤的处理、接续盒封装防水处理、接头处余留光缆的妥善盘留等。对于光缆传输线路，据国内外统计，故障发生率最高的是在接头部位，如光纤接头劣化、断裂，接续盒进水等。因此，光缆接头盒应选用密封防水性能好的结构，并具有防腐蚀和一定的抵抗压力、张力和冲击力的能力，这对光缆接头保护非常重要。

光缆线路接续主要包括以下步骤。

(1) 光缆线路接续的准备。核对光缆接头位置，准备接续所需要的机具。采用熔接法时，必须配备开缆刀、光纤切断器、熔接机、光缆接头保护用工具等。

(2) 光缆的开剥。在光缆开剥前应根据光缆状况截取 1m 左右的长度丢掉，再根据光缆结构选取接头盒，确定光缆的开剥长度(一般光缆的开剥长度为 60～120cm)，再用划线铅笔在缆皮上划定开剥点后，即可用专用工具进行开剥。

(3) 加强芯、金属护层的处理。加强芯固定在接头盒两边，并对光缆接头两端的金属加强芯和金属护层均做绝缘处理。

(4)检测及评价。对光纤的接续和接续损耗进行检测、评价。

(5)光纤预留长度的收容处理。光缆接头盒里，必须有一定长度的光纤，完成光纤接续后的预留长度(光缆开剥处到接头间的长度)一般为 60～100cm。光纤接续后，经检测合格，按接头盒的结构所规定的方式进行光纤余长的收容处理。

(6)光缆接头盒的密封处理。根据接头护套的规定方法，严格按操作步骤和要领进行密封。光缆接头盒封装完成后，应做气闭检查和光电特性复测，以确认光缆线路接续良好。

3. 光缆成端

光缆线路到达端局或中继站后，为了便于和光端机、光中继器等设备相连接，需要把光缆的所有光纤都接上尾纤，即光缆成端。光缆成端有光纤终端盒(fiber terminal box，T-BOX)成端和光纤配线架(ODF)成端两种方式。T-BOX 成端，即通过终端盒把光缆接上尾纤。一般较小的局、无人值守中继站、设备间等多采用这种方式。ODF 成端是把光缆引至机房并进入 ODF，然后通过 ODF 里的光纤分配盘(optical distribution panel，ODP)把光缆接上尾纤。

1)中继站或终端局内光缆的成端

外线光缆在中继站内预留后，直接进入无人机箱内按要求成端。成端内容包括：加强芯、金属护层接地，光缆中的光纤与带连接器的尾纤做熔接，并将接头和预留光纤盘放至收纤盘内。对于有远供或业务铜线的光缆，按要求进行成端。

2)局内光缆的成端

(1)T-BOX 直接终端方式。一般的市内局间光缆系统、局域网系统多采用这种方式，如图 5-7 所示。采用 T-BOX 把线路光纤与光端机送出的尾纤在终端盒外进行固定连接。

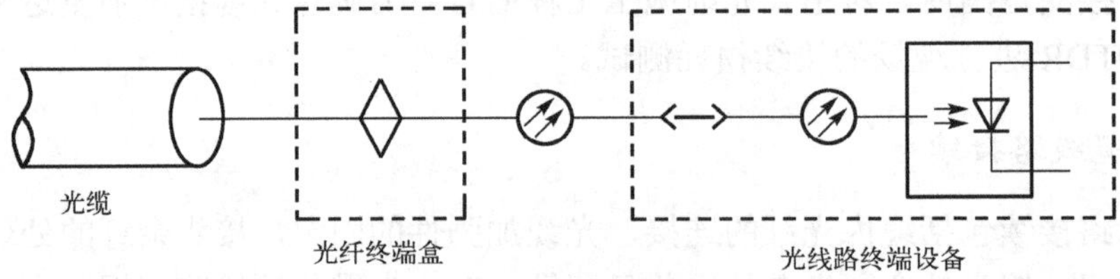

图 5-7　T-BOX 直接终端方式

(2)ODF 终端方式。ODF 终端方式是将光缆线路的光纤与一头带连接器插件的尾纤在 ODF 的 ODP 内做固定连接，尾纤插头按光缆的纤芯编号对应地插接至 ODP 的适配器(俗称法兰盘)内，再将光纤用双头连接器(光纤跳线)与光端机相连，如图 5-8 所示。

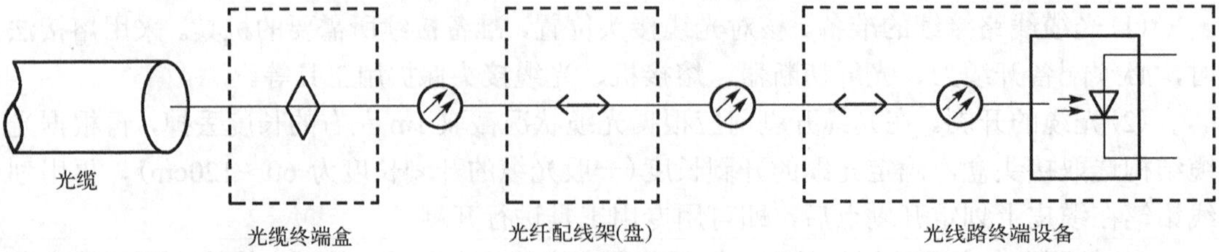

图 5-8　ODF 终端方式

5.4 光缆线路竣工测试和验收

光缆线路测试严谨地划分为单盘测试、竣工测试与维护测试三个阶段。单盘测试是在光缆敷设前对单盘光缆进行全面检测；竣工测试于光缆线路施工完毕后进行，以验证其施工质量；而维护测试则是在光缆线路运营期间，对其工作状态进行评估，包括但不限于故障位置与原因的判定。尽管这三种测试阶段与目的各异，但它们所依据的测试内容及原理均保持高度一致。

本节将重点阐述光缆线路工程的竣工测试。竣工测试旨在向建设单位提供光缆线路光电特性的详尽数据，以供日后维护工作的参考。单盘测试和竣工测试的主要项目已列于表 5-11。

表 5-11 单盘测试和竣工测试项目

单盘测试项目		竣工测试项目	
光特性	电特性	光特性	电特性
单盘光缆损耗	单盘直流特性	中继段光缆损耗	中继段直流特性
单盘光缆长度	单盘绝缘特性	中继段光缆长度	中继段绝缘特性
单盘光缆后向散射曲线	单盘耐压特性	中继段光缆后向散射曲线	中继段耐压特性
—	—	中继段光缆偏振模色散	中继段接地特性

5.4.1 光缆线路竣工测试

1. 光特性的竣工测试

对于单波长光纤通信系统，其光缆的光特性测试主要有中继段光纤损耗测试、光纤的后向散射曲线测试、光纤接头损耗测试和光纤长度测试。对于 DWDM 光纤通信系统，光特性测试需增加光纤偏振模色散系数(polarization mode dispersion coefficient，PMD_C)测试。

中继段光纤损耗是指中继段两端的 ODF 外侧连接插件之间的损耗，它含有光纤的损耗、固定接头损耗和活动接头损耗，如图 5-9 所示。在竣工测试时，一般测量光缆成端后(即接上尾纤后)各条光纤的传输损耗。

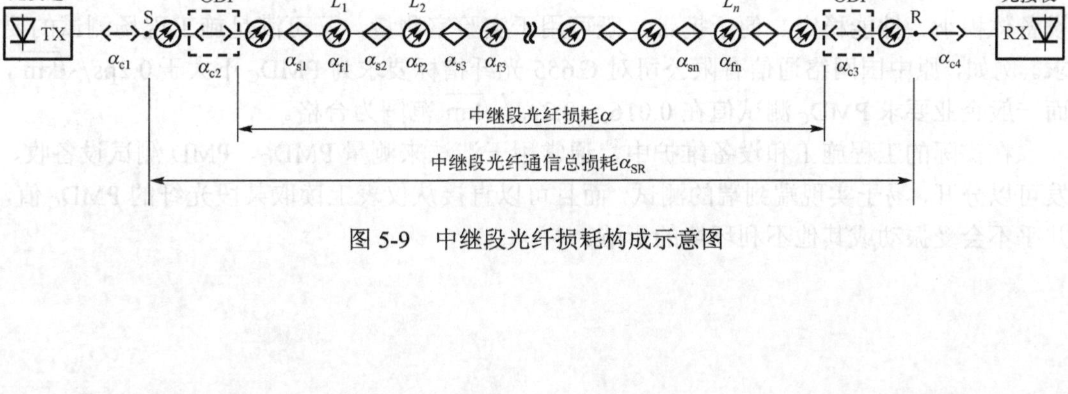

图 5-9 中继段光纤损耗构成示意图

1）中继段光缆损耗测试

用光功率计分别测试光源的发射功率（经过一段 3m 左右的短光纤连接），再测试光源经过被测光缆线路后的功率，二者相减就可以获得被测线路的损耗。

另一种方法是 OTDR 法，又称为后向散射法。OTDR 法是一种非破坏性测试方法，其测试精度、可靠性主要受仪表精度和耦合的影响，比较适合工程测试。根据后向散射曲线可以对光缆线路长度、衰减分布、接头损耗等情况进行观察。光缆线路的使用寿命一般在 20 年以上，对维护、检修具有很好的参考作用，当发生光纤故障时，对照原始曲线，可以做出正确判断。如图 5-10 所示，OTDR 可以测试光纤线路上可能出现的各种类型的事件（如光纤的活接头、机械接点与裂缝点等引起的损耗与反射）的后向散射曲线。

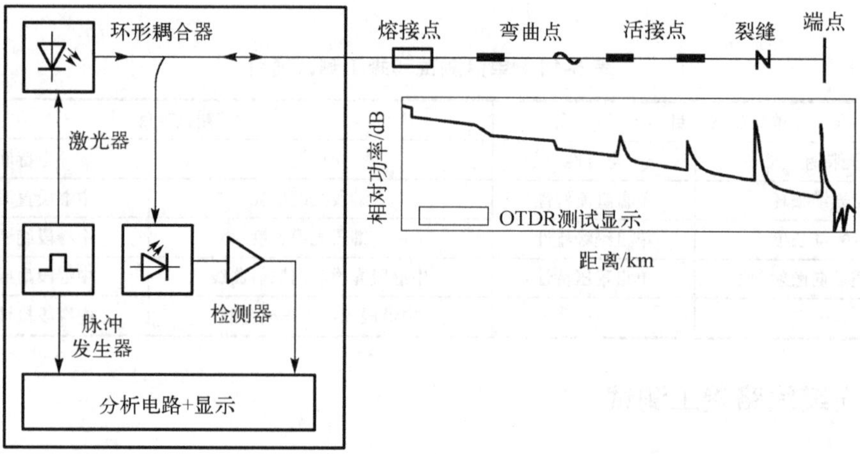

图 5-10　OTDR 测试示意图

2）中继段光缆长度测试

光缆长度测试过程中，必须确保光纤折射率的准确输入，以保证测量结果的精确性。随后，根据不同光缆型号所对应的换算公式，进行计算以得出光缆的实际长度。此项测试对于确定中继段长度，进而在线路维护中准确判断故障位置，具有极其重要的应用价值。

3）光纤偏振模色散系数测试

PMD_C 测试可用 PMD-B 便携式偏振模色散测试仪，并采用标准 TIA/EIA FOTP-124 以及 IEC-61941 中的迈克尔逊干涉法测试原理。这种方法的优点是测试快速精确、测试设备体积小、性能稳定、便于携带，既可用于实验室测量，又可满足施工现场测试的要求。例如，原中国网络通信有限公司对 G.655 光纤指标要求为 PMD_C 不大于 $0.2\text{ps}/\sqrt{\text{km}}$，而一般企业要求 PMD_C 测试值在 $0.016\sim0.2\text{ps}/\sqrt{\text{km}}$ 范围为合格。

在实际的工程施工和设备维护中，通常用干涉法来测量 PMD_C。PMD 测试设备收、发可以分开，易于实现端到端的测试，而且可以直接从仪表上读取某段光纤的 PMD_C 值，几乎不会受振动或其他不利环境的影响。

2. 电特性的竣工测试

目前，多数光缆构造中均包含金属加强芯及防潮层，旨在确保光缆的稳定性和耐久性。此外，少数特定光缆中还设有金属铜导线，主要用于业务信号的传输以及中继器的供电。在光缆竣工之际，为确保其性能与安全性，必须对光缆内的金属加强芯或金属铜导线的电特性进行全面测试。

测试项目主要包括以下几项：首先，对光缆中的铜导线进行直流电阻测试，以评估其导电性能；其次，对铜导线进行绝缘电阻测试，确保其具备良好的绝缘性能；然后，对铜导线进行绝缘强度测试，以验证其在高电压下的绝缘安全性；此外，还需对光缆护层进行绝缘电阻测试，以保障光缆外部防护层的绝缘效果；最后，进行光缆护层的绝缘强度测试，以确保其在极端条件下的绝缘可靠性。

3. 中继站接地线电阻的测试

地线作为电气系统中的重要组成部分，其核心功能在于防雷击并确保线路运行安全。为确保接地装置在各种应用场景下均能有效工作，各类接地装置必须满足既定的接地电阻标准。接地电阻的具体数值可通过专业的接地电阻测量仪进行精确测定。

接地电阻测量仪是一款集成手摇发电机、电流互感器、滑线电阻及检流计等核心组件的精密仪器，同时配备接地探测针和连接导线等辅助设备，以确保测量的准确性和可靠性。

5.4.2 光缆线路竣工验收

光缆线路竣工验收流程涵盖了随工验收、线路初步验收以及最终的竣工验收环节，其中对施工单位而言，重点在于随工验收和线路初步验收。验收工作是一项至关重要的程序，由工程主管部门、设计单位、施工单位等多方共同参与并协作完成。

工程验收主要依据《邮电基本建设工程竣工验收办法》和《电信网光纤数字传输系统工程施工及验收暂行技术规定》两项指导性文件，并结合经上级主管部门审批通过的设计任务书、初步设计或技术设计、施工图设计等文件，以及相关的补充文件进行。具体流程和要求不做陈述。

5.5 核心网光缆通信工程设计

核心网光缆通信工程设计主要包括两大部分：一是核心网光纤通信系统工程设计，这涉及核心网或接入网的构建；二是核心网光缆线路工程设计，涵盖线路勘察、传输设备配置及安装工程等关键步骤。这两大部分是省际网、省市之间网及本地网等光缆线路工程的重要组成。从传统的电话通信网络架构出发，核心网与接入网的划分如图5-11所示，提供了清晰的网络布局和规划依据。

因为光纤通信系统工程设计和光缆线路工程设计具有关联性，因此在介绍核心网、接入网光缆线路工程设计时，也对相关通信系统设计所需考虑因素进行简要介绍。

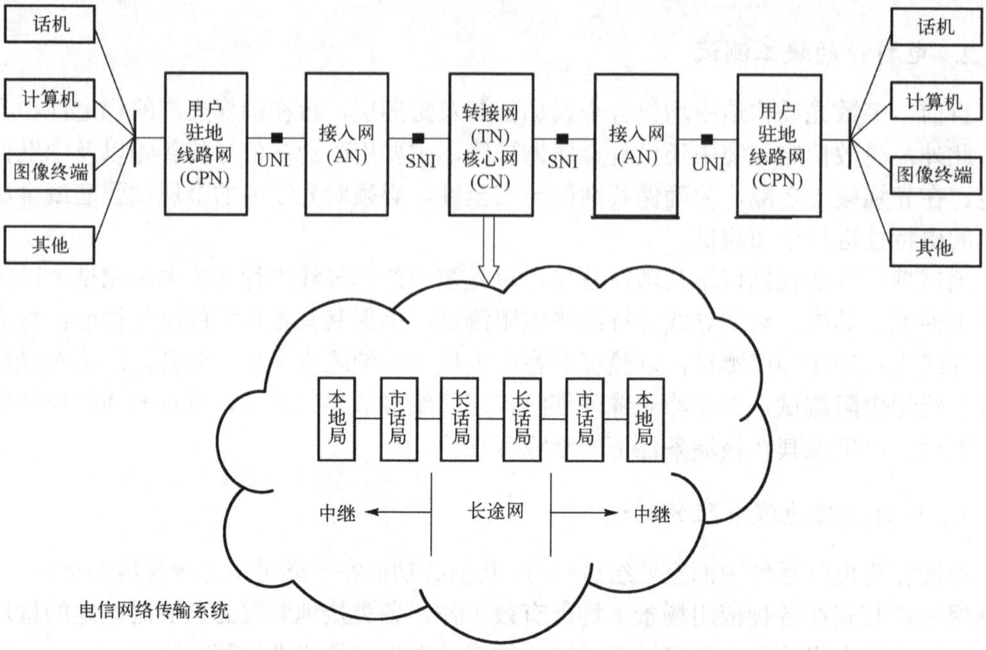

图 5-11　电话通信网络的核心网和接入网划分示意图

核心网的光缆线路设计明确以业务节点接口(service node interface，SNI)为界限，涵盖除了 SNI 至用户网络接口(user network interface，UNI)之间光缆线路以外的所有线路，这包括省际、省市之间，以及城域和本地各类 SNI 之间的光缆中继线路。在核心网传输技术方面，常用的包括光同步数字体制网络(SDH)、分组传输网(PTN/ATN)、密集波分复用光传送网(OTN)等。接入网则由 SNI 与 UNI 之间的一系列传输实体构成，这些实体包括但不限于用户线、线路设备、传输设备和用户/网络接口设备等。本节将介绍核心网光缆线路工程设计，下一节介绍接入网光缆线路工程设计。

5.5.1　核心网光纤通信系统工程设计

核心网光纤通信系统工程设计旨在针对其中继段实施系统化的工程规划。系统设计过程中，严格遵循行业规范与标准，运用先进且经市场验证的成熟技术。在决策过程中，需要综合考虑地区的发展蓝图、人口分布情况、现有资源分布以及系统的经济成本效益，以确保光缆、光器件及设备的选用既合理又经济。同时，明确规定系统的所有技术参数，以确保系统集成的实用性和高效性。

1. 系统设计原则

在系统设计时，不但需要符合国标、行业标准、技术规范的要求，还应尽量满足 ITU-T 的相关建议。在此基础上，无论新建还是改建系统，一般应遵循下列原则。

(1) 系统性能必须符合用户接入网、本地传输网及长途传输网光纤数字传输系统的技术要求。

(2)通用性强，能方便地与现有系统实现接口联网使用。专用通信网除内部系统实现接口联网使用外，还应考虑与公用通信网及其他专用通信网的接口联网使用，以增加通信组网的灵活性。

(3)功能完善，在技术上具有一定的先进性，以满足今后发展的需要。

(4)结构合理，施工、安装、维护方便。

(5)经济性好，投资效益高。

在规划过程中，应当全面考量最佳路由与局站布局、系统容量(包括传输速率)、传输距离、业务流量、投资预算以及未来发展的潜在性等多维度因素。基于这些考量，需审慎选择系统的传输体制、光缆型号及光电设备型号，以确保系统性能满足整体要求。

2. 系统设计的基本参数

1)确定系统的制式和速率等级

数字光纤传输体制有多种，作为光缆线路工程设计的介绍，本书着重于方法介绍，因此以SDH为基础进行介绍。20世纪90年代末期，SDH设备和DWDM系统设备已日趋成熟，并在通信网中大量使用。

在ITU-T的G.707建议中，对SDH速率等级做了明确规定，如表5-12所示。

表5-12 SDH速率等级标准

速率等级	名称	比特速率/(Mbit/s)
1	STM-1	155.520
4	STM-4	622.080
16	STM-16	2488.320
64	STM-64	9753.280

在系统设计时，将根据所需容量选择同步数字传输系列等级。一般大中城市市内中继系统选用STM-16；小城市及农话中继系统选用STM-1/ STM-4；长途干线光通信系统选用DWDM的32波分复用，即32×STM-16系统。DWDM系统的基础速率有n×2.5Gbit/s和n×10Gbit/s。

2)光纤通信的传输窗口及光纤选型

根据ITU-T对光纤的规范建议，系统设计者需根据系统特定条件和需求，审慎选择光纤类型及工作波长。当前可选光纤类型涵盖G.651～G.657。在数字光纤系统窗口，普遍应用的工作波长包括850nm、1310nm和1550nm。设计过程中，可参照表5-13所列的光接口指标应用代码进行选择。其中，I代表不超过2km的局内通信；S代表15km内的短距离局间通信；L代表40～80km的长距离局间通信。字母横杠后的首位数字，如1、4、16，分别对应STM-1、STM-4、STM-16速率等级；第二位数字(即小数点后数字)则明确指示工作波长和光纤类型，如“1”表示采用1310nm工作波长和G.652光纤类型，“2”表示1550nm工作波长和G.652或G.654光纤类型，“3”表示1550nm工作波长和G.653光纤类型，“5”则表示1550nm工作波长和G.655光纤类型。

通常DWDM的光通道的核心(骨干)网的光纤类型,应关注G.655和G.656光纤;SDH制式本地(城域)网的光纤类型应关注G.652和G.656光纤。

表5-13 光接口分类及其应用

应用		局内通信	局间通信		
			短距离	长距离	
光源标称波长/nm		1310	1310	1310	1550
光纤类型		G.651	G.652	G.652	G.652
传输距离/km*		≤0.5	≈15	≈40	≈80
STM等级	STM-1	I-1	S-1.1	L-1.1	L-1.2
	STM-4	I-4	S-4.1	L-4.1	L-4.2
	STM-16	I-16	S-16.1	L-16.1	L-16.2

注:*距离只用于分类,而不起规范作用。

3. 传输系统中继段距离的设计

光纤传输最长中继段距离主要由光纤衰减和色散决定。设计方式分为两种情况,第一种情况是衰减受限系统,即中继段距离根据S点和R点之间的光通道衰减决定,第二种情况是色散受限系统,即中继段距离根据S点和R点之间的光纤色散决定,如图5-12所示。

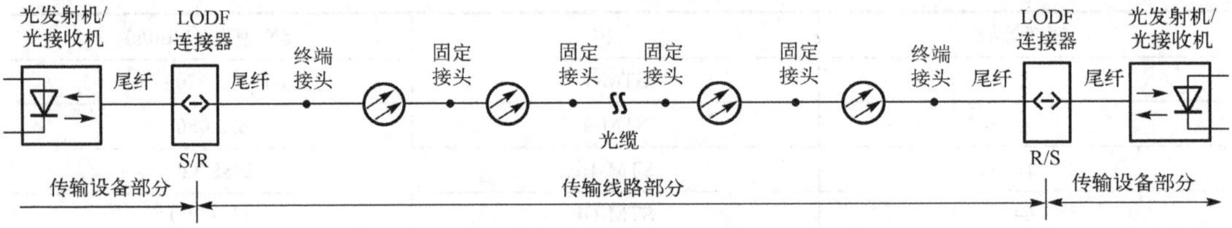

图5-12 光纤传输系统中继段距离示意图

1) SDH传输系统中继段距离的估算

(1) SDH系统衰减受限中继段距离估算。

衰减受限系统中继段距离可用式(5-2)估算:

$$L=\frac{P_S-P_r-P_P-M_e-\sum A_C}{A_f+A_S+M_c} \tag{5-2}$$

式中,L表示衰减受限中继段距离(km);P_S表示S点发送光功率(dBm);P_r表示R点接收灵敏度(dBm);P_P表示光通道功率代价(dB),即因反射、码间干扰、模分配噪声和激光器啁啾而产生的总退化,光通道功率代价不超过1dB,对于L-16.2系统,则不超过2dB;M_e表示设备富余度(dB),通常取3dB;$\sum A_C$表示S点和R点之间所有光纤活动连接器损耗之和,例如,对于ODF上的光纤连接器衰减,FC型连接器的平均衰减为0.8dB/个,PC型的平均衰减为0.5dB/个,A_C表示每个活动连接器损耗(dB/个);A_f表示光纤损耗系数(dB/km);A_S表示每千米光缆固定接头的衰减

(dB/km)，与光缆质量、熔接机性能、操作水平有关，设计中按平均值 0.05～0.08dB/km 取值；M_c 表示光缆富余度(dB/km)，是指光缆线路运行中的变动(如维护时附加接头或增加光缆长度等)，在一个中继段内，光缆总的富余度不应超过 5dB，设计中按 3～5dB 取值。

(2) SDH 系统色散受限中继段距离估算。

根据 ITU-T 建议，色散受限系统中继段距离可用式(5-3)估算：

$$L=\frac{\varepsilon\times10^6}{D\times\Delta\lambda\times B} \tag{5-3}$$

式中，L 为色散受限中继段距离(km)；ε 在光源为多纵模激光器时取 0.115，为单纵模激光器时取 0.306；B 为线路信号比特率(Mbit/s)；$\Delta\lambda$为光源的谱宽(nm)；D 为光纤色散系数(ps/(nm·km))。

注意：上述参数按标注单位带入数值计算得到的即为按 km 计量的中继段距离。

例 5-1　设计一个 STM-4 长途光纤通信系统，使用 G.652 光纤，工作波长选定 1310nm，相关系统参数：发送光功率 $P_S=-3.3$dBm，接收灵敏度 $P_r=-28$dBm，活动接器总损耗 $\sum A_C=2\times0.5$dB，光通道功率代价 $P_P=0.5$dB，光缆光纤损耗系数 $A_f=0.4$dB/km，光缆固定接头平均损耗 $A_S=0.06$dB/km，光缆富余度 $M_c=0.05$dB/km，设备富余度 $M_e=3$dB，系统采用单纵模光激光器，其谱宽 $D=3.2$ ps/(nm·km)，$\Delta\lambda=4$nm。试估计出该系统的最长中继段距离的值。

解　按式(5-2)可计算估计出该系统的中继段距离为

$$L=\frac{P_S-P_r-P_P-M_e-\sum A_C}{A_f+A_S+M_c}=\frac{-3.3-(-28)-0.5-3-2\times0.5}{0.4+0.06+0.05}=39.61(\text{km})$$

按式(5-3)可计算估计出该系统的中继段距离为

$$L=\frac{\varepsilon\times10^6}{D\times\Delta\lambda\times B}=\frac{0.306\times10^6}{3.2\times4\times622.080}=38.43(\text{km})$$

即实际最大中继距离为 38.43km。

2) DWDM 系统中继段距离估算

DWDM 系统的最大中继距离估算，遵循衰减受限与色散受限的双重条件进行估算。光终端复用器、光交叉连接、两光线路放大器(optical line amplifier，OLA)之间对应的光放段、中继段 SR，如图 5-13 所示，图中的 OLA 特指掺铒光纤放大器。在设计 DWDM 传输系统的中继距离时，必须依据光功率、色散及信噪比等关键参数的计算结果，确定光放大器的增益类型，并合理设定中继段内允许的光放段数量。

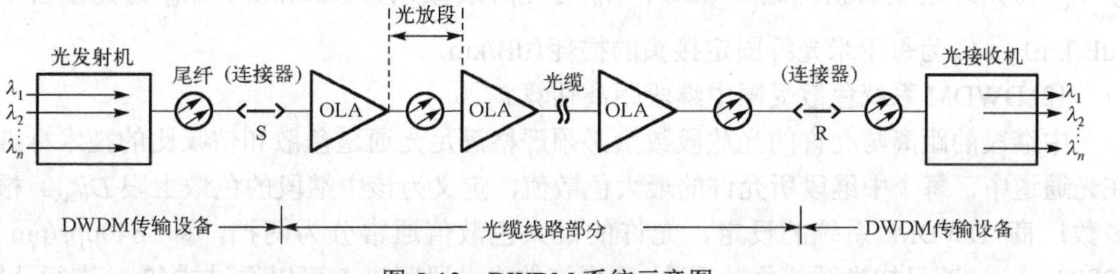

图 5-13　DWDM 系统示意图

(1) DWDM 系统衰减受限中继段距离估算。

首先讨论 DWDM 系统的光放段距离 L_A 估算。

DWDM 传输系统的光放段一般按等增益传输进行设计。以中继段为单元，中继段内各个光线路放大器均设计为等增益工作状态，各放大器的输出光功率均相同，其接收灵敏度也相同，若光放段的光缆损耗小于放大器的增益，则应用光衰减器进行调节。

光线路放大器的增益类型一般为 22dB、30dB、33dB 三种类型，根据光放大器的增益类型，通过光放段的光功率计算，按一个中继段内最多的光放段个数来选择。

光放段的长度一般按式(5-4)计算：

$$L_A = \frac{G - \sum A_C}{A_f + A_S + M_c} \tag{5-4}$$

式中，L_A 为光放段长度(km)；G 为光放大器增益(dB)；$\sum A_C$ 为光放段间光纤连接器损耗之和(dB)；A_f 为光纤衰减系数(dB/km)；A_S 为每千米光纤固定接头的损耗(dB/km)；M_c 为光缆富余度(dB/km)。

例 5-2 若某 G.652 单模光纤系统扩容改造为 DWDM 系统工程，工作波长采用 1550nm，实测光纤双向平均衰减系数 $A_f + A_S = 0.25$dB/km(含光纤固定接头损耗)，光缆富余度 $M_c = 0.04$dB/km，光纤连接器总损耗 $\sum A_C = 2\times0.5$dB。计算出放大器的增益与所对应的光放段的距离，如表 5-14 所示。

表 5-14 光放大器的增益与所对应的光放段的距离估算

光放大器的增益 G/dB	22	30	33
光放段长度估算 L_A/km	72	100	110

光放段的设置段数必须要和系统发 S、收 R 间的中继段距离进行权衡，总体来说，如果减少光线路放大器的增益，那么在光纤通信系统 S、R 间的传输中继段距离间增加光放段的段数是可行的。一般每个系统 S、R 之间可达 3 个 120 km 的光放段或 8 个 80 km 光放段的级联。通常以每个光放段的外部设备预算损耗值(dB)来对传输系统进行规范。例如，3 级联系统可表示为 3×33dB 系统，8 级联系统可表示为 8×22dB 系统。

DWDM 系统衰减受限中继段距离 L 估算，按式(5-5)计算：

$$L = \sum_{i=1}^{n} L_{Ai} = \sum_{i=1}^{n} \frac{G_i - \sum A_{Ci}}{A_{fi} + M_{ci} + A_{Si}} \tag{5-5}$$

式中，n 为 DWDM 系统光放段数量；L_{Ai} 为第 i 光放段的长度(km)；G_i 为放大器增益(dB)；$\sum A_{Ci}$ 为光纤连接器损耗之和(dB)；A_{fi} 为光纤衰减系数(dB/km)；M_{ci} 为光缆富余度(dB/km)；A_{Si} 为每千米光纤固定接头的损耗(dB/km)。

(2) DWDM 系统色散受限中继段距离估算。

中继段的距离与允许的光放段数量必须严格满足光通道色散和信噪比的技术标准。在光通道中，每个中继段所允许的最大色散值，定义为该中继段的色散上限 D_{max}。根据多数厂商 DWDM 系统的设定，允许的最大色散值通常分为两挡，即 6400ps/nm 和 12800ps/nm。若已知光纤的色散系数，则允许的中继段距离 L 可以通过式(5-6)进行计算。

计算得出的允许中继段距离如表 5-15 所示。

$$L = \frac{D_{max}}{D} \tag{5-6}$$

式中，L 为色散受限系统中继段距离(km)；D_{max} 为 S 点和 R 点之间允许的最大色散值(ps/nm)；D 为光纤色散系数(ps/(nm·km))。

表 5-15 色散系数与对应的中继段距离估算值(工作波长为 1550nm)

光纤类型	G.652		G.655	
光纤的色散系数 D/(ps/(nm·km))	20		6	
光通道允许的色散 D_{max}/(ps/nm)	6400	12800	6400	12800
中继段距离 L/km	320	640	1060	2133

在配置 DWDM 系统的中继段距离时，需确保光功率、光放大器的增益、光通道色散以及光信号的信噪比等关键参数均得到满足。同时，从传输系统整体性能的角度考虑，也需满足 SDH 系统对抖动与误码指标的相关规定。具体而言，中继段的误码率应严格控制在 1×10^{-12} 以下。

在 DWDM 系统中，中继段的信噪比的计算比较复杂，单波道的信噪比一般要求大于或等于 20dB(或 22 dB)。假如在单波道输出光功率 $P_0 = 7$dBm，光放大器噪声系数 $N_f = 8$dB，光放段增益 G 分别为 22dB、30dB、33dB 的情况下，光放段数量 N 可用式(5-7)计算：

$$N = 10^{\frac{58+P_0-N_f-G-\text{OSNR}}{10}} \tag{5-7}$$

式中，P_0 为单波道输出光功率(dBm)；N_f 为光放大器的噪声系数(dB)；G 为光放段增益(dB)；OSNR 为单波道信噪比(dB)；58 为综合系数，计算结果如表 5-16 所示。

表 5-16 光放段数量与对应的光放段增益估算值

单波道信噪比/dB	20			22		
光放段增益/dB	22	30	33	22	30	33
光放段数量/个	≥8	5	2	≥8	3	1

3) 高速光纤系统偏振模色散 PMD 受限中继段距离估算

当设计高速率光纤系统(如 DWDM 系统)时，其传输速率在 10Gbit/s 以上，光纤偏振模色散直接限制了系统传输速率或者中继段距离，可由式(5-8)得出：

$$L = \left(\frac{1}{10\text{PMD}_\text{C}\times B_\text{L}}\right)^2 \quad \text{或} \quad B_\text{L} = \frac{1}{10\text{PMD}_\text{C}\sqrt{L}} \tag{5-8}$$

式中，PMD_C 为偏振模色散系数($\text{s}/\sqrt{\text{km}}$)；B_L 为传输速率(bit/s)；L 为光纤中继距离(km)，如表 5-17 所示。

表 5-17 PMD_C 与传输速率和传输距离的关系

PMD_C/($\text{ps}/\sqrt{\text{km}}$)	2.5Gbit/s 的传输距离/km	10Gbit/s 的传输距离/km	40Gbit/s 的传输距离/km
3.0	178	11	<1
1.0	1600	100	6
0.5	6400	400	25
0.2	40000	2500	156

5.5.2 核心网光缆线路工程设计文件的编制

光缆线路工程设计的主要职责在于精准编制设计文件。此类设计文件应涵盖光纤通信系统工程设计文件与光缆线路工程设计文件，旨在将设计任务具体化，并有效集成用户需求分析、系统制式及容量确定、线路勘测与测量收集等关键信息。此外，设计文件的编制还需严格遵循相关设计规范、标准和技术要求，以充分体现设计者的专业指导思想和意图。该文件不仅是工程施工、安装建设的重要依据，也是确保项目顺利进行和质量的关键保障。因此，编制设计文件在整个工程设计中非常重要。

1. 设计文件的编制内容

设计文件由文件封面、文件扉页和文件内容组成。

文件封面含有工程名称、工程编号、建设单位、设计单位和证书编号，最后在设计单位上加盖公章。

文件扉页含有工程名称、院长姓名、院总工程师姓名、设计总负责人姓名、设计人姓名、预算审核人、编制人的姓名及证号。

设计文件的内容一般有文件目录，文件目录是在设计文件装订成册后为便于文件阅读而编排的。文件内容含有设计说明(包括光纤通信系统工程设计、光缆线路工程设计)，概算、预算编制说明，工程概算、预算编制依据及表格，设计图纸等，共4部分。

1)设计(或工程)说明

设计说明应详尽且全面地反映工程的总体概貌，涵盖设计依据、工程建设规模、系统工程设计、线路工程设计等关键要素。对于光缆的主要技术要求、光缆的敷设及预留、局内光缆的敷设、光缆的防护、光缆的测试等核心环节，应采用简练而精确的语言进行详细阐述。此外，还应包括主要工作量及其他必要说明，以确保设计说明的严谨性、完整性和准确性。

2)概算、预算编制说明

概算、预算编制说明主要包括工程概况、规模及概算、预算总价值，编制依据及采用的取费标准、特殊工程项目概算指标、施工定额的编制、计算方法的说明，投资及工程技术经济指标分析合理性及其他需要说明的问题。

3)概算、预算编制依据及表格

预算编制遵循中华人民共和国工信部通信[2016]451号《关于发布〈通信建设工程概算预算编制办法〉及相关定额的通知》，通信建设工程有预算定额和费用定额的规定，如自2017年5月1日起实施的《通信建设工程概算、预算编制办法》《通信建设工程费用定额》《通信建设工程施工机械、仪器仪表台班定额》《通信建设工程预算定额》等，还有国家发展计划委员会编著发表的《工程勘察设计收费标准(2018版)》《国家计委、建设部关于发布〈工程勘察设计收费管理规定〉的通知》《通信建设工程价款结算暂行办法》等规范可供参考。

目前，国内通信设备安装工程的概算、预算表格主要有以下5种。

(1) 工程概算、预算总表（表一）。

(2) 建筑安装工程费用概算、预算表（表二）。

(3) 建筑安装工程量概算、预算表（表三）甲；建筑安装工程机械使用费概算、预算表（表三）乙；建筑安装工程仪器仪表使用费概算、预算表（表三）丙。

(4) 国内器材概算、预算表（表四）甲（国内需安装的设备）；国内器材概算、预算表（表四）甲（主要材料）。

(5) 工程建设其他费用概算、预算表（表五）。

4) 设计图纸

在设计文件的编制过程中，图纸的实物标注需严格遵循专业符号和图形的标准形式进行呈现，如表 5-18 所示。光缆线路施工图纸作为施工图设计的核心组成部分，其作用是至关重要的，是指导施工的关键依据。施工图纸详尽地包含了路由信息、技术数据、主要说明等关键内容，鉴于不同工程项目的特性差异，其图纸的具体内容及数量也各不相同。因此，施工图纸的设计必须建立在详尽的现场勘察和资料搜集基础上，确保绘制的准确性和可靠性。

表 5-18 光缆线路常用图形符号

序号	名称	符号	序号	名称	符号	序号	名称	符号
1	终端点		19	地坝		37	防雷消弧线	
2	转接站		20	陡坡		38	防雷避雷针	
3	分路站		21	山、丘陵		39	电台、铁塔	
4	有人站		22	水塘、沼泽		40	光缆加固	
5	无人站		23	沙漠		41	铁管保护	
6	巡房		24	房屋或村镇		42	铺砖保护	
7	水线房		25	坟墓		43	标石和标记点	210
8	电缆充气站		26	城墙		44	埋式光缆	
9	铁路		27	桥梁		45	管道光缆	
10	火车站		28	水井		46	水底光缆	
11	公路		29	大树		47	光缆 S 弯余留	
12	大车路		30	树林		48	光缆余留	
13	小路		31	经济林		49	普通接头	
14	输电线		32	草地		50	地线接头	
15	通信线		33	稻田		51	加感接头	
16	其他地下管线		34	旱地		52	监测接头	
17	沟渠		35	盐碱地		53	分歧接头	
18	河流		36	防雷排流线		54	堵气接头	

设计文件除了涵盖上述核心内容外，还需附带承担该设计任务的设计单位资质证明、设计单位收费证明以及设计文件所分发的部门明细表，以确保设计文件的完整性和合规性。

2. 设计概算、预算的编制

1）概算、预算的基本概念

通信建设工程设计概算、预算是初步设计概算和施工图设计预算的统称。设计概算、预算实质上是工程造价的预期价格。如何控制和管理好工程项目设计概算、预算，是建设项目投资控制过程中的一个重要环节。

概算是指在初步设计阶段按照概算定额、概算指标或预算定额编制工程造价。概算造价分为建设项目总概算、单项工程概算和单位工程概算等。概算是用货币形式综合反映和确定建设项目从筹建至竣工验收的全部过程建设费用。

预算是指根据施工图算出的工作量，套用现行预算定额和费用定额规定的费率标准的计算方法。预算的组成一般包括工程费和工程建设其他费用。

修正概算是指在技术设计阶段按照概算定额、概算指标或预算定额编制工程造价，比概算更接近项目实际价格。

工程造价是指建设一项工程预期开支或实际开支的全部固定资产投资费用。

投资估算是指在项目建议书或可行性研究阶段，对拟建项目通过编制估算文件确定的项目总投资额。

合同价是指在施工招投标阶段，通过签订总承包合同、建筑安装承包合同、设备采购合同以及技术和咨询服务合同等方式所确定的价格，属于市场性质的成交价格，由承发包双方根据市场行情共同商定并认可。

最后，结算价则是工程结算时，依据不同的合同方式，对实际发生的工程量增减、设备及材料价差等进行调整后计算和确定的价格，它代表了该结算工程的实际价值。

2）建设工程定额的概念

建设项目在推进过程中，会历经多次的计价过程，而这一系列计价活动的核心依据便是建设工程定额。在工程项目的生产流程中，为确保某一单位合格产品的顺利完成，必然会涉及一定量的人工、材料、机具设备以及资金的投入。这些资源的消耗因技术水平、组织管理水平以及各类客观条件的影响，呈现出不同的消耗水平。为了实现对这些消耗水平的统一衡量，进而促进经营管理的便捷性和经济核算的准确性，制定并应用一个统一的平均消耗标准，即“定额”。

(1) 定额基本概念。定额是在一定的生产技术和劳动组织条件下，完成单位合格产品在人力、物力、财力的利用和消耗方面应当遵循的标准。它反映了行业在一定时期内的生产技术和管理水平，是企业搞好经济管理的前提，是进行经济核算和贯彻“按劳分配”原则的依据，它是管理科学中的一门重要学科，属于技术经济范畴，是实行科学管理的基础工作之一。

(2) 建设工程定额的分类。建设工程定额是一个综合概念，是工程建设中各类定额的总称。为了对建设工程定额能有一个全面的了解，可以按照不同的原则和方法对它进行科学的分类。

①按建设工程定额反映物质消耗内容分类。

劳动消耗定额是指完成一定的合格产品(工程实体或劳务)规定活劳动消耗的数量标准。其主要表现形式是时间定额，也同时表现为产量定额(物化劳动是指凝结在劳动对象中体现为劳动产品的人类劳动，活劳动是指物质资料的生产过程中劳动者的脑力和体力的消耗过程)。

材料消耗定额是指完成一定合格产品所需要消耗材料的数量标准。

机械(仪表)消耗定额是指完成一定的合格产品(工程实体或劳务)规定的施工机械(仪表)消耗的数量标准。其主要表现形式是时间定额，也同时表现为产量定额。我国是以机械仪表工作一个工作班(8小时)为计量单位，又称为机械仪表台班定额。

②按定额的编制程序和用途分类。

施工定额是指施工企业直接用于施工管理的一种定额。其内容有劳动定额、材料消耗定额、机械台班定额、仪表台班定额。

预算定额是指编制预算时使用的定额，这种定额按分项工程和结构构件的要求，以一定产品单位来规定劳动力、材料和机械的消耗数量。

需要说明的是，a. 预算定额里的预算价值以某地区的人工、材料、机械、仪表、台班预算单位为标准进行计算，是预算基价，供设计预算参考；b. 编制预算时如不能直接套用基价，应根据各地的预算单价和定额的工料机仪消耗标准编制估价表。

概算定额是指编制概算时使用的定额。其特点是项目划分较为粗略，缺乏预算定额的细致性和准确性。

投资估算指标是指在项目建议书、可行性研究阶段编制投资估算，计算投资需要量时的一种定额，主要为上级决策部门提供建设项目的估算投资额。

工期定额是指各类工程按规定的施工期限的标准天数。其内容是建设工期定额和施工工期定额。

③按主编单位和适用范围分类。

行业定额是指各行业主管部门根据其行业工程技术特点以及施工生产和管理水平编制，在本行业范围内使用的定额。其适用范围是本行业范围(如通信建设工程定额)。

地区性定额是由各省、自治区、直辖市主管部门考虑本地区特点而编制的。其适用范围是本地区范围。

企业定额(施工定额)只在本企业内部使用，是企业素质的一个标志。

临时定额是指随着设计、施工技术的发展，在现行各种定额不能满足需要的情况下，为了补充缺项由设计单位会同建设单位所编制的定额。

(3)定额项目表。定额项目表格式如表5-19所示。

3)概算、预算编制方法

通信建设工程概算与预算是指初步设计阶段的概算和施工图设计阶段的预算的统称，由具备通信建设相关专业资质的单位承担。从事概算、预算编制、审核及通信工程造价工作的人员，必须持有工业和信息化部颁发的“通信建设工程概算、预算人员资格证书”。

表 5-19　定额项目表

项目		内容
工作内容		描述完成合格产品所需的全部工序
定额编号		按统一编号原则编排的子目号
项目名称		分部分项工程名称
定额计量单位		子目录的计价单位
四大消耗内容	人工工日	完成施工项目的技工和普工工作时间
	主要材料	在工程中参与形成产品实体的各种材料
	机械台班	完成施工项目所需的机械工作时间
	仪表台班	完成施工项目所需的仪表工作时间

编制人员应遵循以下程序进行工作：首先，应全面收集相关资料，深入熟悉设计图纸，依据资料准确计算工程量；其次，根据通信工程中涉及的设备和器材及安装工程，准确套用定额，合理选用价格，细致计算各项费用；然后，对计算所得的费用进行复核，确保数据准确无误，撰写详细的编制说明；最后，经过严格审核后，方可确定。

(1) 概算、预算的作用。

初步设计概算和施工图设计预算是设计文件的重要组成部分，其主要作用如下。

①初步设计概算是筹备设备、材料和订货合同订立、工程价款结算的主要依据。

②初步设计概算是在工程招标承包制中确定标底的主要依据。

③初步设计概算是考核工程成本、确定工程造价和签订工程承、发包合同的依据。

④施工图预算是考核工程成本、确定工程造价的主要依据。

⑤施工图预算是签订工程承、发包合同的和工程价款结算的主要依据。

⑥施工图预算是考核施工图设计技术经济合理性的主要依据。

(2) 概算、预算文件的组成。

通信建设单项工程概算、预算项目总费用的组成如图 5-14 所示。每个单项工程应有单独的概算、预算文件。概算、预算文件由概算、预算编制说明和概算、预算总表格组成。

由图 5-14 所知，建筑安装工程费由直接费、间接费、计划利润和税金组成，这里只对建筑安装工程费编写所含细节做一些介绍。

①直接费。

直接费是指施工过程中耗用的构成工程实体和有助于工程实体形成的各项费用，包括人工费、材料费、机械使用费、仪表使用费。

a. 人工费。

人工费是指直接从事建筑安装工程施工的生产人员开支的各项费用，包括基本工资(发放给生产人员的岗位工资和技能工资)、工资性补贴(规定标准的物价补贴、煤和燃气补贴、交通费补贴、住房补贴、流动施工津贴等)、辅助工资(培训、探亲、病假期的工资)、职工福利费、劳动保护费。

通信建设工程人工费标准及计算规则不分专业和地区工资类别，综合确定人工费。人工费单价为技工费为 114 元/工日，普工费为 61 元/工日。

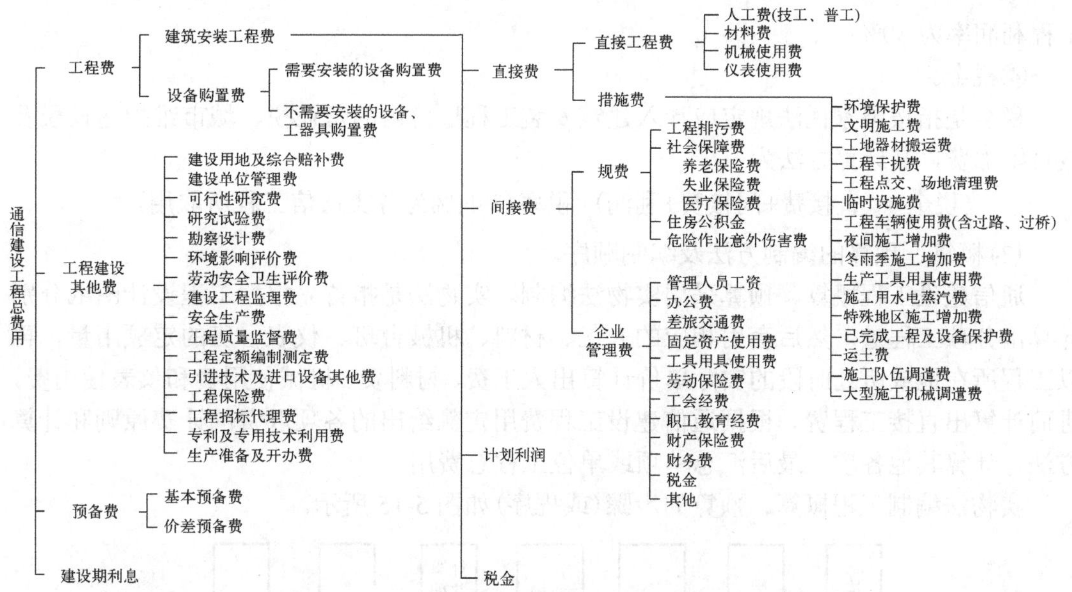

图 5-14 通信建设单项工程概算、预算项目总费用

工日是一种表示工作时间的计量单位，通常以 8 小时为一个标准工日，一个职工的劳动日，习惯上称为一个工日，无论职工在一个劳动日内实际工作时间的长短，都按一个工日计算。1个工日相当于 1 个工人工作 8 小时的劳动量。

例如，某项工作中，一个工人花了 20 天完成，那么这项工作的人工量是 20 个工日。

b. 材料费。

材料费是指施工过程中耗用的构成工程实体的原材料、辅助材料、构配件、零件、半成品的费用和周转使用材料的摊销(或租赁)费用，包括材料原价、材料运杂费、运输保险费、采购及保管费、采购代理服务费(委托中介采购代理服务的费用)、辅助材料费(对施工生产起辅助作用的材料)。材料费计费标准及计算规则为

材料费 = 主要材料费+辅助材料费

主要材料费 = 材料原价+材料运杂费+运输保险费+采购及保管费+采购代理服务费

式中，材料原价是供应价或供货地点的价格；材料运杂费 = 材料原价×材料运杂费费率；运输保险费 = 材料原价×保险费费率×0.1%；采购及保管费 = 材料原价×采购保管费费率；采购代理服务费按实计列；辅助材料费 = 主材费×辅助材料费费率。

②间接费。

a. 规费，政府和有关部门规定必须缴纳的费用简称“规费”。

b. 企业管理费，指施工企业组织施工生产和经营管理所需费用，其计算方法为

企业管理费 = 人工费×费率(线路工程费率为 30%，管道工程费率为 25%，设备安装工程费率为 30%)

③计划利润。

利润是指施工企业完成所承包工程获得的盈利，其计算方法为

利润 = 人工费×利润率(线路工程利润率为 30%，管道工程利润率为 25%，设备安装

工程利润率为30%)

④税金。

税金是指按国家税法规定应计入建筑安装工程造价内的营业税、城市维护建设税及教育附加费，其计算方法为

税金＝(直接费+间接费+利润)×税率(3.41%为各类通信工程所取用)

(3)概算、预算的编制方法及编制顺序。

通信建设工程概算、预算采用实物法编制。实物法是指首先根据工程设计图纸分别计算出分项工程量，然后套用相应的人工、材料、机械台班、仪表台班的定额用量，再以工程所在地或所处时段的实际单价计算出人工费、材料费、机械使用费和仪表使用费，进而计算出直接工程费。根据通信建设工程费用定额给出的各项取费的计费原则和计算方法，计算其他各项，最后汇总单项或单位工程总费用。

实物法编制工程概算、预算的步骤(或程序)如图5-15所示。

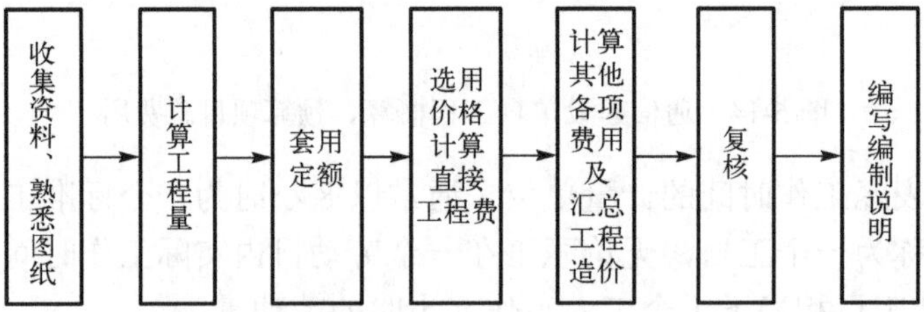

图5-15　实物法编制工程概算、预算的步骤

收集资料、熟悉图纸。在编制概算、预算前，针对工程具体情况和所编概算、预算内容收集有关资料，并对施工图进行一次全面详细的检查，查看图纸是否完整，明确设计意图，检查各部分尺寸是否有误，以及有无施工说明。

计算工程量。工程量计算是一项繁重而又十分细致的工作。工程量是编制概算、预算的基本数据，计算的准确与否直接影响到工程造价的准确度。

套用定额。在进行工程预算时，需精确计算人工、材料、机械台班以及仪表台班的用量。首先，确保工程量经过核对无误，方可依据相关定额进行套用。在套用相应定额时，需根据工程量的具体数值，分别乘以各子目所需的人工、主要材料、机械台班以及仪表台班的消耗量。通过这一步骤，可以精确计算出各分项工程的人工、主要材料、机械台班、仪表台班的用量。随后，将各分项的消耗量进行汇总，得出整个工程各类实物的总消耗量，以确保预算的准确性和可靠性。

选用价格计算直接工程费。将当时、当地或行业标准的实际单价乘以相应的人工、材料、机械台班、仪表台班的消耗量，计算出人工费、材料费、机械使用费、仪表使用费，并汇总得出直接工程费。

计算其他各项费用及汇总工程造价。严格遵循工程项目的费用构成，以及通信建设工程费用定额所规定的费率及计费基础。各项费用应逐一进行精确计算，随后汇总得出工程总造价。最终，需按照通信建设工程概算、预算编制办法所规定的表格形式，全面编制出完整的概算或预算表格，以确保数据的准确性和规范性。

复核。对上述表格内容进行全面检查，检查所列项目、工程量计算结果、套用定额、选用单价、取费标准以及计算数值等是否正确。

编写编制说明。复核无误后，进行对比、分析，写出编制说明。凡是概算、预算表格不能反映的一些事项以及编制中必须说明的问题，都应用文字表述出来，以供审批单位审查。

5.6 接入网光缆通信工程设计

接入网光缆通信工程设计同样包含两大核心组成部分：一是接入网光纤通信系统工程设计，具体涵盖接入网光纤通信系统的规划与设计；二是接入网光缆线路工程设计，这一环节涵盖了对线路的全面勘察、传输设备的合理配置以及相应的安装工程等关键步骤。

5.6.1 接入网光纤通信系统工程设计

宽带光纤接入系统工程设计主要聚焦于光纤接入网的架构设计，其传输结构涵盖FTTH、FTTO、FTTB、FTTC 等多种类型。

光纤接入网的核心特点在于其较小的网络覆盖半径，通常无须依赖中继器。然而，众多用户共享光纤资源，可能导致光功率或波长分配的问题出现，因此在特定情况下，可能需要引入光纤放大器进行功率补偿。此外，光纤接入网还需满足各类宽带业务的传输需求，确保传输质量上乘、可靠性高。

1. 接入网系统的基本构成

光纤接入网(OAN)系统组成如图 5-16 所示。OAN 系统基本网元设备，一般按用途可分为 OLT、ODN 和 ONU/ONT 等 3 种类型。

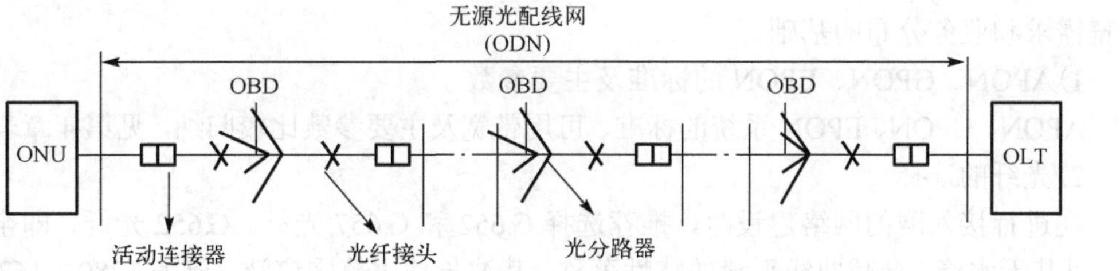

图 5-16 OAN 系统组成示意图

OLT 为光纤接入网提供网络侧与光配线网(ODN)之间的光接口，并经一个或多个 ODN 与用户侧的 ONU 进行通信，OLT 与 ONU 的关系是主从通信关系。OLT 可位于本地交换机的接口处，也可以安装在远端。OLT 提供必要的手段来传递不同的业务给 ONU 或 ONT。

ODN 位于 ONU 和 OLT 之间，为 ONU 和 OLT 提供以光纤为传输介质的物理连接，如图 5-16 所示，它是由无源光器件组成的无源光配线网，主要的无源光器件有单模光缆、光连接器、分光器(optical branching device，OBD)、光衰减器和光纤接头。

ODN 的架构由光缆和分光器组成，其连接形式主要为点到多点，即多个 ONU 通过 ODN 与一个 OLT 相连。在 ODN 的拓扑结构设计中，通常采用树形或星形结构，这种设计使得多个 ONU 能够共享同一光传输系统，从而实现了成本的节约。此外，在 ODN 的树形结构中，当需要时，可引入光纤放大器来增强光能量，以扩展传输距离和增加服务用户的数量，如图 5-17 所示。

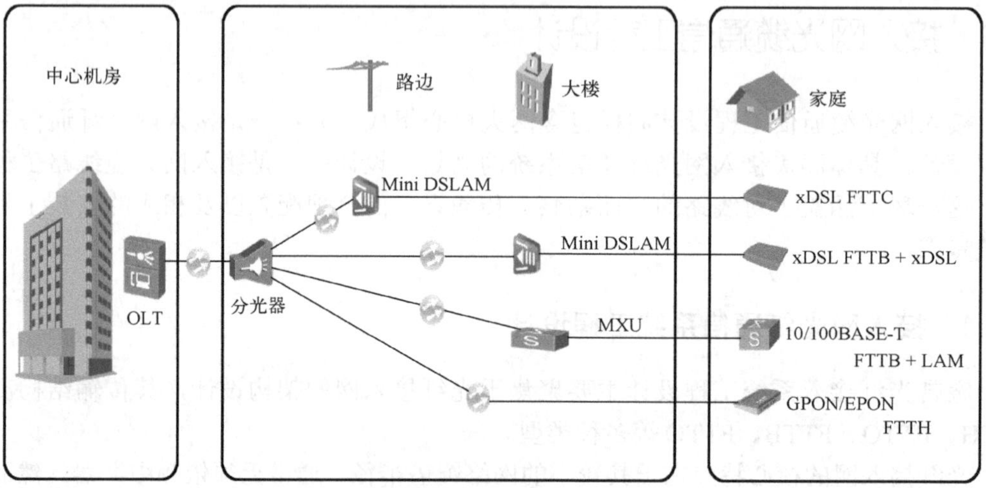

图 5-17 PON 应用示意图

ONU 作为连接 ODN 与用户终端的关键设备，其用户侧采用电接口，而网络侧则采用光接口，从而赋予了 ONU 光电和电光转换的核心功能。此外，ONU 还承担了对语音信号的数字化处理，复用、信令处理以及维护管理等重要职责。

2. 系统设计的基本参数

可以支持连接用户的数量多少建立在 xPON 系统的 PON 口可用带宽上，是典型业务带宽需求和业务分布的基础。

1) APON、GPON、EPON 的标准及主要参数

APON、GPON、EPON 系统的标准、可用带宽及主要参数比较归纳，见第 4 章表 4-4。

2) 光纤的选择

在进行接入网的网络建设时，推荐选择 G.652 和 G.657 光纤。G.652 光纤，即全波光纤，以其无水峰、衰减曲线平滑的特性著称，其波长使用范围广泛，覆盖 1280～1625nm，可支持高达 10Gbit/s 的 SDH 传输系统，同时兼容 CWDM 技术，显著提升光纤带宽利用率，满足多样化的通信业务需求。

G.657 光纤则以良好的弯曲性能为特点，其弯曲半径可低至常规 G.652 光纤的 1/4～1/2，其性能及应用环境与 G.652 光纤相似，主要工作波长包括 1310nm、1550nm 和 1625nm。该光纤更适宜于 FTTH 信息传输，尤其适用于室内或大楼等空间受限的场所。

接入网光纤的选择通常推荐 G.652 标准的通用单模光纤，但在某些特殊环境，如弯曲半径较小的地方，建议采用符合 ITU-T G.657 标准的“接入用弯曲不敏感单模光纤”，

以确保网络的稳定运行。

3. 传输系统接入线段距离的设计

在 ODN 设计过程中，须根据所选的 xPON 传送设备，对 ODN 覆盖区域内最远端用户的传输距离进行精确的估算，以确保设计方案满足既定的传输要求。通常依据 ODN 网络架构，采用最坏值法来预测 ODN 光通道损耗，并进一步推算出 ONU 与 OLT 之间用户线路中每段光纤长度的总估计值。以下以 EPON 设备为例进行详细阐述。EPON 系统目前配备有两种类型的 PON 口，其发射光功率和接收灵敏度的具体参数详见表 5-20。

表 5-20　EPON 的发射光功率和接收灵敏度

参数	1000BASE-PX10-Down	1000BASE-PX10-Up	1000BASE-PX20-Down	1000BASE-PX20-Up
平均发射功率(最大)/dBm	2	4	7	4
平均发射功率(最小)/dBm	−3	−1	2	−1
接收灵敏度(最大)/dBm	−24	−24	−27	−24

光纤用户接入链路参考模型如图 5-18 所示。光纤用户接入线路的距离估算是以衰减受限系统进行设计，即光纤用户接入线路距离长度根据 S 点和 R 点之间的光通道衰减决定。光通道衰减与采用的 PON 设备的 R-S 点允许衰耗、无源分光器总分路比、分路级数所造成的插入损耗、ODN 网中活接头的数量(与配线级数有关)等有关。

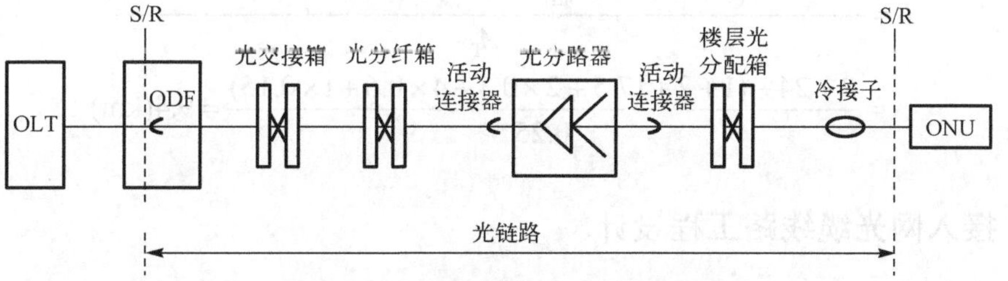

图 5-18　光纤用户接入链路参考模型

根据设定的 ODN 网络的实际情况，结合设计中选定的各种无源光器件的技术性能指标，计算用户接入线路距离长度，即 OLT 至 ONU 之间的传输距离中各段光纤长度总和估算 L，按式(5-9)考虑：

$$L=\frac{P_S-P_r-\left(P_P+M_{CC}+\sum_{i=1}^{m}A_{GF}+X\times A_{SS}+Y\times A_C+Z\times A_L\right)}{A_f} \tag{5-9}$$

式中，P_S 表示 S 点发送光功率(dBm)；P_r 表示 R 点接收灵敏度(dBm)；P_P 表示光通道功率代价，不超过 1dB；M_{CC} 表示光缆线路富余度(dB)，是指光缆线路运行中的变动(如维护时附加接头或增加光缆长度等)，当传输距离 ≤ 5km 时，M_{CC} 不小于 1dB，当传输距离 ≤ 10km 时，M_{CC} 不小于 2dB，当传输距离>10km 时，M_{CC} 不小于 3dB；$\sum_{i=1}^{m}A_{GF}$ 表示光线

路中 m 个分光器插入衰减的总和(dB)，例如，1:32 分光器的插损采用一级分光时取 17.5dB，二级分光时取 18dB，三级分光时取 18.5dB，ODF、光交接箱、光分纤箱和楼层光分配箱所带来插入衰减，可通过增加活动连接器的数量来提高衰减值；A_{SS} 表示光纤熔接接头的平均衰减(dB/个)，可取 0.3dB/个，X 为光纤线路中熔接接头数量；A_C 表示每个活动连接器的衰减(dB/个)，可取 0.6dB/个，Y 为光纤线路中活动连接器的数量；A_L 表示机械式光纤冷接子接头衰减(dB/个)，例如，冷接子双向平均衰减值可取 0.15dB/个，Z 为光线路中设计采用光纤冷接子的数量；A_f 表示光纤衰减系数(dB/km)，如 G.652 光纤，理论上可取 0.35dB/km(上行光波长为 1310nm)和 0.25dB/km(下行光波长为 1490nm)。

例 5-3 设计一个 EPON 光纤接入系统，其链路基本模型如图 5-18 所示，系统的速率为 1000BASE-PX10-Down(下行)，使用 G.652 光纤，平均发送最大光功率 $P_S = 2\text{dBm}$，接收灵敏度 $P_r = -24\text{dBm}$，用 P_P 表示光通道功率代价，不超过 1dB；M_{CC} 为 2dB，A_{SS} 取 0.3dB/个，X 为 2 个熔接头；Y 为 4 个活动连接器，$A_C = 0.6\text{dB/个}$；A_L 为 0.15dB/个，Z 为 1 个冷接子；A_f 取 0.25dB/km(下行光波长为 1490nm)；$\sum_{i=1}^{1} A_{GF}$ 表示 1 级 1∶32 分光器的插损，取 17.5dB，试估计出该系统接入段最长距离值。

解 按式(5-9)可计算估计出该系统的接入段距离 L 为

$$L = \frac{P_S - P_r - \left(P_P + M_{CC} + \sum_{i=1}^{m} A_{GF} + X \times A_{SS} + Y \times A_C + Z \times A_L\right)}{A_f}$$
$$= \frac{2 + 24 - (1 + 2 + 17.5 + 2 \times 0.3 + 4 \times 0.6 + 1 \times 0.15)}{0.25} = 9.4(\text{km})$$

5.6.2 接入网光缆线路工程设计

接入网光缆线路工程设计主要包括以下几个方面。

1. ODN 光缆线路设计

ODN 光缆线路由 OLT 至 ONU 之间的所有光缆和无源光器件(包括光配线架、光交接箱、光分线盒、分光器、光分歧接头盒、用户终端智能盒、光纤信息面板等)组成，ODN 网络是以树形结构为主，包括馈线段、配线段和入户段 3 个段落，以及段落之间的光分配点和光用户接入点，如图 5-19 所示。OLT 可以在中心局(或端局)，也可以延伸到光分配点(光分配点可安装在主干光节点、小区/路边或大楼)。ONU 可以在小区、路边或大楼、用户室内。

根据 ODN 的水平分段结构(馈线、配线和入户段)OLT 的设置位置，对于 FTTH 的应用，ODN 网的配线光缆段可以是 2、3 级配线，有时可以是 4 级配线。配线级数多，使用的活接头也会越多，将直接影响传输距离。

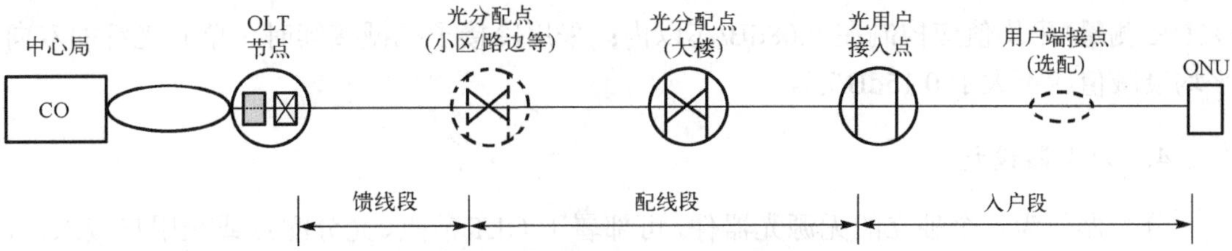

图 5-19　ODN 的光纤各段落组成(FTTH 系统光纤各段落)

2. 馈线光缆和配线光缆设计

在光通信网络建设中，对于馈线光缆和配线光缆的选型，推荐采用 G.652 光纤以确保通信质量。对于馈线光缆芯数的确定，应基于中远期发展的需求进行规划，而配线光缆的配置则应根据规划期末的预计需求进行设定。

在选择馈线光缆及配线光缆的线路路由时，必须严格遵守通信网发展规划的要求，并遵循城市建设主管部门的相关规定。在规划过程中，应充分考虑管道路由的实际情况和道路状况，确保光缆路由短捷、安全，且便于施工和维护。同时，光缆接入点应设置在集中区域，以便于管理和维护。在扩建光缆时，应优先考虑扩增不同道路的新路由，以提高网络覆盖的广度和深度。

在城区，光缆路由应采用管道路由敷设方式，以确保光缆的安全和稳定。在郊区，如果具备管道条件，也应采用管道敷设方式；在无管道的地段，可采用埋式加塑料管保护的方式，以保障光缆的安全运行。

在住宅区等光缆线路汇集点，如馈线光缆与配线光缆的交接处，应设置光缆交接箱，配线光缆应从交接箱中引出，以便于光缆的分配和管理。

当光缆交接箱位置设置在公共用地范围内时，必须获得主管部门的批准文件。若交接箱设置在用户院内或建筑物内，则应获得该单位的同意。在光缆交接箱内，馈线光缆与配线光缆的线序应保持一致，配线光缆的编号应按照光缆交接箱的列号和配线方向进行统一编排。此外，光缆交接箱的编号应与出局馈线光缆的编号相对应，或与本地线路资源管理系统保持一致，以确保网络资源的有效管理和利用。

3. 入户光缆设计

为确保住宅用户和一般企业用户获得稳定的网络连接，每户将配备双芯光纤。对于重要用户或特殊需求用户，应根据实际情况选择最适合的保护方案。

在入户光缆的选择上，推荐使用皮线光缆或其他合适的光缆类型。垂直方向的光缆建议在弱电竖井内通过光缆桥架或走线槽进行布置，而在无竖井的建筑物内，宜采用暗管方式进行敷设，水平方向的光缆敷设则可通过预埋钢管、不燃烧的硬质 PVC 管或线槽进行，应确保不形成 S 弯。入户光缆进入用户桌面或家庭时，可以选择接线盒或家庭综合信息箱作为终结方式，并在设计时尽量在土建施工阶段预埋在墙体内。

在入户光缆的接续方面，推荐采用热熔接方式，对于皮线光缆，特别是在单个用户安装且不具备熔接条件时，可采用冷接子机械接续方式。单芯光纤双向熔接的衰减(通过

OTDR 测量)平均值应控制在 0.08dB/芯以内；采用冷接子机械接续时，单芯光纤的双向平均衰减值应不大于 0.15dB/芯。

4. 分光器设计

分光器作为一个独立的无源光器件，可部署于 OLT 节点、光分配点或光用户接入点，如图 5-20 所示。在不同位置设置各种分路比的无源分光器，形成不同的分光方式，也就决定了 ODN 网的逻辑结构。分路级数则可根据需求灵活选择，一般采用一级或二级分光。分光级数和分路比的设置，应基于 FTTx 用户的实际需求和分布情况确定。

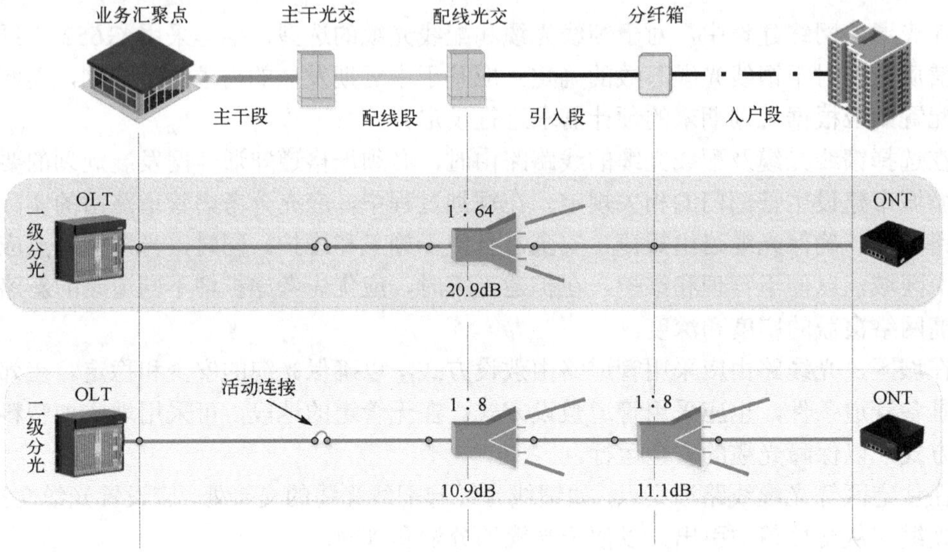

图 5-20 一级、二级分光示意图

5. 光纤光缆、分光器的选择

1)光纤光缆选择

接入网光纤以采用 G.652 标准的通用单模光纤为主，但安装在恶劣(弯曲半径较小的地方)环境，可采用 ITU-T G.657 标准的“接入用弯曲不敏感单模光纤”的光纤。

室外光缆的选择，如直埋光缆、架空光缆、管道光缆、水底光缆，宜选用光缆结构与核心网选择的一致。

室内“垂直布线光缆”配线的选择，宜选用 GJFJZY(非金属加强构件、紧套光纤、阻燃式、聚乙烯护套室内光缆)、GJFJBZY(非金属加强构件、紧套光纤、扁型、阻燃式、聚乙烯护套室内光缆)、GJFZY(非金属加强构件、松套光纤、阻燃式、聚乙烯护套室内光缆)、GJFBZY(非金属加强构件、松套光纤、扁型、阻燃式、聚乙烯护套室内光缆)、GJFXZY(非金属加强构件、中心束管光纤、阻燃式、聚乙烯护套室内光缆)、GJXZY(金属加强构件、中心束管光纤、阻燃式、聚乙烯护套室内光缆)等型号的室内光缆。

室内“水平布线光缆”配线的选择，可根据需要选用 GJFJV(非金属加强构件、紧套光纤、聚氯乙烯护套的室内光缆)、GJFV(非金属加强构件、松套光纤、聚氯乙烯护套的室内光缆)、GJFJZY、GJFZY、GJFJBZY、GJFJBV(非金属加强构件、紧套光纤、扁型、聚氯乙烯护套的室内光缆)、GJFBV(非金属加强构件、松套光纤、扁型、聚氯乙烯护套的室内光缆)、GJFXV(非金属加强构件、中心束管光纤、聚氯乙烯护套的室内光缆)等型号的室内光缆。

设备互连线可根据需要选用 GJFJV、GJFJU(非金属加强构件、紧套光纤、聚氨酯护套室内光缆)、GJFJBV、GJFJBU(非金属加强构件、紧套光纤、扁型、聚氨酯护套室内光缆)等型号的光缆。

2) 分光器选择

分光器，或称为光分路耦合器，其类型选择主要包括熔融拉锥(fused biconical taper，FBT)型与平面波导(planar lightwave circuit，PLC)型两大类别。在分光器的比选中，PLC 型展现出更宽的带宽特性，其带宽范围覆盖 1260～1610nm，足以满足基于 PON 技术的 FTTH 网络中 1310nm、1490nm 及 1550nm 三个关键波长的应用需求。而在选用 FBT 型时，建议优先选择单模光纤双窗口树形宽带分光器，其在 1310nm 和 1550nm 处的带宽应至少达到±40nm。尽管 FBT 型的均匀性略逊于 PLC 型，但其成本较低，因此在选择时需综合考虑价格因素。

对于等光分配与不等光分配的光分路耦合器，其选择主要依据电信用户的分布特性。由于电信用户通常呈现平面形分布，因此等光分配的分路耦合器更为适宜，因为它能够简化系统设计，减少设备种类，从而便于施工与维护。然而，在特定情况下，如高速公路沿线用户呈现线形分布时，也可根据需求选择不等光分配的光分路耦合器。

光分路耦合器的分路比选择则应根据 PON 的结构类别进行确定。一般来说，采用大分路比光分路器(如 1/32、1/64)可能更具经济效益。

5.6.3 接入网光缆线路工程设计文件的编制内容

设计文件由文件封面、文件扉页、工程信息表和文件内容组成。

文件封面含有工程名称、设计编号、建设单位、设计单位、证书编号和勘察证号，最后在设计单位上加盖公章。

文件扉页含有工程名称、主管、总工程师、设计总负责人、单项设计负责人、设计人、审核人、预算编制人及证号【通信(概)字】。

工程信息表含有工程规模、经济指标、工程费用和主要工作量信息。

设计文件的内容一般有文件目录，文件目录是在设计文件装订成册后为便于文件阅读而编排的。文件内容主要包括设计说明、需求分析、系统设计、线路工程设计(包含工程预算和线路设计图纸)等部分。具体内容与 5.5.2 节相似，可以参考相关标准，不再赘述。

习 题 五

1. 大中型光缆线路工程的建设程序分哪几个步骤？各步骤的主要任务是什么？
2. 设计文件是由哪几部分组成的？设计文件的编制内容是什么？
3. 光纤通信系统设计的基本要点有哪些？

4．光纤传输中继段距离主要由哪些因素决定？

5．光缆线路路由的选择有哪些具体要求？

6．损耗受限系统、色散受限系统的含义是什么？

7．已知激光器的工作波长为1550nm，信息速率为STM-16等级，光纤为G.652的数字光纤传输系统的参数如下：发送功率为–3dBm；光通道功率代价 $P_P = 1dB$；接收机灵敏度为0.1μW；光缆每盘长度为2km；光纤活动接头损耗为1dB/个；光纤固定接头损耗为0.2dB/个；激光器的谱宽为0.5nm；光缆富余度为0.01dB/km；设备富余度为5dB。试估算其最大传输中继段长。

8．设计一个光纤通信系统，并用数学表达式表示出最大无中继距离主要受哪些因素的影响，并说明各影响因素的含义，以及如何改进其影响因素使无中继的距离延长。

9．已知放大器增益 G 分别为22dB、30dB、33dB，光纤连接器损耗之和 $\sum A_C = 1.6dB$、光纤为G.652，其衰减系数 A(dB/km)可查表获得、光缆富余度 $M_c = 0.01dB/km$；每千米光纤固定接头的损耗 $A_S = 0.06dB/km$。求：各种光放段增益时第 i 光放段的长度 L_A(km)。

10．光缆接续和敷设的预留长度有哪些规定？工程设计时光缆线路的防护考虑因素是什么？

11．编制通信建设工程的定额及概算、预算有什么意义和作用？

12．光缆有几种主要敷设方式？各有什么特点？

13．核心网和接入网采用什么类型的光纤？为什么？

14．分小组开展某城市到另一城市核心网光缆线路工程设计。

15．分小组开展某小区、某园区、某CBD的接入网工程设计。

第 6 章 全光传送网

微课视频

6.1 OTN 的发展历程

随着业务接入侧带宽需求的持续增长，光传送网不断向前发展。以上网带宽为例，20 世纪 90 年代，人们只能通过综合业务数字网（integrated service digital network，ISDN）上网，单路用户接入带宽仅为 64kbit/s 或 128kbit/s。后来，非对称数字用户线路（asymmetric digital subscriber line，ADSL）出现，使接入带宽提升至 Mbit/s 量级。如今家庭宽带已迈入光纤接入时代，10G 无源光网络（PON）技术可支持单路用户带宽达到 500Mbit/s 甚至 1000Mbit/s。展望未来，家庭接入领域正着手研究更先进的技术，以满足更高的带宽接入需求。过去 20 余年，移动通信技术从 2G 逐步演进到 5G，日常通信方式也从简单的手机短信收发发展到视频互动等多元化业务。不同阶段的业务对传输距离、调度能力等有着不同的要求。因此，光传送技术不断升级换代，呈现出明显的代际演进特征。经过几代技术的更迭，目前已迈入第五代固定网络（the 5th generation fixed network，F5G）时代。

第一代光传送系统为多模系统。20 世纪 70 年代末至 80 年代初，全球重点研发大芯径、大数值孔径的多模光纤。相比单模光纤，其芯径更粗、数值孔径更大，可耦合更高光源功率。然而，多模光纤中存在数百种传输模式，各模式传播常数与群速率不同，导致带宽较窄、色散严重、损耗较高，仅适用小容量中短距离传输，早期用于局间中继，成为光通信体系演进的初始形态。

第二代光传送系统为 PDH。PDH 作为数字通信初期的传输标准，主要服务于语音业务需求。PDH 设备在业务侧提供 2Mbit/s 或 1.5Mbit/s 的基群接口。尽管传输侧采用光接口处理，但早期存在标准不统一、接口不规范等问题。其中，欧洲、美国、日本采用不同标准：美国和日本使用 1.5Mbit/s 基群，而欧洲采用 2Mbit/s 基群，各厂商光接口无法互通。此外，PDH 光接口传输能力有限，仅适合中低速率的点对点传输。随着 SDH 技术出现，PDH 逐步降级为末端光端机设备技术，并通过统一电接口标准实现厂商间互联。

第三代光传送系统为 SDH。从 20 世纪 90 年代开始，通过改善同步性能，SDH 设备首次提供了灵活的业务速率调度能力，如 2Mbit/s 容器 VC-12 和 140Mbit/s 容器 VC-4。

光传送网通过引入基于 SDH 的以太网（ethernet over SDH，EOS）技术，成功实现了以太网业务的高效承载，推动业务接口向以太网转型。这一演进使光传送网从最初仅支持点到点传输，发展为具备网络化组网和智能保护能力的综合传送体系。凭借其技术优势，SDH 长期占据传送网技术的主导地位，截至 2020 年，全球运营商仍部署数十万套 SDH 设备。尽管当前 SDH 设备已进入技术生命周期末期，但其在电信运营商网络演进中发挥的基础性作用仍具有不可替代的历史价值。

第四代光传送系统采用波分复用技术，并且支持新的光通道数据单元 ODU*k* 容器的上下路和穿通调度。技术发展初期，WDM 系统主要用于点对点长距离传输，而网络调度仍由 SDH 电层实现。当条件允许且有业务需求时，光分插复用器设备能够在网络中间节点实现全波长上下路调度，这样避免了昂贵的光电转换过程，有效降低了建网成本并提升了网络灵活性和传送效率。随着 SDH 设备逐步退出市场，单依靠光层波长调度的方式已难以满足多速率的业务需求，OTN 电层调度技术应运而生。OTN 技术采用分层设计理念：在光层实现波长复用与解复用功能；通过分插复用器节点完成波长级调度；在电层则实现 ODU*k* 容器的上下路和穿通调度。这种电层调度方式使得 OTN 不仅继承了 SDH 的灵活调度特性，也实现了更大颗粒带宽的传送。

第五代光传送系统采用可重构光分插复用器(ROADM)和光交叉连接(OXC)技术，并且支持100Gbit/s或200Gbit/s的单波长传输速率和新的光通道业务单元(optical service unit, OSU)容器的上下路和穿通调度。光传送技术为突破大容量节点瓶颈实现重大创新：ROADM 与 OXC 技术的创新突破再次推动光传送技术跨越式发展。单波长传输速率已突破 100Gbit/s，正向 200Gbit/s 及更高速率演进。光层调度方面，ROADM 通过波长级交叉实现大颗粒带宽调度，相比电层再生处理具有显著能效优势，满足绿色节能需求。2018 年全球首款 OXC 形态商用集中式光交叉设备问世，标志着 ROADM 设备形态进入新阶段。OTN 电层技术通过支持 10Mbit/s 至 100Gbit/s 以上的多级业务带宽，可灵活适配各类专线业务的硬管道连接需求，实现精细化业务承载。这种光层与电层协同的技术架构，既解决了传统电层调度面临的功耗与成本挑战，又构建了全颗粒、高效率的智能传输体系。

6.2 OTN 光层调度技术

随着 5G、4K/8K 视频、大数据、移动互联网等数据业务呈现爆发式增长，电信运营商正迈向划时代的转型阶段。光网络作为基础承载网络，需具备更高灵活性与智能化功能，才能迅速适应网络拓扑和业务分布的变化，实现业务的灵活调度。当下，电交叉矩阵因器件、工艺和功耗要求，扩展性与未来节点容量需求差距较大，而光层交叉调度在功耗、成本和容量等方面优势突出。故而，为满足网络运维等需求，OTN 建设开始逐步采用以 ROADM 为代表的光层灵活组网技术，组网形式从简单的点对点网，向环网、多环相交拓扑网演进，最终形成网状网，具体演进过程如图 6-1 所示。

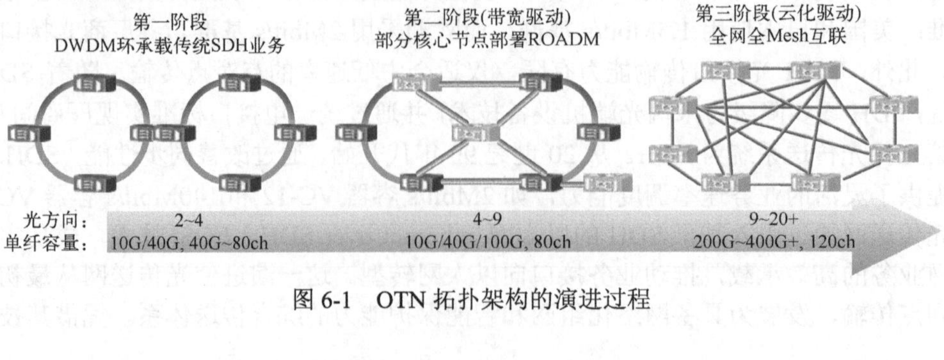

图 6-1 OTN 拓扑架构的演进过程

光层交叉调度伴随着网络拓扑架构的演进与发展，主要历经了三个阶段：①基于介质薄膜滤波器(thin-film filter，TFF)和波导阵列光栅(AWG)的固定光分插复用(fixed optical add-drop multiplexing，FOADM)；②基于波长选择开关(wavelength selective switch，WSS)的可重构光分插复用；③基于光背板技术的超大容量全光交叉，详细过程如图 6-2 所示。

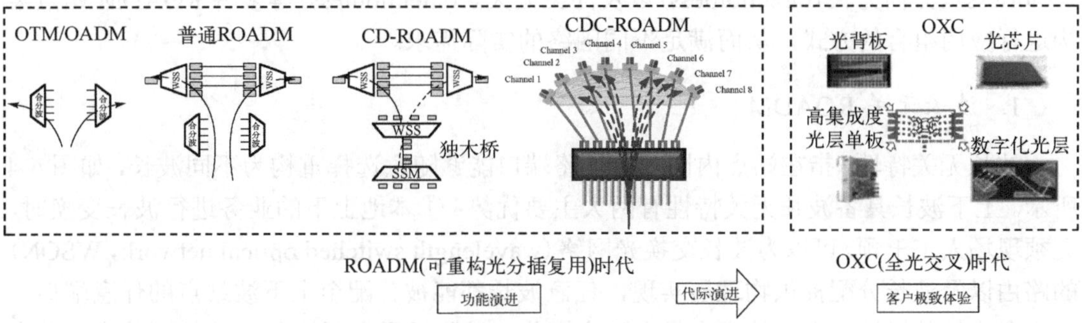

图 6-2 光层交叉调度的演进过程

6.2.1 固定光分插复用

FOADM 即固定波长上下路的合分波复用，无法对波长设定动态随意调整。按照实现的光器件技术来划分，可分为基于 TFF 技术的 FOADM 和基于 AWG 技术的 FOADM。基于 TFF 技术的 FOADM 一般仅支持少量(≤8)波长端口的上下波，借助单板/模块级联能够实现 16 波上下路和其他波长穿通。基于 AWG 技术的 FOADM 支持全波长上下路或穿通，通过跳接的形式，可对上下波和穿通波进行任意组合，如图 6-3 所示。

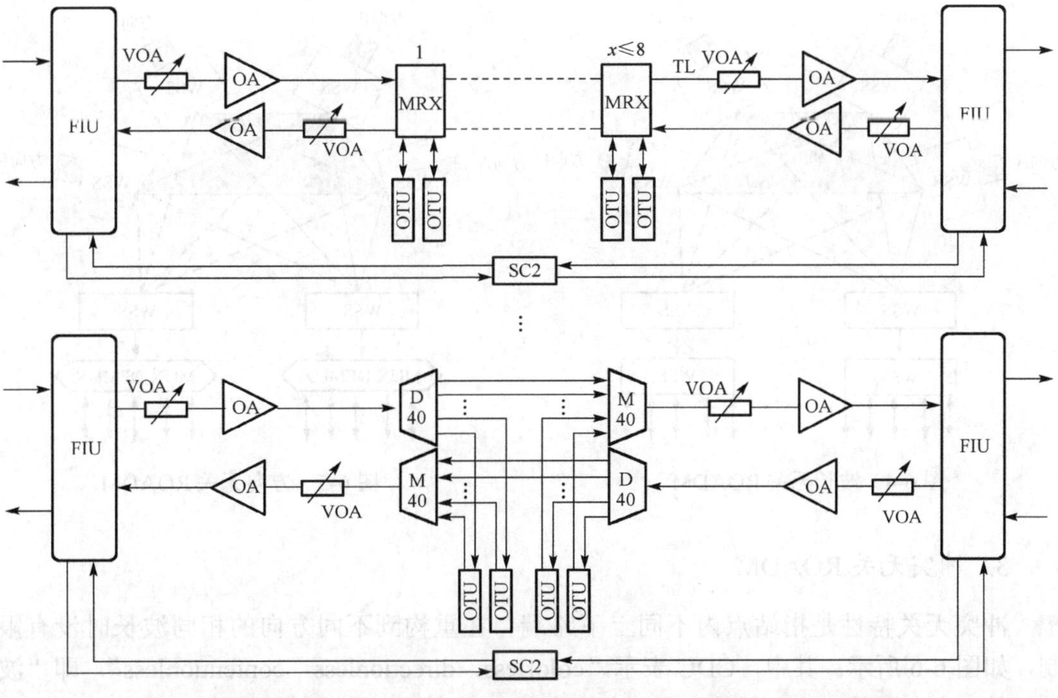

图 6-3 基于 TFF 技术的 FOADM 站点和基于 AWG 技术的 FOADM 站点

6.2.2 可重构光分插复用

基于 WSS 技术的 ROADM 能够达成波长级别的光交叉调度任务。借助将波长无关(colorless)、方向无关(directionless)以及冲突无关(contentionless)等多种 ROADM 站点架构进行应用组合的方式，从而满足不同网络的实际需求。

1. 波长无关 ROADM

波长无关特性，指在站点内同一上下路端口能够随意选择重构为不同波长，如图 6-4 所示。上下波长具备波长无关特性有两大主要优势：①本地上下的业务进行波长变换时，无须现场人工干预。可以为波长交换光网络(wavelength switched optical network，WSON)的路由以及波长分配提供物理层实现，任意波长都能被分配至上下波站点的任意端口，且完全由软件操控，无须技术人员在站点操作；②降低了在网格(mesh)组网的多维节点中，对同一方向业务进行规划的难度。对于一个需要进行业务多维调度的节点而言，可配置背靠背的 OTU，通过调谐端口波长来达成多维节点的业务调度。

2. 方向无关 ROADM

如图 6-5 可知，方向无关特性意味着站点内的同一个上下路端口能够被重构到不同的线路光方向。ROADM 站点的上下路拥有方向无关特性主要存在两大优势：①本地上下的业务在不同线路光方向之间进行切换时，无须现场人工干预，这能为自动交换光网络的保护恢复功能提供物理实现；②降低了对节点不同光方向业务的规划难度。

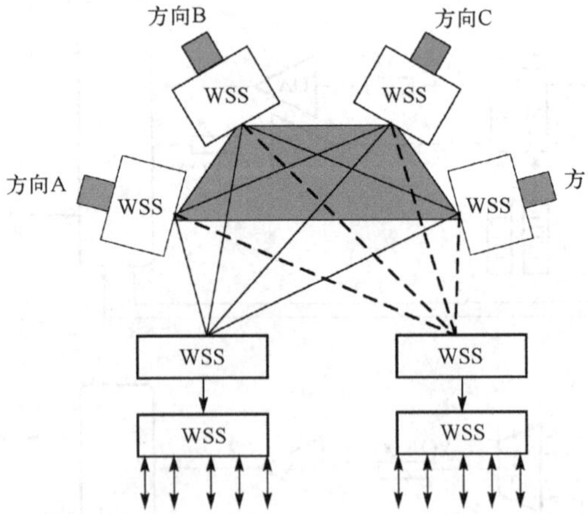

图 6-4 波长无关 ROADM

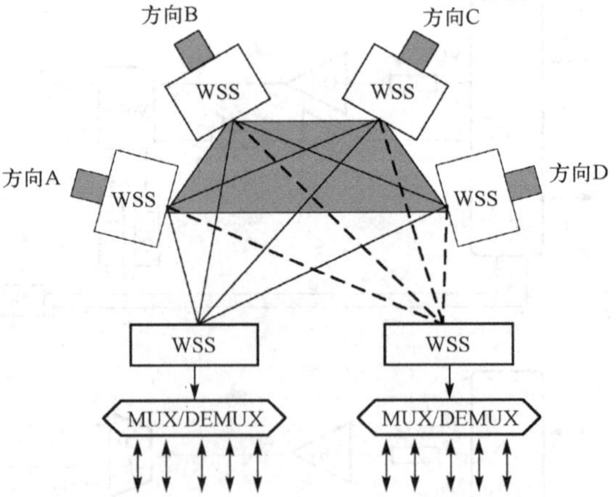

图 6-5 方向无关 ROADM

3. 冲突无关 ROADM

冲突无关特性是指站点内不同上下路端口在重构到不同方向的相同波长时没有限制，如图 6-6 所示。其中，CDC 表示“colorless，directionless，contentionless”，即“波长无关、方向无关、冲突无关”；“$M\times N$”表示 M 个输入，N 个输出。当 ROADM 站点的上下路具备冲突无关特性时，能够提升全网规划的灵活性。不同方向的同一波长能在该站点灵活地上下路。在网格组网的多维节点中具备冲突无关特性后，便可实现上下波长无阻塞，即来自不同方向的相同波长在同一个节点上下无冲突。

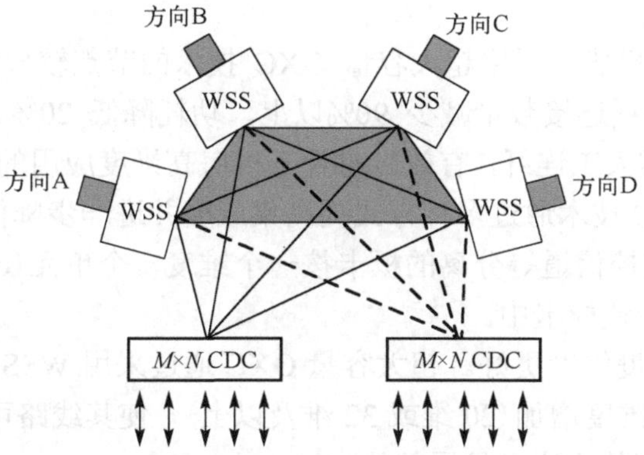

图 6-6 波长冲突无关 ROADM

光层 ROADM 调度网络一般同时使用波长无关特性和方向无关特性。使用冲突无关特性时，会同时使用波长无关特性和方向无关特性。

6.2.3 全光交叉连接

超大容量全光交叉(OXC)是从 ROADM 基础上发展而来的高维度、高集成设备，在支持的维度数和维度间互连方式等方面对 ROADM 进行了提升与优化，同时具备和 ROADM 相同的波长调度功能。OXC 目前支持的维度数可达 32 维，未来会朝着 48 维、64 维及光集群方向发展。其维度间互连方式已从光纤跳线直连优化为光背板互连，实现了无须人工连接的即插即用，如图 6-7 所示 。

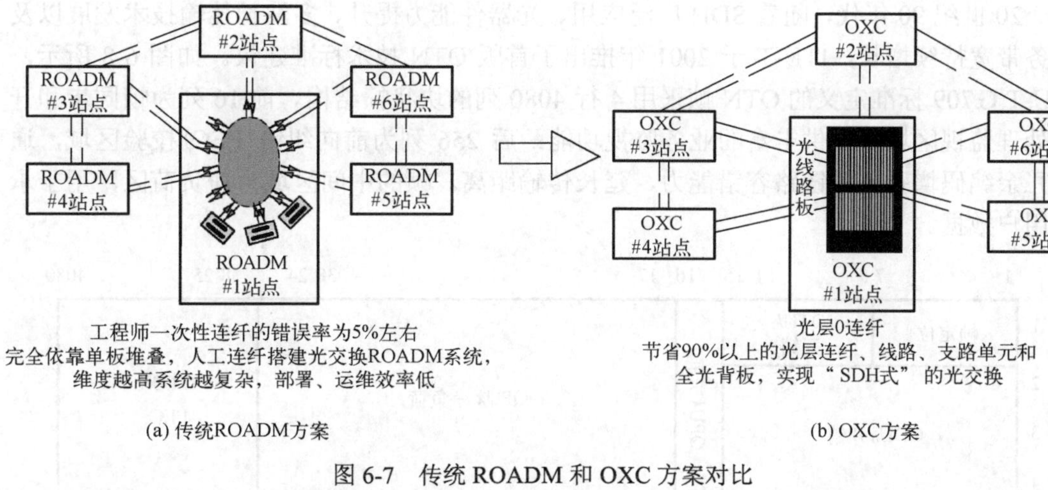

图 6-7 传统 ROADM 和 OXC 方案对比

超大容量 OXC 在维护性、集成度、维度、管理和应用等方面优于传统 ROADM，主要体现在以下几点。

(1)可扩展性和可维护性更好。光交叉线路维度的扩展使内部连纤数量呈指数级增长，人工连纤成本和错连率显著增加。采用 WSS+光背板的新型超大容量全光交叉节点结构，满足大容量调度节点的简化运维需求，可实现向更大容量、超高速系统的平滑演进。

(2)集成度和能耗更优。采用超大容量 OXC 技术的节点较传统 ROADM 节点节省 50%～75%的空间，光纤连接数量减少 90%以上，功耗降低 20%～40%。单子架支线路间、线路维度间实现零人工连纤，有效应对骨干机房高维度应用的挑战，节省机房空间，降低能耗。此外，OXC 技术通过多种方式提高集成度并进一步降低功耗，例如，将原有光放大器、WSS、光监控信道等分离的板卡按一个维度一个单元(one dimension one unit，1D1U)的方式集成在一块板卡中。

(3)交叉容量和调度维度更好。超大容量 OXC 通过采用 WSS+光背板的新型节点结构，并伴随 WSS 器件维度增加(20 维或 32 维及以上)，使其线路可调度维度和交叉容量显著增加，也具有更好的维度可扩展的能力。

(4)管理优势更明显。由于更优的集成度、更好的维护性，超大容量 OXC 在管理方面体现出更多优势，如可实现波长级的路径可视功能，在线检测光物理路径、光波长、光功率、光信噪比(optical signal to noise ratio，OSNR)和其他信息等；还适用于波长信息资源的快速识别、波长路由可视和错误排查、闲置波长回收、波长全面梳理、基于波长统计的业务规划等应用场景。

6.3 OTN 电层技术

6.3.1 早期 OTN 标准

20 世纪 90 年代，随着 SDH 广泛应用、光器件能力提升、多波长传输技术发展以及业务带宽持续增长，ITU-T 于 2001 年推出了首版 OTN 技术标准建议。如图 6-8 所示，ITU-T G.709 标准定义的 OTN 帧采用 4 行 4080 列的块状帧结构。前 16 列为帧同步和开销处理监视区域，提供丰富的业务监视功能；后 256 列为前向纠错(FEC)校验区域，通过冗余编码增强传输链路容错能力，延长传输距离。帧的中间区域为净负荷区，用于承载用户数据。

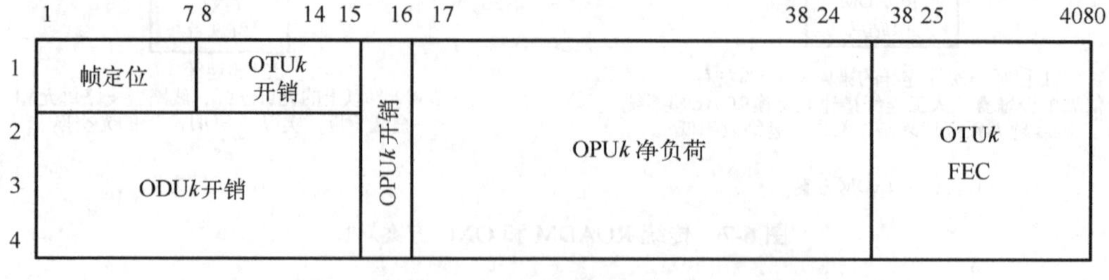

图 6-8　ITU-T G.709 标准定义的 OTN 帧结构

如图 6-9 所示，OTN 帧的前 16 列帧为同步和开销区域，包括光通道净负荷单元(OPU*k*)开销区域、ODU*k* 层开销、OTU*k* 层开销和帧定位。OPU*k* 层开销提供客户信号映射相关的开销；ODU*k* 层开销包含 6 层串联连接监视(TCM)处理和其他 ODU*k* 开销，实现跨域的网络监视能力；OTU*k* 层开销用于监视一对光模块间的跨段；帧定位开销分为帧对齐信号(FAS)和复帧对齐信号(MFAS)两部分。

<table>
<tr><td></td><td>1</td><td>2</td><td>3</td><td>4</td><td>5</td><td>6</td><td>7</td><td>8</td><td>9</td><td>10</td><td>11</td><td>12</td><td>13</td><td>14</td><td>15</td><td>16</td></tr>
<tr><td>1</td><td colspan="7">FAS</td><td colspan="7">OTU*k*开销</td><td colspan="2" rowspan="4">OPU*k*
开销</td></tr>
<tr><td>2</td><td colspan="3">RES</td><td>TCM
ACT</td><td colspan="3">TCM6</td><td colspan="3">TCM5</td><td colspan="3">TCM4</td><td>FTFL</td></tr>
<tr><td>3</td><td colspan="3">TCM3</td><td colspan="3">TCM2</td><td colspan="3">TCM1</td><td colspan="3">PM</td><td colspan="2">EXP</td></tr>
<tr><td>4</td><td colspan="2">GCC1</td><td colspan="2">GCC2</td><td colspan="4">APS/PCC</td><td colspan="6">RES</td></tr>
</table>

图 6-9 OTN 帧同步和开销

OTN 不同链路速率帧结构相同。不同链路速率通过不同的帧速率来实现，即单位时间发送的帧数不同。例如，OTU1 的帧频约为 20.420kHz，OTU2 的帧频约为 82.025kHz，OTU3 的帧频约为 329.492kHz。第一版 OTN 技术标准仅定义了 OTU1、OTU2、OTU3，分别对应于 STM-16(2.5Gbit/s)、STM-64(10Gbit/s)、STM-256(40Gbit/s)，客户信号为 STM-*N*(*N*＝16、64、256)。由于业务先承载到 SDH 上，小粒度的业务调度由 SDH 设备完成，OTN 设备只定义波长级的交叉调度，在电层中，OTN 仅是一种接口技术，用于点到点的传输应用。相较于第一版，2003 年版本增加了低速 ODU 到高速 ODU 的复接能力，支持多个低速 ODU*j* 业务复接到一个 ODU*k* 传输，各个 ODU*j* 时钟相互独立地透明传输。复接功能不但节省了波长资源，客观上也驱动了低阶 ODU 网络级调度的需求。这时期有少量设备支持有限的低阶 ODU 的调度能力，可认为是 OTN 由接口技术向网络技术转变的萌芽期。

早期 OTN 标准定义了多种业务映射方式。在客户业务映射方面，有比特同步映射过程(bit-synchronous mapping procedure，BMP)和异步映射过程(asynchronous mapping procedure，AMP)，可将业务映射到对应的 OPU 容器中，且低阶 ODU*j* 到高阶 ODU*k* 的映射同样采用异步映射。另外，对于 ATM 信元和数据包，早期标准规定，ATM 信元经通用映射规程(generic mapping procedure，GMP)封装后到 OPU 的映射方式，以及数据包经 GFP 封装后到 OPU 的映射方式。不过，随着 ATM 技术逐渐没落，其信元映射方式几乎未得到应用，而数据包经 GFP 封装后的映射方式可满足部分应用需求。然而，OTN 容器仅设有 2.5Gbit/s、10Gbit/s、40Gbit/s 等有限等级，这在实际应用中极为不便。

6.3.2 OTN 标志性电层处理技术

随着分组业务的带宽需求持续增长，采用基于 SDH 的 MSTP 设备承载以太网业务的方式局限性越来越大，大带宽的分组业务直接通过 OTN 承载成为必然选择。这推动

OTN 电层处理技术的发展，出现许多标志性的技术，包括 ODU0、ODU2e、ODUflex、ODU4 和 ODUC*n* 的引入，1.25Gbit/s 的时隙粒度划分和 GMP 技术等。

1．ODU0 引入和 1.25Gbit/s 时隙粒度划分

最初，OTN 作为面向 SDH 接口的承载技术，千兆以太网(gigabit ethernet，GE)接口的物理速率为 1.25Gbit/s，采用 ODU1 承载会造成严重的浪费。为此将 OPU1 的净负荷区一拆为二，得到 ODU0 的速率为 1.24416Gbit/s，去除 ODU 开销后，实际承载能力约为 1.239Gbit/s。在承载 GE 业务时，将 GE 的 1.25Gbit/s 速率(8B/10B 编码后)进行定时透明转码(timed transparency transcode，TTT)转换，再使用 GMP 映射到 OPU0，既保证了 GE 业务的时钟透明传输，又不破坏 OTN 速率体系，大大提升了 GE 的承载效率。ODU0 的映射和复用如图 6-10 所示。

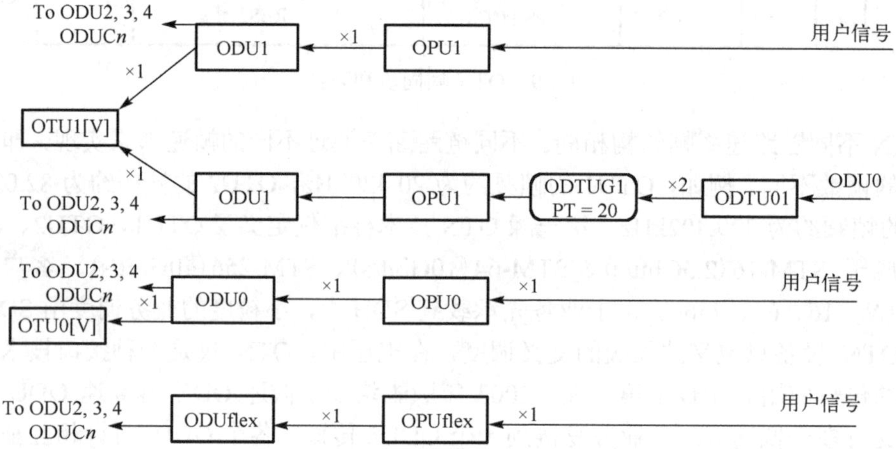

图 6-10 ODU0 的映射和复用

基于 SDH 信号适配，早期 OTN 是 2.5Gbit/s 带宽的时隙粒度，ODU1 只有 1 个时隙，ODU2 有 4 个时隙，ODU3 有 16 个时隙。随着 ODU0 的引入，出现新的 1.25Gbit/s 时隙粒度的复接结构。新的 1.25Gbit/s 时隙结构前向兼容 2.5Gbit/s 时隙粒度的时隙结构，复用结构通过 OTN 帧中净负荷类型(payload type，PT)字节和复帧结构指示(multiframe structure identifier，MSI)，2.5Gbit/s 时隙粒度对应的 PT 值为 0x20，1.25Gbit/s 时隙粒度对应的 PT 值是 0x21，MSI 对应时隙的分配。

2．ODU2e 引入

为了适应 10GE 的透明传输，定义 ODU2e。基于 ODU2 的帧结构，直接提速，通过 BMP 方式生成一个新的频点来实现。ODU2e 的映射如图 6-11 所示。

3．ODUflex 的引入

最开始一种客户信号对应一个 ODU*k* 颗粒，GE 对应 ODU0，STM-16 对应 ODU1。

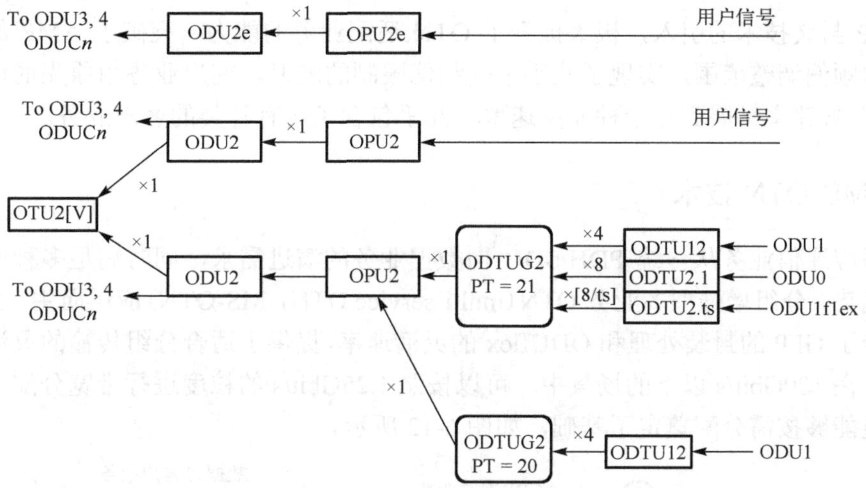

图 6-11 ODU2e 的映射

随着各类新型业务向 OTN 网络迁移，ODUflex 通过灵活的适配特性解决了业务定制化 ODU 颗粒的难题。该技术采用 GMP 映射方式将低阶 ODUflex 颗粒封装到高阶光通道数据支路单元(ODTU)时隙中，其所需要的时隙数量由 ODUflex 的实时速率与高阶 ODTU 的承载能力共同起决定，只需满足业务速率和频偏覆盖即可。值得注意的是，任何恒定比特率客户信号通过添加 239/238 的 ODU 包封即可转换为 ODUflex，这种转换后的颗粒不仅完整地继承了标准 ODUk 丰富的开销功能，还保持了完全一致的链路监测和组网特性。

4．ODU4 和 ODUC*n* 引入

为适应 100GE 传输需求，在以太高速接口标准化快速推进的背景下，ODU4 颗粒和 100Gbit/s 线路接口同步实现了标准化。随着超 100Gbit/s 传输技术的突破，OTN 技术也相应演进，扩展定义了超 100G 线路接口规范。这一发展催生了 ODUCn 和灵活光传送网(flexible optical transport network，FlexO)的创新架构，其高速帧结构和接口格式设计能够灵活适配不断提升的光传送能力。

5．GMP 封装

GMP 技术作为一种简化的异步映射方案，其核心优势在于能够自适应处理任意固定比特速率(constant bit rate，CBR)客户信号及其频偏，无须预先定义映射模式。该技术包含三个关键要素：固定填充字节、负调整机会(negtive justification opportunity，NJO)字节和正调整机会(positive justification opportunity，PJO)字节，这些要素使其区别于传统的 AMP 和 BMP 映射方式。在技术实现层面，GMP 采用 Sigma-Delta 算法来生成均匀分布的数据/填充图案。发送端通过调整控制开销指示有效信息量，并运用该算法确定映射图案；这些控制信息会同步传输至接收端。接收端通过解析相同的调整控制开销，并运用相同的 Sigma-Delta 算法，即可准确识别高阶 OPU*k* 净荷中的有效数据和填充信息分布模式。具体算法实现细节可参阅 G.709 标准相关技术规范。

GMP 封装技术的引入，极大提升了 OTN 适配业务的能力，突破了 AMP 的数十万分之一的频偏调整范围，实现了几乎不受频偏限制的映射。客户业务由原先的仅支持几种 SDH 业务速率扩展到数十种业务速率，几乎包含了所有种类的客户业务。

6.3.3 MS-OTN 技术

为适应通信业务从传统 PDH/SDH 向数据业务的演进需求，同时满足多种业务并存的发展趋势，分组增强型多业务 OTN（multi-service OTN，MS-OTN）应运而生。MS-OTN 技术结合了 GFP 的封装处理和 ODUflex 的灵活速率，提供了适合分组传输的灵活分组传输管道。在 100Gbit/s 以下的场景中，可以按照 1.25Gbit/s 的粒度进行带宽分配，为分组业务管道能够按需分配奠定了基础，如图 6-12 所示。

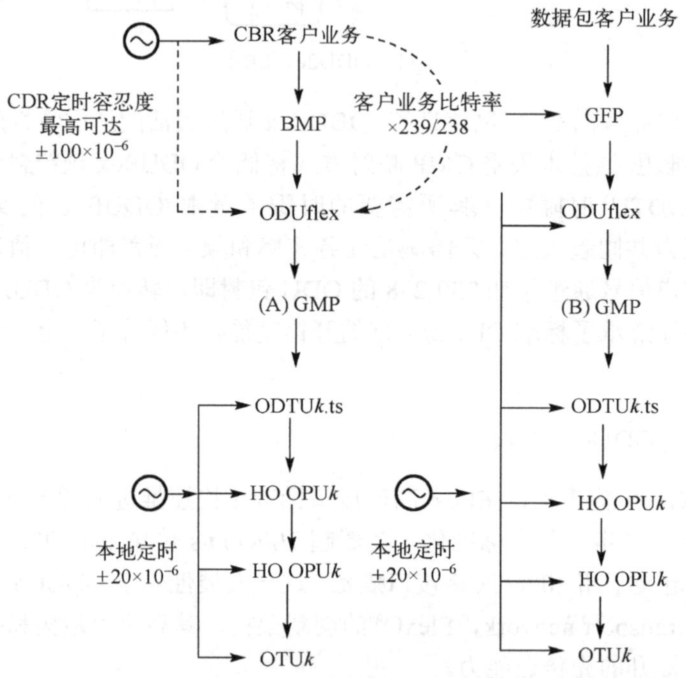

图 6-12 ODUflex 承载分组客户业务和 CBR 客户业务

MS-OTN 技术通过分组处理平面对小颗粒业务进行整合后，再封装映射至 ODUflex，有效避免了 1.25Gbit/s 时隙直接承载小颗粒业务造成的带宽浪费问题。这一创新设计不仅解决了小颗粒分组业务的汇聚难题，还提供了完善的分组处理能力，成功融合了分组设备和 OTN 设备的双重特性，使其在城域网建设中获得了广泛应用。得益于交换技术的突破，现代分组增强型 OTN 设备采用统一的物理交换架构，实现了 SDH、分组和 OTN 三个逻辑调度平面的集成。其混合线路板支持 SDH 业务、分组业务和 OTN 业务的统一传输，可灵活共享彩光波长资源，显著减少了传统业务分离处理导致的波长浪费问题，从而优化了彩光线路和光纤等传输资源的使用效率。这种架构设计同时实现了 SDH 网络向 MS-OTN 的平滑演进过渡，如图 6-13 所示。

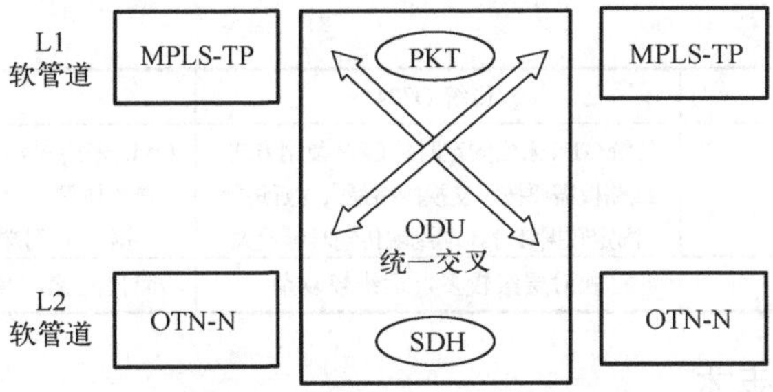

图 6-13 MS-OTN 设备逻辑框图

6.3.4 OSU 技术

OTN 技术从 OTN 演进至 MS-OTN，虽然取得了技术进展，但仍存在问题：一方面，SDH 设备步入了生命周期尾声，可承载其上的业务，如企业专线业务，100Mbit/s 以下乃至 10Mbit/s 带宽的专线数量仍然占大多数，因此承载于 SDH 的业务并不会随 SDH 设备退网而消失。若采用 SDH 叠加 OTN 承载，处理复杂，像以太网业务要历经 Ethernet-VC12-VC4-STM-*n*-ODU*k* 多层级处理，VC 颗粒与用户带宽常不匹配，需多个 VC 颗粒虚级联(如 5 个 VC12 虚级联承载 10Mbit/s 以太网业务)，导致业务处理与链路管理复杂，承载效率低且维护不便。另一方面，OTN 时隙粒度大，经分组平面整合小颗粒业务时，失去硬管道属性。

为应对现有技术挑战，业界创新性地提出了 OSU 容器技术用于承载客户信号。该技术通过灵活时隙定义 OSU 带宽，实现了对可变灵活带宽业务的高效承载。OSU 技术融合了多项先进特性：既具备 ODUflex 的单管道带宽灵活性，又继承了 GMP 映射的 Sigma-Delta 算法保障机制，同时整合了 ATM/多协议标记交换(multi-protocol label switching，MPLS)的标签标识技术。这种创新设计使得 OSU 能够以 Mbit/s 为基本单位，实现大范围的灵活带宽配置。在技术实现上，OSU 支持 Mbit/s 级业务管道直接复接到 ODU4，无须经过多层中间颗粒转换，实现了一级复接架构。这种灵活管道技术不仅显著提高了光纤资源利用率，还能支持更多网络连接和更低传输时延，使 OTN 网络能够承载各类光纤业务。根据 ITU-T 标准，OSU 主要面向 1Gbit/s 以下颗粒业务，但中国运营商在实际应用中已将其业务速率范围扩展至 100Gbit/s。OSU 与传统 OTN 技术的具体差异对比详见表 6-1。

表 6-1 OSU 与传统 OTN 技术的对比

参数	传统 OTN	OSU
最小颗粒	固定 ODU0(1.25Gbit/s)	灵活带宽定义，2Mbit/s 起步，支持已有和未来的业务，满足不同场景的带宽需求
最大连接数(以 100G 线路为例)	80	1000(当前)、4000(协议支持)
带宽利用率(以 OTU2e 承载 GE 业务为例)	8GE	10GE，带宽利用率提升 25%
带宽调整	仅支持有损调整	支持 OSUflex 无损调整

续表

参数	传统 OTN	OSU
时延	传统OTN采用固定时隙CBR复用方式，线路板需要按照交换网络最大时延进行固定数据缓存，端到端传输时延较大	OSU 采用灵活时隙复用方式，中间节点不需要按照交换网络最大时延固定缓存数据，端到端传输时延最大降低 70%
运维	映射层级较多，运维较复杂	简化配置，减少映射层级，5 层变 3 层

6.4 OTN 保护技术

光传送网借助传送资源的冗余备份，能够针对传送设备、链路、通道等实施故障保护，进而达成高可靠组网。OTN 保护技术依据不同的实现技术，可划分为光层保护技术、电层保护技术以及光电结合的 ASON 技术 。

6.4.1 光层保护技术

根据保护的不同实现方式和保护位置，光层保护主要分为光线路保护和光通道保护两大类，并且通常基于“1+1”保护的工作原理，如表 6-2 所示。

表 6-2 光层保护类型

保护子类型		描述
光线路保护	1+1 OTS	当线路光纤故障时，系统利用分离路由对信号进行保护
	1+1 OMS	当光放大单元和线路光纤故障时，系统利用分离路由对信号进行保护
光通道保护	板内 1+1	通过运用光层保护类单板或 OTU 单板的双发选收功能，当工作通道的信号出现故障时对业务进行保护
	客户侧 1+1	通过运用光层双发选收功能，在线路侧故障、单板故障情况下对业务进行保护

1+1 保护的工作原理是“并发优收”，即发射端同时将光信号送入工作和保护通道，而接收端选择接收工作通道的信号。当工作通道发生故障时，接收端会发生倒换，接收保护通道的信号。如图 6-14 所示，光线路保护指在相邻站点间利用分离路由对线路光纤

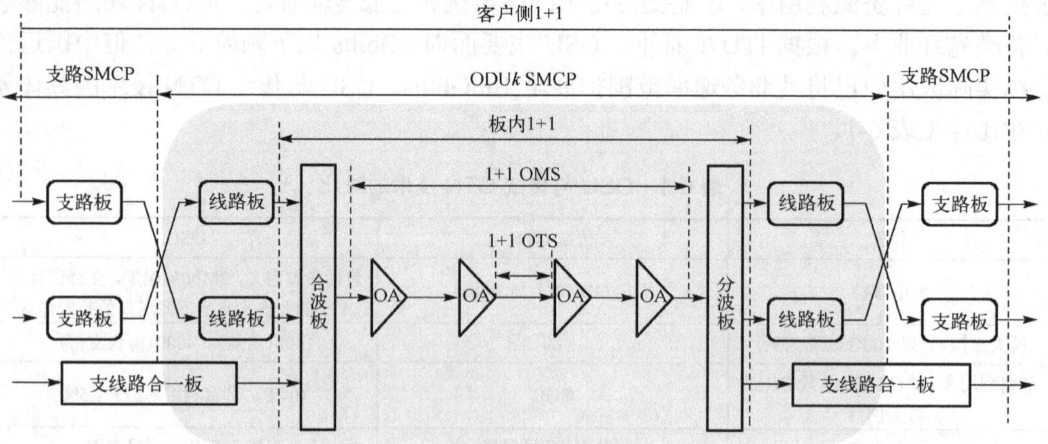

图 6-14 光层保护技术

提供保护，通常可分为 1+1 OTS 段保护和 1+1 OMS 保护。光通道保护则针对 WDM 系统中的单个波长通道实施“并发优收”保护，可分为板内 1+1 保护和客户侧 1+1 保护两种方式。一个“通道”是指 DWDM 信号中的一个波长信号。光层保护技术通过光功率检测实现快速线路保护，自动切换恢复时间严格遵循 ITU-T G.783 和 G.841 标准要求，确保故障恢复时间控制在 50ms 以内。

6.4.2 电层保护技术

基于 OTN 电层 ODU*k* 层的子网连接保护(subnetwork connection protection，SNCP)，其保护结构为“1+1”方式，即每一个工作连接都有一个相应的备用连接，采用双发选收的工作方式。SNCP 在网络中配置保护连接时具备极高的灵活性，可广泛应用于干线网、中继网、接入网等各类网络，适用于树形、环形、网孔形等多种网络拓扑结构。根据监视方法的差异，SNCP 可划分成以下类型，具体内容见表 6-3。

表 6-3　ODU*k* SNCP

监视方法	描述
SNC/I：固有监视	保护 ODU*k* 链路上的业务(如服务层路径和服务层/ODU*k* 适合的功能)，不检测 ODU*k* 本层的故障，通过从服务层网络获得的固有数据来间接监视连接
SNC/N：非介入监视	端到端的保护 ODU*k* 的路径(ODU*k*P)层或 ODU*k* 的 TCM(ODU*k*T)子层上的业务，检测 ODU*k* 本层的故障，通过非介入监视(非侵入性)的原始特征信息来直接监视连接
SNC/S：子层监视	保护 ODU*k* 的 TCM(ODU*k*T)子层上的业务，只有保护域内可以触发倒换，接入的 ODU*k* 层的故障不会触发倒换，部分的原始路径子层能力是可以修改的，通过子层中创建的路径来直接监视需要关注的连接

6.4.3 ASON 技术

光传送网从传统的底层传输网络逐步演进为兼具业务承载功能的智能网络。随着业务需求多样化和网络智能化发展，OTN 系统引入智能控制协议(ASON)，实现了带宽灵活调整、业务路径可选、故障自动恢复等智能特性，并能根据业务优先级提供差异化服务。ASON 的核心创新在于在光传送网中增加了控制平面，形成由传送平面、控制平面和管理平面构成的智能架构(如图 6-15 所示)。控制平面通过通信实体实现呼叫控制、连接管理及故障自动恢复功能，这是与传统光网络的根本区别。管理平面则负责系统维护，包括性能监控、故障处理、安全管控等，是对控制平面的重要补充。传送平面继续承担光信号传输、复用、保护和交叉连接等基础功能，确保业务可靠传送。这种三平面架构使光网络具备了动态资源分配和智能运维能力，大大提升了网络的服务质量和运营效率。具体而言，控制平面采用分布式信令机制，通过路由协议和信令协议实现端到端连接的自动建立和维护。管理平面则提供统一的网管接口，支持端到端的业务配置和性能监测。传送平面基于 OTN 技术，支持大容量业务的高效传输和灵活调度。三个平面协同工作，共同构建了新一代智能光传送网络。

ASON 依据传送平面不同的交换方式，可分为光层 ASON 以及电层 ASON(其中电层 ASON 涵盖 OTN 电层 ASON 和 SDH ASON)。光层 ASON 借助 OXC/ROADM 的光交叉调度，对光波长加以调度，达成光层波长资源的调度与恢复功能。电层 ASON 则通过 OTN/SDH 电交叉调度，实现电交叉颗粒业务的调度与恢复功能 。

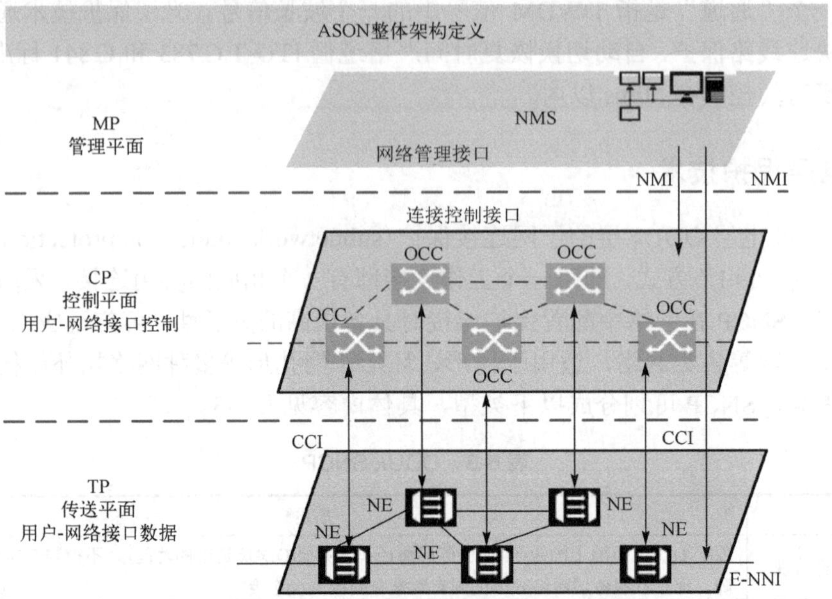

图 6-15　ASON 整体架构定义

光层 ASON 适宜在光缆状况良好、大颗粒业务占主导的网络中进行部署，如此便能利用光层调度节省线路板成本的特性。电层 ASON 对各类网络都适用，在小颗粒业务居多的网络里部署时优势更为显著，可充分施展电交叉调度能力，提升带宽利用率。ASON 能够提供多种保护能力各异的业务，像钻石级、双归接入钻石级、金级、银级以及铜级业务。不同级别的业务能更为灵活地契合多样化的应用场景需求，如表 6-4 所示。

表 6-4　ASON 业务

业务等级		业务特质
钻石级	永久 1+1	提供两条互为保护的路径，任意一条故障即重路由恢复寻找新的保护路径
	重路由 1+1	两条互为保护的路径，第一次故障保护倒换，两条路径都故障启动重路由恢复
	1+1 保护	提供两条互为保护的路径，无重路由恢复
银级	重路由恢复	提供一条工作路径，发生故障后启动重路由恢复功能，寻找新的工作路由恢复业务
铜级	非恢复无保护业务	提供一条工作路径，发生故障后不重路由，业务中断

ASON 是新一代光网络，具备动态、自动交换特性，能将交换与传送功能集于一体。它允许用户动态发起业务请求，网元自动完成路径计算与选择，并通过信令控制实现连接的建立、恢复、拆除等操作 。ASON 的关键技术涵盖硬光技术和软光技术。硬光技术涉及物理层的光技术及硬件设备；软光技术指控制光通道建立、提供服务所需的软件，即网络智能，这是发挥光层潜能使静态光网变为 ASON 的关键。ASON 的关键技术如下。

1．路由选择和波长分配技术

ASON 与传统网络在多个方面存在显著差异，其中最突出的特点体现在路由与波长的分配方式上。ASON 采用基于 IP 的技术，实现光路由的自动选择与配置，并具备高效的快速断网修复能力。作为典型代表，ASON 的软件模块承担着路由与波长分配功能，主要包括路由模式选择、波长分配算法、路由分配算法及信令路由协议等，对其业务功能的实现至关重要。在新阶段，ASON 的核心设备通常采用 OXC 交换机，对全网进行整体规划与系统管理。OXC 交换机将光波长信道作为基本操作单位，在波长层面提供端到端服务支撑，以满足用户对高效业务的多样化需求。ASON 设计的核心问题在于光通道优化与波长分配方式，通过最优光路由选择，实现波长的科学合理分配。在路由与波长分配过程中，ASON 充分整合资源，提升通信容量，进一步提高网络利用效率和稳定性。

2．传送技术

随着 ASON 相关技术的持续发展，通用多协议标签交换(general multi-protocol label switching，GMPLS)/ASON 等传送技术逐步应用于自动交换光网络传送体系。其中，GMPLS 等相关技术能够有效实现对多传送层的精准控制。现代光网络传送技术的发展趋势之一，是控制平面的延伸，从 SDH 拓展至 WDM。ASON 的控制面板不仅能有效扩展带宽服务范围，还能大幅提升服务的可靠性。此外，ASON 的虚拟专网及带宽点播等技术，降低了网络传送技术的研发与应用成本，同时提升了网络运行的经济效益。目前，我国的 ASON 控制面板技术仍处于发展阶段，在服务支撑方面的软件与硬件技术尚未完全成熟，控制平面技术依然是 ASON 传送技术发展过程中亟待突破的重点和难点之一。

3．控制平面技术

控制平面技术的核心功能包括路由、自动发现及连接控制等。其中，网络拓扑管理与自动资源搜寻，为 ASON 的维护与日常管理提供了极大便利，同时也有利于软、硬件的灵活扩展与升级。此外，每个传输节点均配置有控制平面，其自动化连接与路由控制功能，能够高效实现业务的自动连接与删除。当网络发生故障时，控制平面可迅速重启路由，有针对性地避开故障点，重新建立连接，从而避免预留专用保护性带宽的需求。此举不仅降低了网络建设成本，同时也优化了网络运行环境，提升了整体运营效率。

6.5 OTN 架构

6.5.1 骨干网组网架构

1．骨干网业务需求

作为跨城市、跨省乃至跨国的信息高速公路，骨干传输网络(骨干网)连接多个区域高速网络，需满足业务互联及带宽需求。过去十年，互联网迅猛发展，年均流量增长超 40%。随着数字新基建推进，5G、数据中心等基础设施建设加速，以及数字化办公、远程医疗、远程教育的普及，网络容量扩张速度进一步提升。业务流量的增长推动骨干网演进，预计未来骨干网及单节点容量增长率仍将保持在20%以上，以支撑不断增长的数据需求。

互联网业务流量以南北向为主，早期骨干网主要采用链形、环形架构。随着数据中心建设加速，东西向的数据中心互联流量大幅增长，骨干网络架构需适配新业务需求，逐步向立体骨干网方向演进。立体骨干网是一种新型组网架构，针对大带宽、低时延、快速业务提供等需求，在传统链形、环形架构基础上，通过调整网络接口，使架构网格化、扁平化、立体化，以更好支撑新能力需求，满足未来智能化发展的要求。立体骨干网主要面向互联网、云间高速互联、政企专线等大带宽业务，同时兼容传统业务和未来应用，增强网络灵活性和扩展性。高端跨省政企专线的加速发展，对网络提出99.99%可靠性要求，并需具备更高效的灵活调度能力，以保障多样化业务的稳定运行。

在数字经济时代，为满足千行百业上云以及工业4.0智造的网络需求，骨干网必须具备超大线路带宽、节点大容量以及灵活调度能力。同时，还需提升网络性能，做到低时延、低抖动、低丢包、高可靠和高安全。为达成这些业务目标，骨干网要在技术和架构方面不断创新，采用如200Gbit/s或400Gbit/s高速线路、OXC /集群大容量设备、光电协同以及智能化管控等先进技术 。

下一代网络的骨干网架构需满足超大带宽传输、节点间流量不均衡及超高可靠性等要求。节点调度结合光、电多种调度技术，实现超大容量、全颗粒业务的按需灵活调度。线路侧需具备干线长距离传输能力，并采用更高带宽、更高速率线路技术，实现单纤更大容量的高效传输。随着新型网络架构的应用及业务品质要求的提升，网络运维能力也需同步升级，需引入智慧运维技术，以增强网络自动化管理与智能优化水平。

2. 当前骨干网组网架构

传统的骨干网组网方式以链形组网和环形组网为主，以满足早期的以南北向业务为主的流量模型。

1) 链形组网

如图6-16所示，链形组网用于点到点业务传输，适用于固定的节点间业务连接。其组网结构简单，单条链路运维便捷，并可衍生星形或树形网络。然而，链形组网存在以下不足：①跨链路业务无法灵活调度，多节点传输需建设独立链形网络；②业务调度依赖人工规划与跳纤，节点增加后，网络复杂，难以高效运维；③保护需跨链路协作，系统缺乏协同能力，依赖人工规划与控制，降低运维效率。

图6-16 链形组网

2）环形组网

如图 6-17 所示，环形组网由多个节点组成环，环内业务可自由调度。其优势在于组网简单，并可利用环的双向提供保护，同时可衍生相切环、相交环。然而，环形组网存在以下不足：①节点至核心节点仅有主备两条路径，远路径绕行，时延较大；②环间业务调度需经环相交节点，无法直达，存在路径绕行问题；③环上仅有两条路由保护，双纤故障后，难以满足 99.99%的高可用性要求。

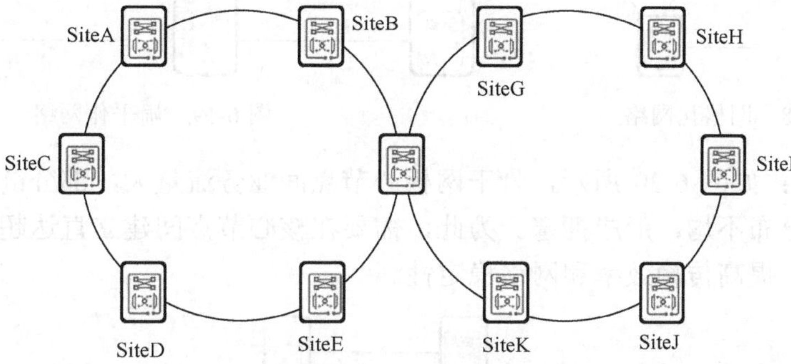

图 6-17　环形组网

早期，传统骨干网组网架构能较好适配业务需求。但随着业务种类增多、需求增长，它已难以契合新的骨干业务要求，无法达成业务低时延、灵活调度以及超高可靠的目标，故而急需新的网络架构来顺应新业务需求 。

3．新的骨干网组网架构

传统骨干网采用分层建设（国干和省干），业务通过分层转接。随着数据中心业务和政企专线业务的发展，骨干传送网架构需升级调整，以适配新的业务需求。新业务模型具有以下特点：①业务流量分布不均，部分区域流量过大，导致部分链路提前饱和；②新建数据中心节点不在原有骨干网范围内，需调整架构以满足低时延需求；③数据中心间业务对可靠性要求高，同时需实现低时延直达传输。

1）骨干网组网原则

依据业务流向与传输距离，围绕核心节点划分不同子区域，众多子区域共同构成一张网络。在业务流量大的网络节点之间，能够搭建直达链路，打造超高速平面，以此降低网络拥塞情况。

2）骨干网组网方式和特点

传统骨干网以链形或环形组网为主，而新的骨干网需综合考虑网络光缆路由、站点分布、业务路由及业务需求等因素，会同时存在网格化、扁平化、立体化多种组网方式。

（1）网格化：如图 6-18 所示，骨干节点间增加多方向连接，形成网格化结构，使业务可按需选择最短路径，减少传输距离，有效降低时延，提高网络调度能力。

（2）扁平化：如图 6-19 所示，新增的数据中心节点及大业务量节点通过网络扁平化，直接接入骨干网，减少网层间的转接绕行，缩短传输路径。例如，国干省干融合、省本一体化，可减少网络层次，实现扁平化，提高传输效率。

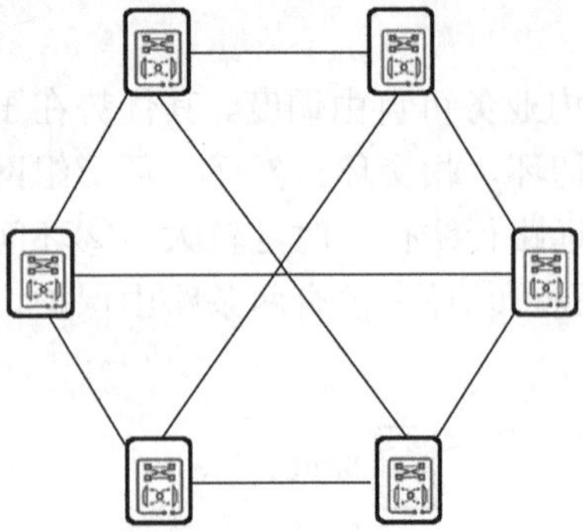

图 6-18　网格化网络

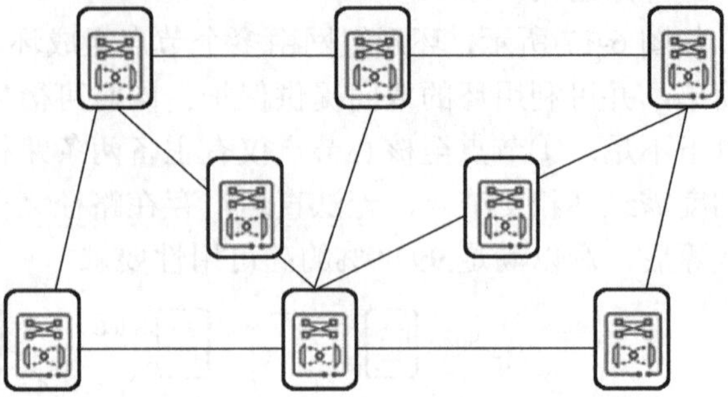

图 6-19　扁平化网络

(3) 立体化：如图 6-20 所示，骨干网核心节点间业务流量大，部分链路提前饱和，导致整体流量分布不均，形成拥塞。为此，需要在核心节点间建立直达超高速链路，构建立体化网络，提高传输效率和网络稳定性。

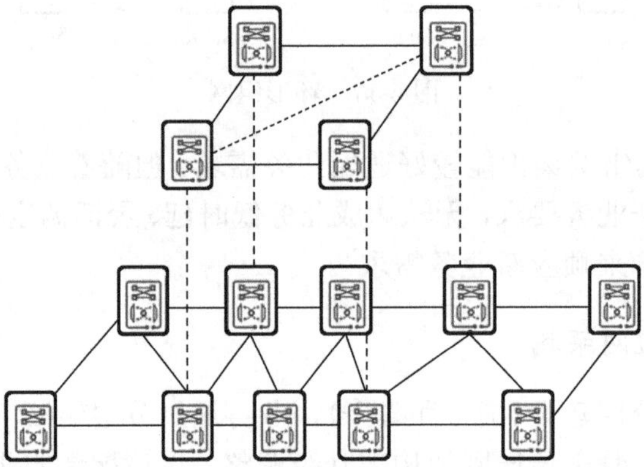

图 6-20　立体化网络

(4) 业务调度：在子区域内，波长可直接传输，无需中继，可依靠波长级光交叉调度技术完成业务调度。各子区域间传输距离较远，部分业务需增加电中继，并可能存在波长冲突，可通过 OTN 电层的电交叉调度技术优化传输。在骨干网中，需结合光交叉与电交叉协同调度，实现高效业务调度与资源优化。

3) 骨干网组网架构和关键技术

骨干网业务呈现出传输距离长、带宽大的显著特点。为达成高效传输的目的，一方面要求线路侧单波带宽越大越好，且传输距离要足够远；另一方面单纤传输带宽也需尽可能大。在骨干网实际组网应用过程中，全面考量网络光缆路由、站点分布、业务路由以及业务需求等诸多因素后，会出现多种组网方式在同一网络中并存的情况，网格化、扁平化、立体化等特征会同时存在，综合后的组网架构如图 6-21 所示。

融合多种新型组网方式的网络统称为立体骨干网，可满足低时延需求。网格化结构可选择最短路径，降低时延；扁平化减少网层间转接，提升传输效率。网格化与立体化后的网络中，单节点光方向数超过两个，即便主备双断，仍可通过 ASON 重路由方式恢复业务，实现高可靠承载。骨干网的组网关键技术主要涵盖以下几个方面。

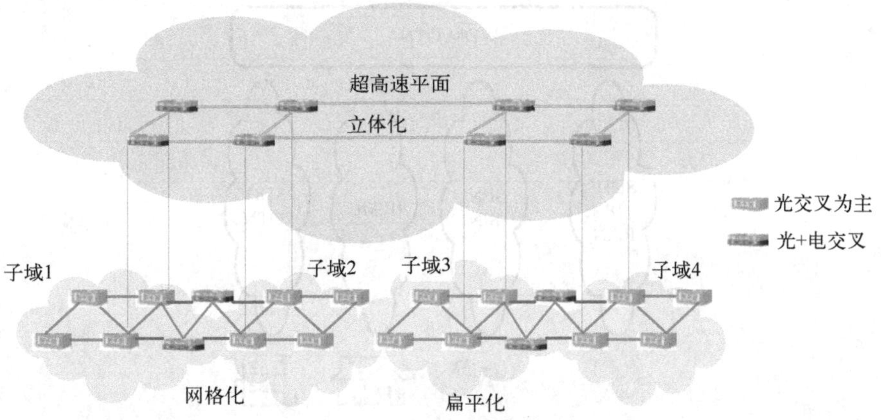

图 6-21　骨干网组网架构

(1) 高速长距线路：骨干业务传输距离超 1500km，需支持无电中继传输达 1500km 以上。为满足大带宽需求，需采用单波 200Gbit/s 及以上技术，实现单纤 16Tbit/s 以上的大容量传输。

(2) 光调度：为实现骨干网的一跳直达，波长调度功能不可或缺。当前，核心机房面临空间狭小、供电紧张的问题，传统的 ROADM 设备已难以满足未来的扩容需要。而基于波长级调度的新型 OXC 设备，能够支持节点内多方向间波长的任意调度，因此成为骨干网核心节点的首选设备。此外，由于骨干网线路维度数量多，本地上下波数也多，同时还要考虑网络的可扩展性，所以需要使用 20 维/32 维的高维度 OXC 设备。

(3) 电调度：骨干单节点容量庞大，需设备单机支持 32Tbit/s 及以上 OTN 调度，并具备框间调度能力，多框容量达 100Tbit/s 以上，以适应未来业务需求。

(4) 光层频谱：为提升骨干网传输容量，需充分挖掘光纤频谱潜力。新型掺杂 EDFA 可扩展 C 波段 4THz 频谱至 6THz(对应 50GHz 间隔的 120 波)，有效提升可用频谱和业务承载能力，满足未来大规模数据传输需求。在光纤资源紧缺的情况下，未来可结合 C 波段与 L 波段，使可用频谱扩展至 10THz 甚至更高，提高网络整体传输效率，增强超大容量长距传输能力，支持未来更高速率光通信技术的演进。

(5) ASON：数据中心互联与政企业务对安全性要求极高，骨干网传输距离远，存在多次断纤风险，传统 1+1 保护难以适应网格化组网需求。为增强抗多次断纤能力，可引入光层 ASON 与电层 ASON，通过智能调度机制，提高网络自愈能力，保障业务稳定运行，提升网络韧性与可靠性。

6.5.2　城域网组网架构

1．城域网业务需求

城域网业务见证了移动业务从 2G 到 5G 的跨越，家庭业务从语音到超高清视频多代技术的演进，还涵盖了品质各异的政企专线业务。其承载网络呈现出多种网络、多技术长期并存发展的态势，对应的 OTN 技术历经了数代的发展，具体情况如图 6-22 所示。

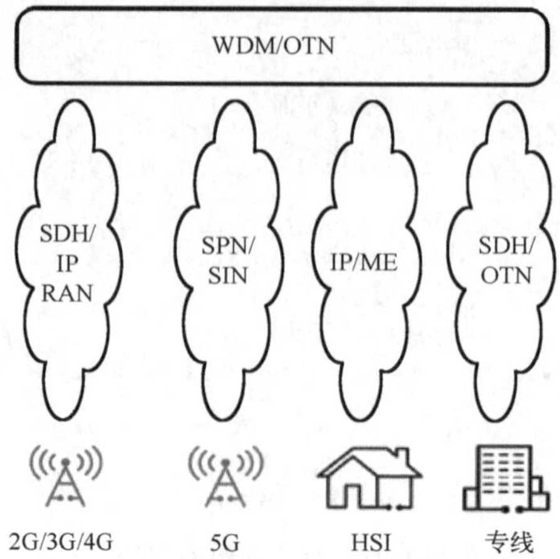

图 6-22　城域承载网现状

如图 6-23 所示，随着 5G、4K/8K 视频、虚拟现实(virtual reality，VR)/增强现实(augmented reality，AR)、全行业应用上云等业务的不断丰富，网络流量爆炸式增长，带宽需求持续攀升。运营商期待未来承载网络具备超大容量，以满足海量连接和流量需求。然而，超大容量网络意味着更高的机房占用、电力消耗、运维人力投入及运营支出，给网络发展带来巨大挑战。从资源配比来看，运营商资源有限，因此如何在有限资源下实现单纤容量最大化、单比特集成度最高、单比特功耗最低、单比特运维成本最优，成为应对业务激增与流量大爆炸挑战的关键。归根结底，运营商需持续优化单比特传送成本，这不仅是降低成本的核心，也是构建高效智能网络的唯一出路。

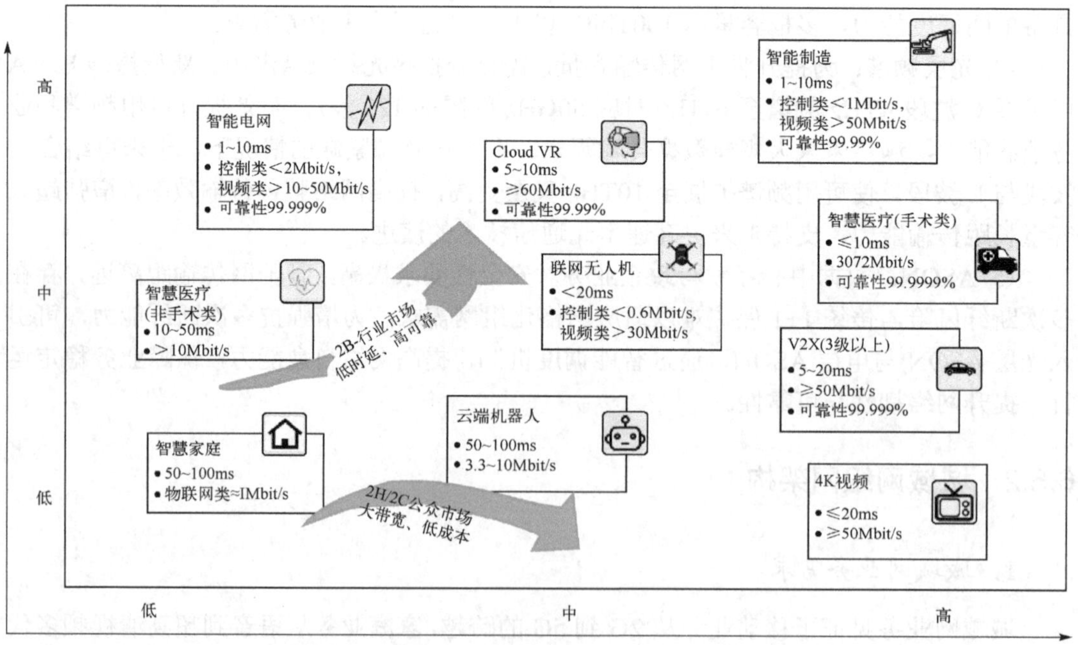

图 6-23　新兴业务品质需求

zζξ 除了带宽需求急剧增长外，面向公众市场和行业市场的各类新兴业务对网络时延、可靠性、安全性等方面也有着高品质的要求，并且各类业务的品质要求存在一定差异。这就意味着承载网络不仅要能够满足不断增加的带宽需求，还需满足差异化的时延、安全、可靠性等要求。与此同时，以数据中心(data center，DC)为核心的建网思路逐渐获得国内外运营商的认可。所以，在公众和行业市场高品质新业务以及网络全云化新技术的双重推动下，现有城域承载网络的组网架构的弊端开始逐渐显现出来。

2．城域网建设目标

以全光网和云为代表的新型基础设施，在支撑中国经济高质量发展中的战略地位愈发凸显，已成为数字经济发展的重要引擎和核心支撑。在数字经济时代，行业提出“数字经济强度∝算力强度×运力强度”的理念，云为数字经济提供算力，全光网提供运力，二者缺一不可，需协同发展、高效融合。因此，以城域智能全光网为基石的新型基础设施，在各行业和城市数字化转型中发挥关键作用，增强运力，夯实“数字基础”，推动供给优化、消费升级，助力中国经济高质量发展，进一步提升社会整体运行效率。目前，城域网的建设目标主要包括以下三个方面。

1)运力升级

行业数字化转型加剧，ICT 业务系统间的深度融合也持续推进。企业内部各类办公/生产业务系统逐步向云端迁移。综合考量各类业务系统的安全等级要求、目标用户群体、ICT 技术成熟度(含配套软/硬件生态链)、人员技能升级周期等因素，整个业务系统上云的过程可以划分为初级、中级、高级三个阶段，具体内容如图 6-24 所示。

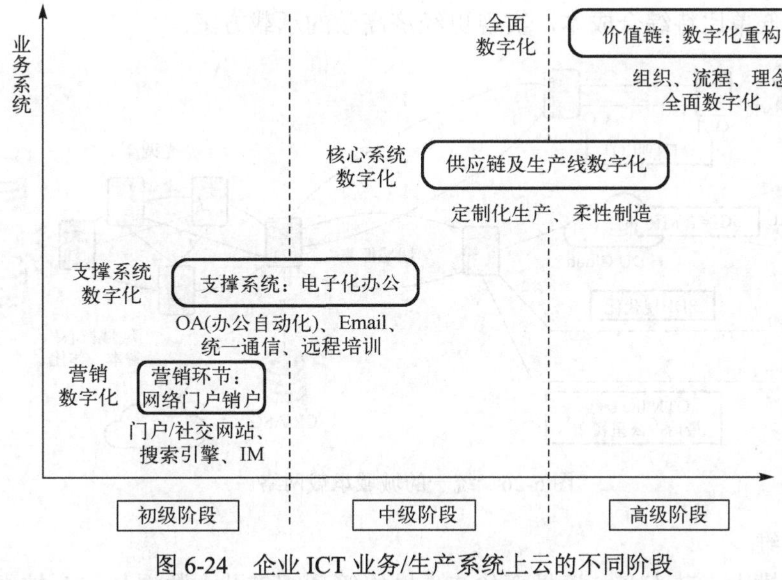

图 6-24　企业 ICT 业务/生产系统上云的不同阶段

图 6-25 展示了企业在不同阶段的云化业务和生产系统对承载网络的不同能力需求，需匹配相应的服务水平协议(SLA)。在业务与生产系统云化的各阶段，企业云间互通的“算力”与“智力”流量对承载网络的带宽、时延及可靠性提出差异化要求。在整个 ICT

系统中，城域智能全光网如同城市轨道交通网络，为业务云与生产云的“算力”与“智力”提供端到端、大带宽、低时延、高可靠的“运力”支撑，释放数字经济新动能，推动各行各业的创新与升级。

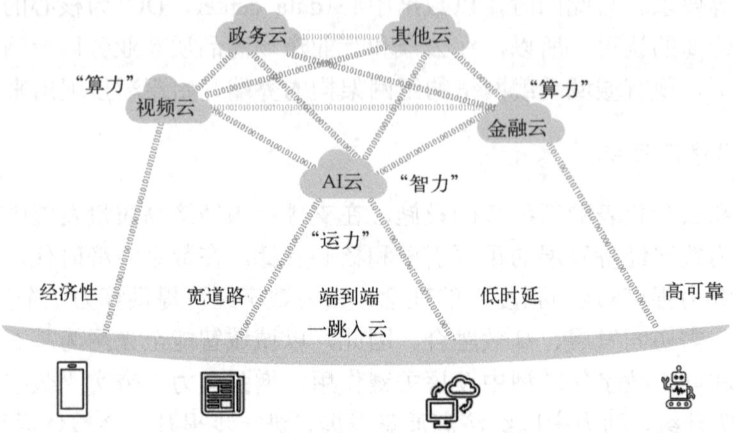

图 6-25　运力、算力、智力关系模型

2) 架构升级

为满足高品质承载需求，传统组网通常针对不同业务采用相应技术分别搭建承载网络。然而，在当前流量激增下，这种模式因成本过高而难以持续。运营商需构建统一高效的城域承载网络，如图 6-26 所示。该网络在接入层广覆盖，核心层采用立体化、多路由架构，满足各类业务的差异化承载需求。此外，借助新技术突破摩尔定律，持续优化网络架构，降低单比特综合成本，实现更经济高效的承载方案。

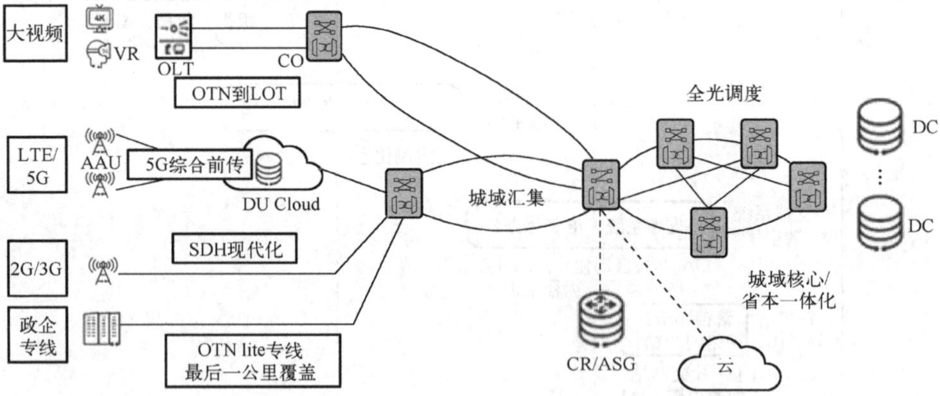

图 6-26　统一的城域承载网络

3) 智慧运维

城域网规模大、节点多、流量变化快，网络管理需借助大数据与 AI 技术，构建基于算法的 IT 运维平台 (algorithmic IT operations platforms，AIOps)，实现全生命周期自动化智能运维。AIOps 整合多种数据源、数据收集方式、实时与深度分析技术，以及可视化展示手段，如图 6-27 所示。在云端智能方面，依托云平台提供数据业务、模型训练、生态开放与开发者服务，提升网络智能化水平。在网络智能方面，基于开放架构实现异常感知、故障分析、运维意图闭环，提高运维效率与精准度。在设备智能方面，嵌入式 AI 提供实时异常检测、边缘推理与自愈决策，实现网络智能调优。

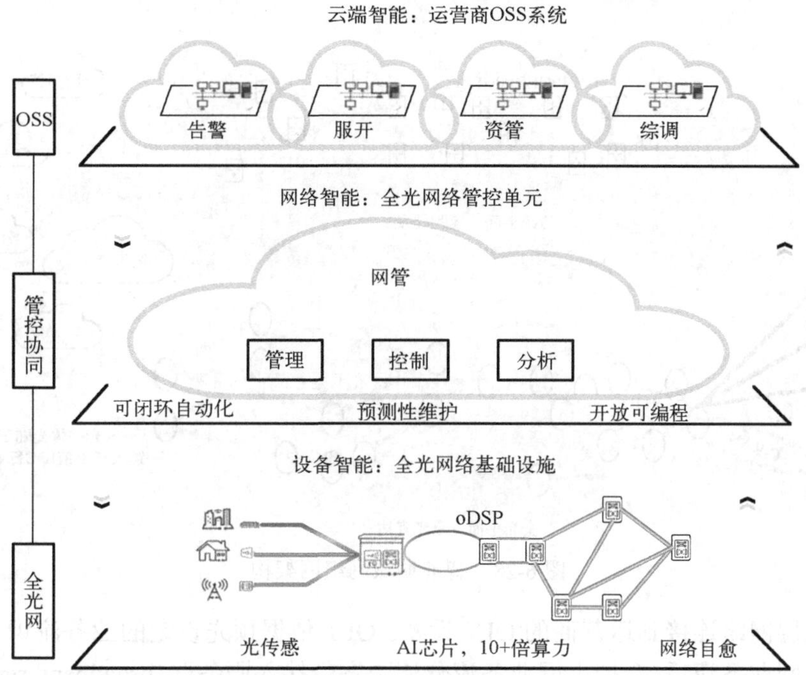

图 6-27 AIOps

3. 新的城域网组网架构

为满足企业用户云化系统的按需灵活部署、产品敏捷创新、缩短上市时间(time to market，TTM)等关键承载需求，新的城域网组网架构至少应具备以下六大核心能力。

(1)业网解耦、架构极简、敏捷高效。

(2)全类型业务侧接口，全业务接入，10Gbit/s、25Gbit/s、100Gbit/s 灵活入云，综合承载。

(3)边缘智能识别业务，灵活导流入品质差异化承载隧道。

(4)端到端软/硬承载链路多业务隔离(VPN/ODUk/OSU/波长)。最高品质业务承载可以采用波长一跳直达方式，保障业务的承载品质。

(5)云间高速互联，通过 OTN 一跳入云提供大带宽、低成本、稳定超低时延的互联。

(6)链路资源可视、AI 主动运维。

具备以上六大能力的城域网称为智能城域网，其组网架构如图 6-28 所示。智能城域网目标架构主要分为传统平面、全光平面和智能管控三个网层。

1)传统平面

实现上网、互联网专线等传统业务的承载，以极低的网络成本架构满足这类传统业务在城域网内的连接可达性需求。例如，在传统 ToH 上网场景中，家庭用户的 ONT 通

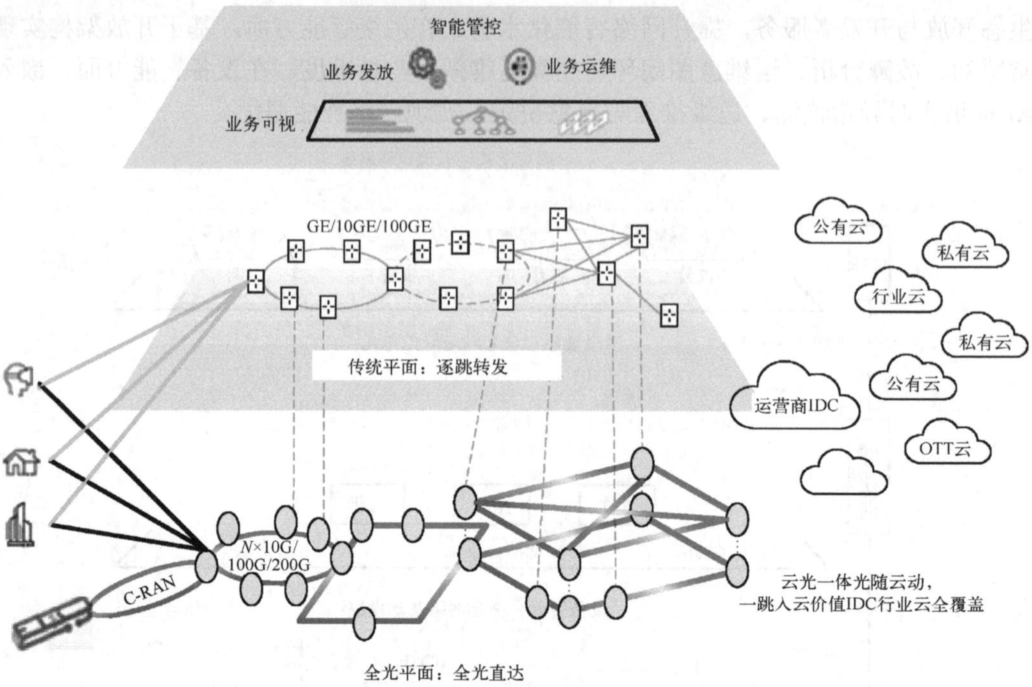

图 6-28　智能城域网组网架构

过城域接入层网络连接到运营商的 OLT 设备。OLT 依据预先设定的业务流识别模板，感知识别出上网业务流后，会把上网业务流分流至宽带接入服务器(broadband remote access server，BRAS)，接着借助传统平面以逐跳转发和统计复用的方式对上网业务流进行转发。

2) 全光平面

智能城域网架构运用“4(网层关键功能节点)+1(管控组件)”的建网策略，赋予其“业务高效接入”“敏捷入云”“智能识别业务 SLA，引业务流入相应品质承载管道”“承载管道高效灵活调度”的端到端品质承载能力，进而实现业务目标。

3) 智能管控

面对运营商在转型过程中对网络和业务的挑战与需求，传送网亟需引入智能化光底座，以全面推动光网络向用户体验为中心演进，构建商业意图驱动、全生命周期端到端自动化的闭环体系。该体系可助力运营商实现管道变现，提升业务体验，降低网络运维成本，最大化商业价值。智能化光底座架构涵盖网络层、数字孪生和智能管控三大核心技术领域，支撑全生命周期自动化应用场景，实现智能化运维，帮助运营商增收并降低成本。

6.5.3　DCI 组网架构

1．DCI 网络需求

为满足跨地域运营、用户接入、异地灾备等场景的需求，越来越多的组织和企业在不同地域部署多个 DC，此时就需要将多个数据中心互联起来。数据中心互联(data center interconnect，DCI)是 DC 到 DC 的网络连接方式，是一种实现多个 DC 之间互联互通的网络解决方案。DCI 可依据传输距离和网络连接方式分类。按传输距离，可分为短、中、长距离互联；按网络连接方式，一共分为网络三层互联、网络二层互联及存储网络(SAN)互联，如图 6-29 所示。在 DCI 架构中， WDM 技术凭借超大容量、强扩展性、安全硬管道及确定性时延等优势，已经广泛应用于 DCI 网络。

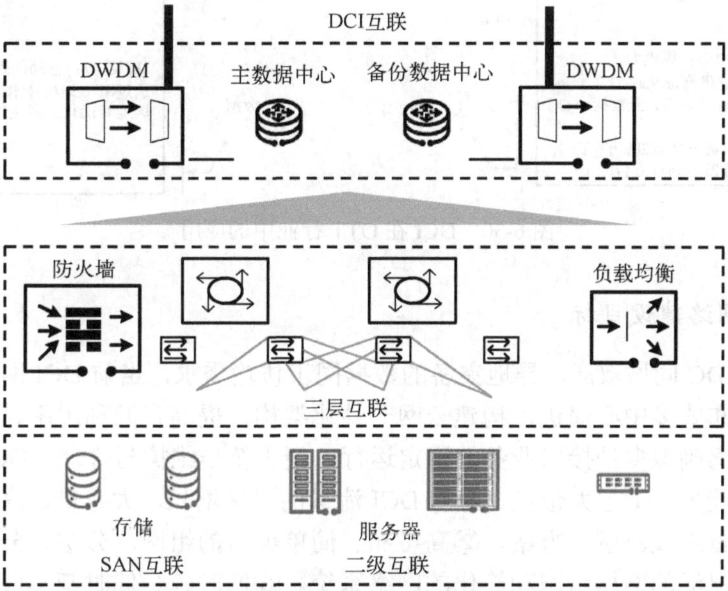

图 6-29 DCI 架构

当前 DCI 网络具有以下核心需求。①低时延：传输网络需满足实时备份要求，时延越低越好，以缩短灾难发生前最后一次备份与数据丢失之间的时间差，确保数据安全性与业务连续性。②高密度、大流量接入：业务需求向更强处理能力、更大带宽和更灵活交互演进，路由器/交换机需支持高密度大颗粒 10GE/40GE/100GE 接入，网络侧 100GE 互联成为未来发展方向。数据中心间存储备份业务由 FC400/800 向 FC1200/1600/3200 演进，带宽达数百 Gbps，甚至突破 Tbit/s 级别，以适应数据爆炸式增长的趋势。③多种接口需求：SAN 可实现服务器与存储阵列互联，支持多台服务器共享存储设备，实现数据集中管理，因此 FC 接口是金融等行业数据中心不可或缺的业务接口。DCI 涉及服务器、存储、数据库、光纤交换机、数通及传输等多个设备，传输设备需兼容主流厂商接口，并支持 IP、以太网、存储等多种业务协议，以保障业务的平稳运行和快速扩展。④自动化运维：大规模行业应用要求 DCI 系统具备更强的智能化运维能力，并借助 AI 提升管理效率，实现网络状态的实时监测、故障预测与自愈，以适应超越传统(over-the-top，OTT)等新兴应用场景，如图 6-30 所示。

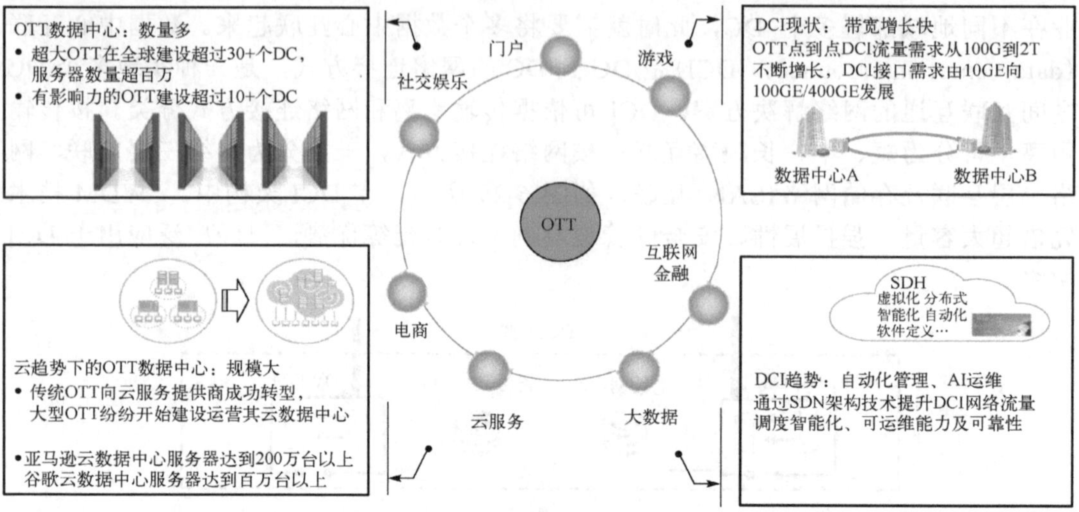

图 6-30　DCI 在 OTT 行业中的应用

2. DCI 网络建设目标

为了满足 DC 同城双活、异地灾备的数据同步传输需求，当前 DCI 网络正从两地三中心模式向分布式多中心演进，构建云网一体化架构，提高资源利用率与业务弹性。同时，硬管道隔离确保多种接口业务的稳定运行，便于统一维护与管理。DCI 网络建设需具备四大关键能力。①超大带宽。随着 DCI 流量的迅猛增长，大容量、高集成度的光纤传输技术成为首选线路解决方案。②高可靠、简单灵活的组网。分层、分布式的多数据中心互联需要灵活的网格组网和简化的网络系统。③低时延。低时延不仅能提升传统业务的客户体验，还是发展垂直行业新业务的保障。④智能化运维。DCI 网络须面向 IT，方便 IT/IP 工程师运维，实现自动化部署和快速业务发放，主动运维，快速精准排障。

3. DCI 网络架构方案

DCI 组网架构通常包括以下三类，如图 6-31 所示。①点到点 DCI 组网：网络结构简单，同城或异地双中心应用组网。②小规模网格 DCI 组网：满足企业私有/公有云三中心应用组网。③多维度大规模网格 DCI 组网：满足大型企业、运营商、OTT 行业多中心运营需要。

1) 两地三中心架构

两地三中心架构包含相距较远的两座城市(两地)和三个数据中心(三中心)，其中三中心是指主数据中心、同城灾备中心和异地灾备中心，如图 6-32 所示。同城灾备中心与异地灾备中心协同，实现数据“0 丢失”、业务“0 中断”。其中，同城灾备中心采用波分复用技术构建主备份通道，提供超大带宽的数据互联，支持实时备份，提高光纤利用率和业务连续性，确保主数据中心故障时业务可快速切换。同城灾备中心保障日常故障恢复，异地灾备中心则应对地震等地质灾害，确保数据跨越灾害影响半径进行备份。由于光纤资源有限，该架构通常采用租用运营商网络或自建传输网的方式部署。

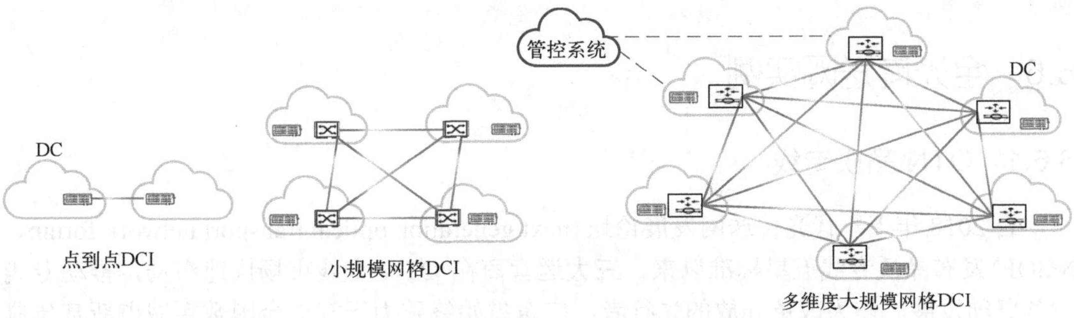

图 6-31 DCI 组网架构

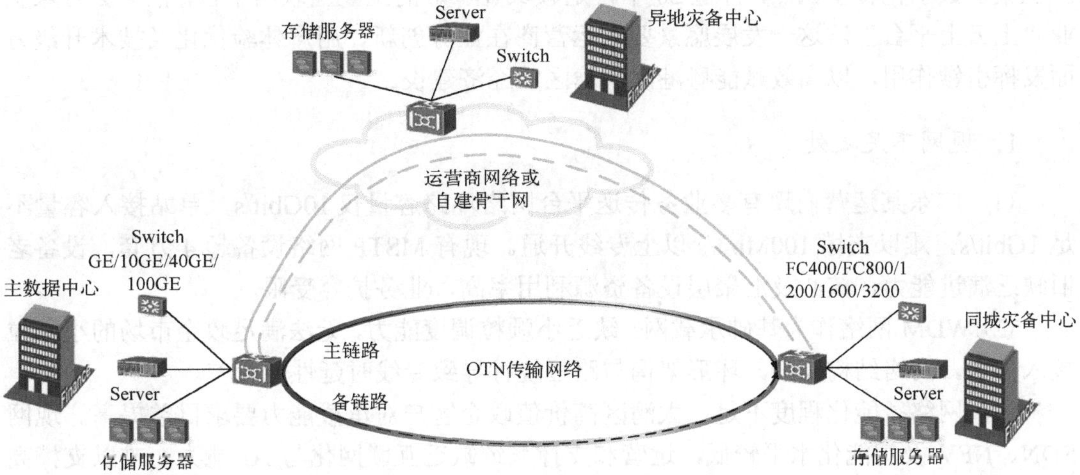

图 6-32 DCI 网络两地三中心架构

2) 网格组网架构

DCI 网格组网架构能够提供智选路由和高达 99.999%的高可靠 DC 保护。同时，该组网架构还满足网络内容服务商(internet content provider，ICP)分层、分布式，多数据中心架构。本地 DC 一跳直达连接到核心/区域 DC，从而降低数据传输延时，如图 6-33 所示。

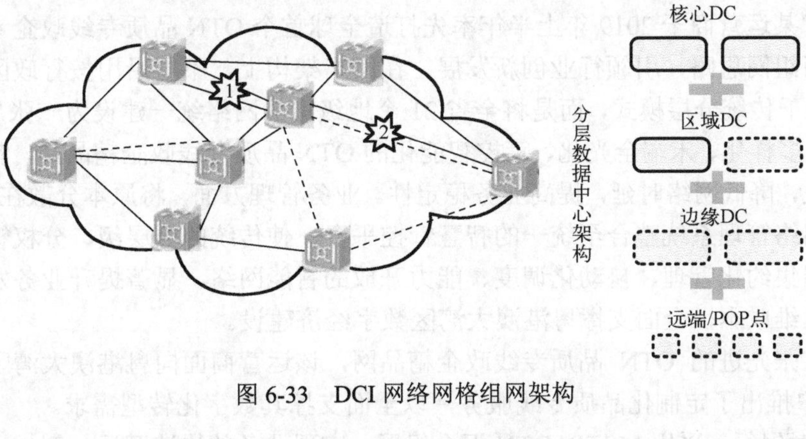

图 6-33 DCI 网络网格组网架构

6.6 全光传送网实例

6.6.1 OTN 品质专线

自 2018 年下一代光传送网发展论坛(next generation optical transport network forum，NGOF)发布品质专线五星标准以来，三大运营商在 OTN 专线市场快速布局，推动专线业务蓬勃发展。作为改革开放的先行者，广东省始终致力于打造全国数字城市新基建典范，积极推进产业集群的数字化转型，增强产业竞争力。其目标是到 2022 年培育 30 个产业集群数字化转型试点，打造 20 个特定领域(区域)的工业互联网平台，推动 2 万家企业“上云上平台”。这一发展愿景要求运营商在业务创新、用户体验优化及技术升级方面发挥引领作用，以高效赋能粤港澳大湾区的经济建设。

1. 现网不足之处

(1) 广东某运营商现有多业务传送平台网络环路容量仅 10Gbit/s，单站接入容量不足 1Gbit/s，难以支撑 100Mbit/s 以上专线开通。现有 MSTP 网络设备超 4 万套，设备老旧缺乏演进能力，核心及汇聚层设备资源利用率高，业务扩容受限。

(2) WDM 网络作为基础承载网，缺乏小颗粒调度能力，无法满足政企市场的小颗粒接入需求。网络结构复杂，环形架构与路径绕行导致专线时延性能较差。

(3) 网络智能化程度不足，大湾区高价值政企客户对承载能力要求日益提高。现网 SDN、NFV 及智能化水平较低，运营和支撑系统缺乏互联网化与 AI 能力，难以支撑高效运营及客户个性化、敏捷化需求，无法实现端到端电路自动开通。

(4) 网络运营机制不匹配，受多张网多级调度影响，专线开通效率低。开放与智能化建设与现有维护、支撑分离机制存在矛盾，专业化网络向一体化全业务支撑演进过程中，与现有业务、网络隔离机制相冲突，制约网络产品快速转化及一体化支撑响应。

2. 解决方案

广东省某运营商于 2019 年上半年率先打造全球首个 OTN 品质专线政企专网，突破传统运营商组网思路，引领行业创新发展。在网络架构上，不再沿用按行政区域划分的本地网、省干传统分层模式，而是将全省 21 个地级市的网络统一建设为一张扁平化、网格化、带宽多样化、末端全光化、管控智能化的 OTN 品质专线政企精品网，实现业务更优路径转发，降低网络时延，提高业务稳定性。业务管理方面，将原本分散在 21 个地级市的本地网络管理系统整合至统一的智慧管控平台，使传统的分层级、分权管理网络演进为端到端集约化管理、自动化调度、能力开放的智能网络，显著提升业务发放效率，降低网络运维成本，全面支撑粤港澳大湾区数字经济建设。

基于这张先进的 OTN 品质专线政企精品网，该运营商面向粤港澳大湾区的所有企业/行业客户推出了定制化品质专线服务，以全面支撑其数字化转型需求。

(1)针对银行，采用 MSTP+OTN 混合组网，实现业务的快速开通。例如，中山市某银行业务网点遍布 23 个镇区，共设有 72 个网点，每个网点接入带宽为 10Mbit/s。客户标书要求在 15 日内完成交付投产。对此，该运营商一方面利用现有 MSTP 网络，实现网点的快速接入，缩短建设周期；另一方面，总部采用 OTN 设备，支持后续带宽的持续升级。同时，未来可逐步演进为端到端 OTN 组网，进一步提升带宽能力，优化客户体验，提高客户黏性，确保长期专线收益，具体网络架构如图 6-34 所示。

(2) 针对医疗，通过 OTN10Gbit/s 专线满足大型医院的高带宽需求。例如，中山大学附属某医院作为省内大型医疗联合体，每天需拍摄并传输大量病人 CT 影像、核磁共振等医学影像数据至云端进行存储和备份，同时与下属分院保持高频次业务数据交互。该院 IT 人员可自主调整带宽，根据影像数据量的大小动态优化资源配置，有效降低运维成本。同时，依托 OTN 品质专线的高可靠性，现网业务可实现动态保护，业务保护级别做到 4 个 9，确保上云专线的稳定性和安全性，其 OTN 网络架构如图 6-35 所示。

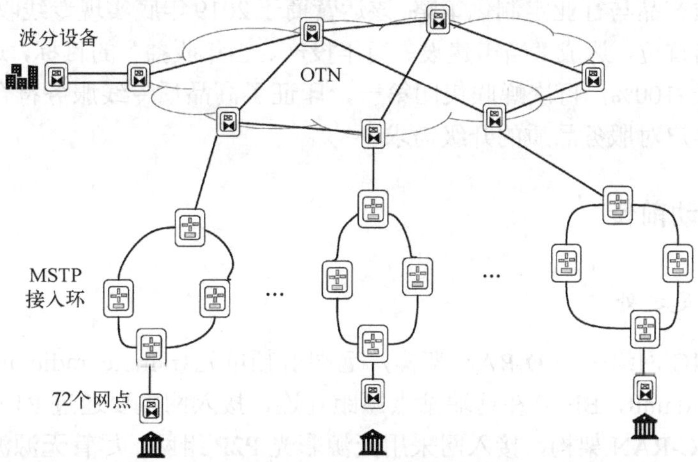

图 6-34 银行 OTN 网络

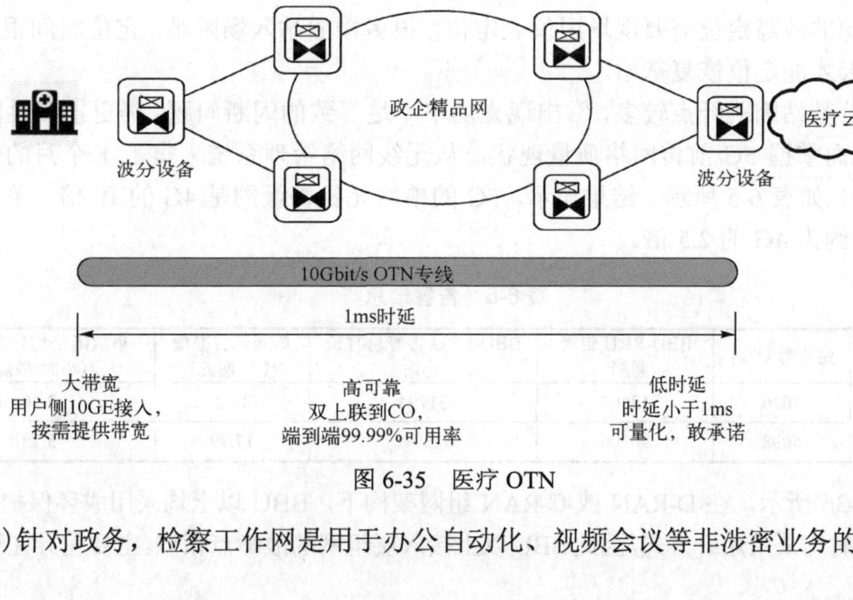

图 6-35 医疗 OTN

(3) 针对政务，检察工作网是用于办公自动化、视频会议等非涉密业务的政务专网，支撑检察机关应用系统运行，并实现与政法网、电子政务外网的数据共享和业务协同。该运营商凭借全省一张全光网的优势，提供多路径、低时延、高带宽且具备扩容能力的方案，成功中标该政务项目，实现省检察院、地级市检察院及灾备中心高速互联，带宽提升至155Mbit/s及1Gbit/s，优化政务通信质量和数据流转效率，创造数百万元收入。

3．客户价值

广东省某运营商采用高品质专线解决方案，构建OTN政企精品网，满足行业客户对通信网络灵活带宽颗粒(2Mbit/s～100Gbit/s)、高可靠性、高安全性和高私密性的需求，并推出面向政企市场的高品质专线服务。该OTN政企精品网精准匹配高价值行业客户的差异化需求：金融行业要求超低时延和多路由保护，政务行业依赖广覆盖及客户级网络管理系统，医疗行业重视弹性带宽与安全传输，教育行业则需要超大带宽。

凭借高品质产品与行业定制化策略，该运营商于2019年底实现专线收入突破1亿元，在集团内部排名首位，达成“当年建设、当年投产、当年收益”的目标，远超预期；2020年收入同比增长100%，再次蝉联集团第一，印证了高品质专线服务符合社会数字化转型趋势及行业客户对服务品质的升级需求。

6.6.2 5G移动前传

1．现网不足之处

中国A省4G网络采用D-RAN架构，远端射频单元(remote radio unit，RRU)与基带单元(base band unit，BBU)在远端站点短距互连，接入网主要通过PTN设备组环。而5G网络则采用C-RAN架构，接入网采用无源彩光P2P组网。尽管无源波分技术满足了5G网络的快速开通需求，但仍面临以下挑战。

(1)无源不支持保护链路，光缆故障基站断站时间很长。

(2)无源的故障定位需要现场用仪表定位，很多楼面站入场困难，定位时间很长，甚至要1～2天才能定位恢复基站。

(3)部分基站因跳纤点较多，常出现光功率不足导致的闪断问题，需更换高性能模块解决。为全面掌握5G前传网络质量现状，从无线网络管理系统采集了1个月的告警信息进行分析，如表6-5所示。结果显示，5G的单网元告警量约是4G的10倍，单故障平均处理时长约为4G的2.5倍。

表6-5 告警信息

网络格式	站点数量/站	BBU-RRU告警量/个	BBU-RRU告警总时长/小时	单网元告警量/(个/网元)	单故障平均处理时长/(小时/故障)
LTE	8026	13807	31794	1.72	2.30
5G	5098	90706	523916	17.79	5.78

如图6-36所示，在D-RAN或C-RAN组网架构下，BBU以上均采用成环保护，且光缆经过光交时均采用熔纤方式，因此BBU以上接入层组网的故障点相似。主要差异在于BBU

到RRU/AAU的前传组网变化导致的故障点不同，这些故障点主要源于光纤、光模块和合分波器。由于5G接入网的故障点比4G接入网更多，因此5G网络的故障率高于4G。

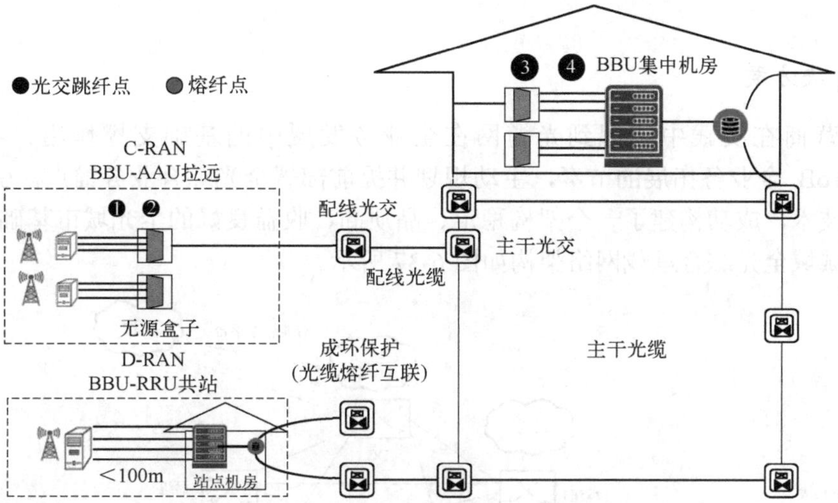

图6-36 5G移动前传组网

2．解决方案

A省为了提升5G前传网络质量，开始引入5G半有源前传方案，主要目的如下。

(1)减少故障数量：半有源方案链路余量更高，监控链路快速排障，提供保护路径等。

(2)缩短恢复时长：半有源方案实现E2E故障监控，通过无线传输一次定界，远端近端一次定位，确保一次上站即可修复。

3．客户价值

(1)部署保护方案后，故障数量显著降低，与4G D-RAN故障数量相当。

(2)半有源方案具备全监控能力，传输人员可快速定位故障，故障处理效率提升近一倍。

(3)半有源更加匹配无线6×25Gbit/s端口站型，前传主干光缆纤芯数量消耗节约50%。

(4)半有源模块内置热电制冷器(thermo electric cooler，TEC)，性能比纯无源CWDM提升了超过2dB，因此光纤链路预算不足问题也减少了90%以上。

6.6.3 城域综合承载

1．现网不足之处

四川省某运营商在大力发展移动、家宽和政企全业务的过程中遇到了如下问题。

(1)家宽和无线业务共用承载网络，无线业务的发展会影响家宽体验，导致用户发展缓慢甚至流失，市场份额较低。

(2) 网络缺乏整体规划，临时、被动建网情况普遍，导致资源协调周期长，扩容困难。

(3) 光缆资源匮乏，缺乏有效管理手段，光缆资源协调涉及多部门协同，业务发展受限。

2. 解决方案

该运营商在实践中认识到光缆网在全业务发展中的基础支撑作用，综合考虑 ToC/ToH/ToB 全业务拓展的节奏，主动规划并提前部署全光综合业务锚点，引入 OXC 全光交换技术，成功构建了一个架构稳定、品质高、收益良好的全光城市基础网底座。优化后的城域全光综合承载网络架构如图 6-37 所示。

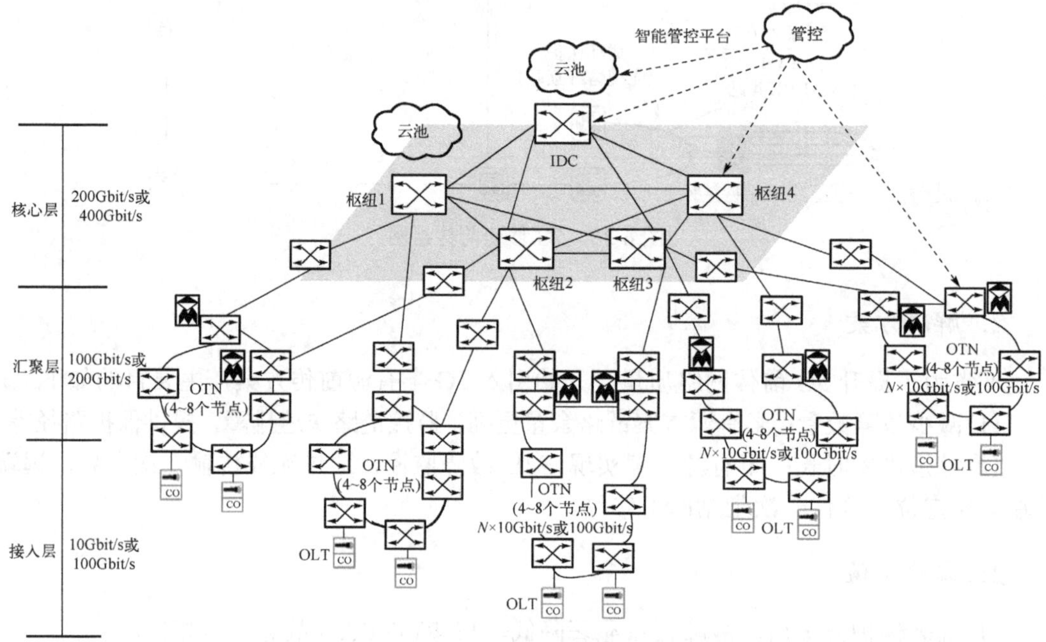

图 6-37 优化后的城域全光综合承载网

(1) 对城市内社区、楼宇进行分类排序，输出价值分析报告。

(2) 严格网格化规划、管理，主动规划综合业务区(包括光纤和机房)，共计超过 400 个综合业务接入区域，共享一张光缆网。

(3) 坚持无线承载和家宽/商宽承载分离，80%站点实现分离，保障无线和家宽业务品质。

(4) 5 个核心层节点引入 OXC 全光交换，全网格高速互联。

(5) 80%的 OLT 家宽机房与波分 OTN 共站部署，构筑稳固全光综合业务锚点，光节点密度达到 0.3 站/万人。

3. 客户价值

(1) 家宽用户达 350 万以上，市场份额实现领先。家宽用户向千兆迁移，实现盈利。

(2) 品质商宽覆盖超 95%的商务楼宇，提供千兆专线能力，发展品质商宽用户超过 12 万条。

(3) 网络架构稳定，实现光缆/机房/设备综合投资优，业务开通周期短。

习　题　六

1. 光传送网各个代际的主要技术特征是什么？

2. 与传统 WDM 系统相比，OTN 系统具有哪些优势？

3. 与 FOADM 站点相比，CDC 组网的 ROADM 站点具有哪些典型应用特征？

4. 结合 SDH 的接口特征，分析采用 ODU1 承载 GE 接口为何会降低传送效率。

5. 从逻辑调度的角度分析，为何 MS-OTN 技术可以实现 SDH 业务、分组业务和 OTN 业务的统一传输？

6. 在 OTN 中引入 ASON 特征的优点具体有哪些？

7. 骨干网和城域网中的业务需求有何不同？组网架构的主要区别是什么？

8. DCI 组网架构中的两地三中心方案具有哪些优点？

第 7 章 全光接入网

微课视频

7.1 全光接入网概述

2020 年 2 月，ETSI 正式发布 F5G，提出“光联万物”产业愿景，以 10G PON+光纤到房间(FTTR)、Wi-Fi 6、单波 200G+OXC 等技术为核心，首次定义固网代际(从 F1G 到 F5G)。F5G 一经推出便成为全球产业共识和各国核心战略。2021 年 3 月，我国工业和信息化部发布《“双千兆”网络协同发展行动计划(2021-2023 年)》，系统推进 5G 和千兆光网建设。同期，欧盟发布“数字十年”倡议，推动数字化转型。截至 2021 年底，全球已有超过 50 个国家和地区颁布了相关数字化愿景和目标，为数字经济发展奠定坚实基础。

7.1.1 全光接入网简介

F5G 全光接入网较上一代光接入网络有显著提升，可提供十倍千兆接入带宽、百倍光纤稳定连接以及微秒级超低时延体验。如图 7-1 所示，F5G 全光接入网如同“健壮的毛细血管”，持续向末梢延伸，从家庭扩展至园区、面与机器，实现光联万物。

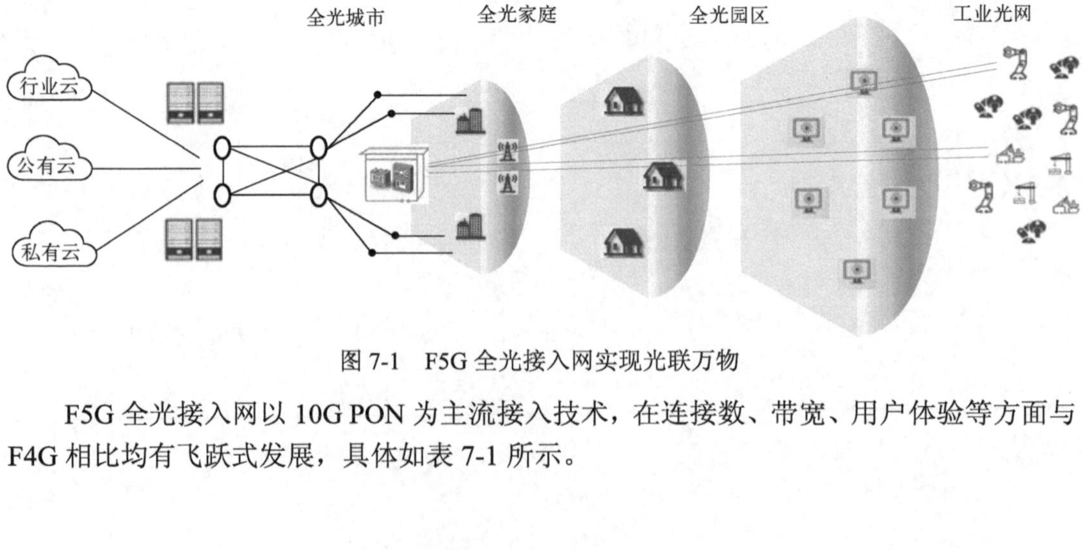

图 7-1 F5G 全光接入网实现光联万物

F5G 全光接入网以 10G PON 为主流接入技术，在连接数、带宽、用户体验等方面与 F4G 相比均有飞跃式发展，具体如表 7-1 所示。

表 7-1　F5G 和 F4G 对比

代　际	F4G	F5G
连接	家庭为主，扩展到中小企业	家庭：光纤到房间 行业：光纤到桌面，光纤到机器
业务场景	高速上网、4K 视频等	Cloud VR、在线游戏、智慧家庭、智能制造、企业上云、平安城市等
网络能力	带宽：100Mbit/s	带宽：1Gbit/s
	时延：毫秒级	时延：微秒级
	智能：弱	智能：AI 运维，自动化部署与发放

F5G 全光接入网具有三方面的关键特征，如图 7-2 所示。

1．全光连接

全光连接（full-fiber connection，FFC）是指借助全面覆盖的光纤基础设施来支撑泛在的连接，其中涵盖家庭内各房间之间的连接、企业办公桌面的连接以及机器的连接等。如此一来，业务场景可拓展至原来的 10 倍以上，连接数量提升至原来的 100 倍以上，从而真正迎来光联万物的时代。

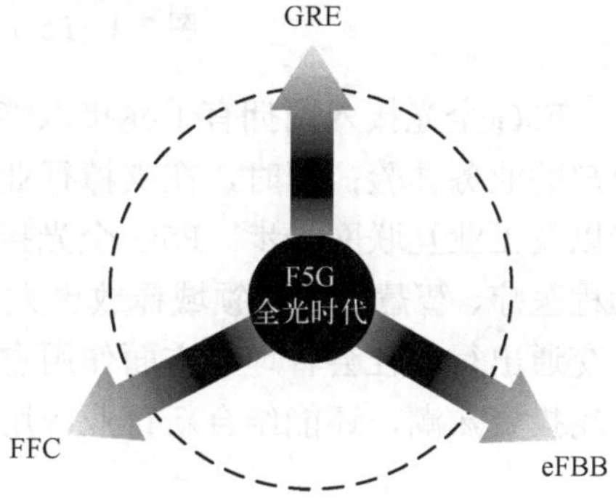

图 7-2　F5G 全光接入网的关键特征

2．超高带宽

超高带宽（enhanced fixed broadband, eFBB）是指网络带宽能力实现超 10 倍的提升，上下行速率可达对称千兆。搭配 Wi-Fi 6 技术，成功突破千兆连接最后十米的瓶颈，让用户在云时代尽享一点即达的畅快连接体验。

3．极致体验

极致体验（guaranteed reliable experience，GRE）是指不断提升用户的网络业务体验，助力运营商实现从流量经营向体验经营的转变。在网络端保证达到超低丢包率以及微秒级时延的标准，并将云平台 AI 与大数据智能运维相结合，以此满足家庭和企业用户对于极致业务体验的需求。

7.1.2　全光接入网的应用场景

F5G 全光接入网应用场景广泛。2019 年 6 月，中国宽带发展联盟发布《千兆宽带网络商业应用场景白皮书》，系统梳理了千兆宽带网络的十大典型应用场景，包括 Cloud VR、智慧家庭、游戏、社交、云桌面、平安城市、企业上云、在线教育、远程医疗和智能制造，如图 7-3 所示。白皮书还分析了这些场景的市场空间、商业模式和网络要求。这些场景对网络带宽需求高，产业生态和商业应用较为成熟，将成为 F5G 全光接入网时代的主要业务应用，为后续业务发展和商业应用奠定基础。

图 7-3 F5G 全光接入网十大典型应用场景

F5G 全光接入网拥有千兆接入能力后，其意义重大且影响深远。它能显著提升家庭用户的业务体验；同时，在支撑行业产业发展上也能全面发力，助力智慧农业、智能制造以及工业互联网进步。F5G 全光接入网还能深度推动公共服务均等化，在远程教育、远程医疗、智慧养老等领域释放更大效能。它对强化社会公共治理体系现代化贡献突出，在交通出行、社会管理等方面作用愈发明显。此外，F5G 全光接入网的商用化会掀起新一轮投资热潮，还能结合新行业应用，有力推动数字经济发展以及信息消费升级。

7.2 全光接入网架构

7.2.1 全光接入网的总体架构

为应对业务、行业和产业变革带来的体验提升、网络敏捷性增强及运营效率提升等挑战，有必要优化当前接入网架构。如图 7-4 所示，F5G 全光接入网逻辑架构自下而上分为网络层、业务层、接入控制面层和管控析层四个层次，各层均承担特定基本功能。

1. 网络层

网络层包括光分配网络(ODN)、OLT 设备及 OLT 与上层汇聚设备之间的组网。OLT 用户侧支持多种全光接入技术，如 PON 和点对点(point to point，P2P)。PON 接口支持 GPON、10GPON，未来可演进至 50GPON；P2P 接口支持 GE P2P 和 10GE P2P。OLT 网络侧上行至因特网协议/以太城域网汇聚子网和 OTN 汇聚子网，提供不同服务质量的大颗粒网络级管道。网络层也称为 Underlay 网络层。

2. 业务层

业务层涵盖 OLT 用户侧的用户业务接入管道及 OLT 网络侧不同 SLA 等级的业务管道(即金银铜业务)。其核心功能是接入用户业务，提供不同 SLA 等级的业务管道。例如，接入家庭宽带用户的语音、互联网和 IP 电视(internet protocol television，IPTV)业务，为语音业务提供近乎 0 丢包、小于 100ms 时延、3Mbit/s 带宽的管道。业务层也称为 Overlay 业务层。

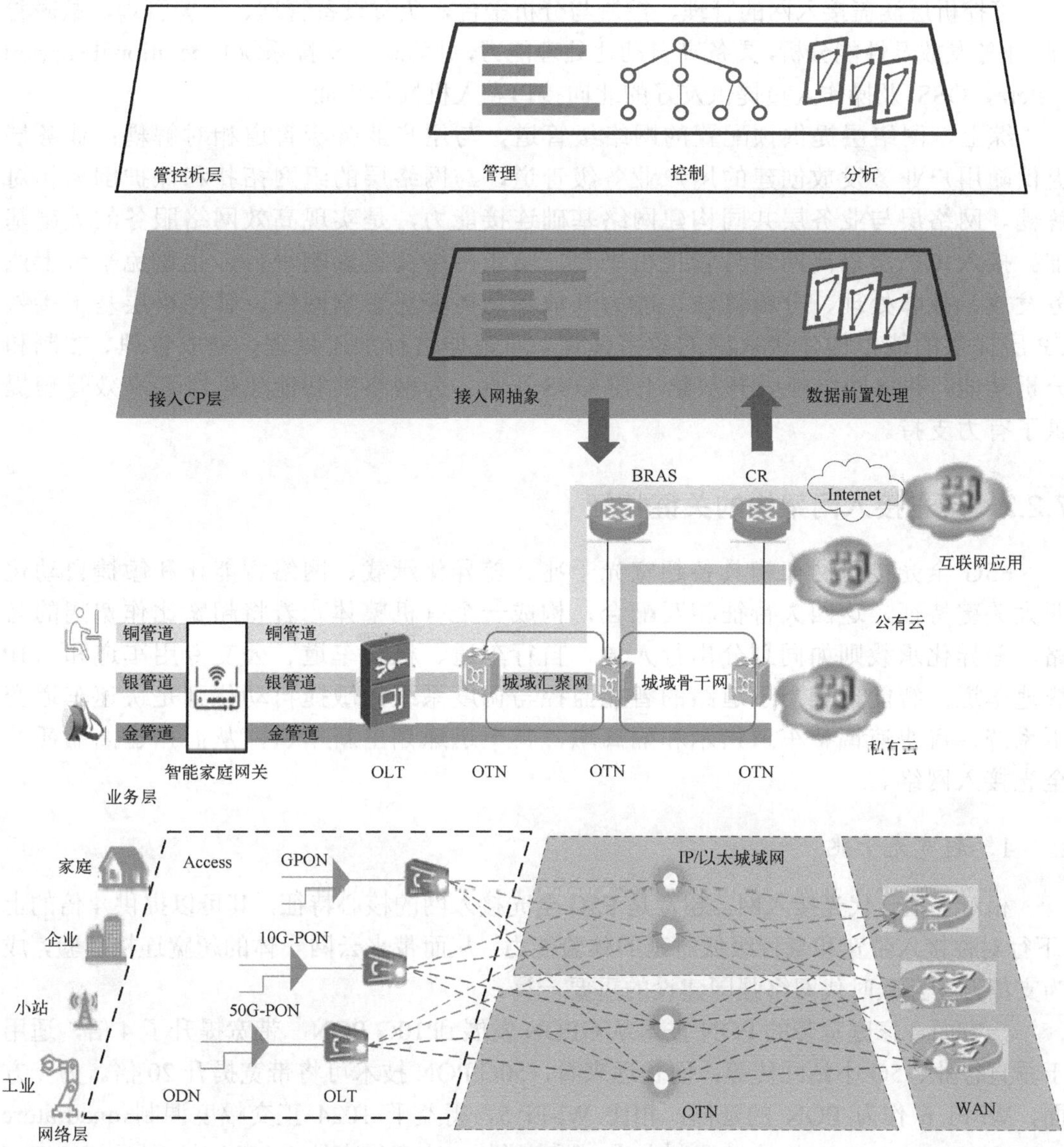

图 7-4 F5G 全光接入网总体架构

3. 接入控制面层

接入控制面(control plane，CP)层是接入网的控制面，包含接入网抽象模块和数据前置处理模块。接入网抽象模块将接入网的资源、配置和状态描述抽象为数据模型，适配多厂家设备及多种应用场景。数据前置处理模块对 OLT 和 ONT 设备上报的状态数据进行预处理，包括数据补齐、格式转换、数据压缩和时空序列化处理，形成符合模型要求的数据结构实例。

4．管控析层

管控析层涵盖接入网的管理、控制与分析平台，负责设备管理、告警管理、故障管理、业务发放及性能分析，具备高自动化处理能力，并为运营支撑系统(operational support system，OSS)及操作人员提供友好的北向接口和人机操作界面。

综上，网络层提供预配置的网络级管道，与用户业务级管道相对解耦；业务层提供随用户业务发放创建的用户业务级管道，与网络层的组网拓扑和保护倒换相对解耦。网络层与业务层共同构建网络基础连接能力，是实现高效网络服务的关键基础。接入 CP 层隔离网络与管控析平台，防止网络变更影响平台，也避免平台上业务发放、故障处理、分析算法、能力开放等功能变更影响网络。管控析层基于接入 CP 层提供的能力构建接入网的数字镜像，对数据进行加工处理，完成管理、控制和分析功能，并将网络能力开放给上层 OSS 平台，为网络的智能化运维和高效管理提供了有力支持。

7.2.2 全光接入网架构的关键特征

F5G 全光接入网架构具备超宽光千兆、差异化承载、网络智能化和敏捷自动化四大关键特征，这四大特征相互配合，构成一个有机整体。若将超宽比作宽阔的马路，差异化承载则如同划分出行人道、自行车道、机动车道、公交专用车道和 VIP 快速车道；智能化相当于道路的智能监控与调度系统；敏捷自动化则是快速车道变更系统，可快速调整车道指示和隔离墩，甚至迅速划出新车道，从而构建高品质的全光接入网络。

1．超宽光千兆

相对于上一代光接入网，超宽是 F5G 全光接入网的核心特征，其可以提供 4 倍的上/下行对称接入带宽和毫秒级低时延的体验能力，从而带来云网一体的超宽连接体验，成为支撑万物互联时代网络强国建设的重要一翼。

一方面，家庭宽带的 PON 技术从 GPON 发展到 10G PON，带宽提升了 4 倍，适用于垂直行业、5G 小站回传等；而长远来看，50G PON 技术可将带宽提升 20 倍。另一方面，Wi-Fi 6 作为 PON 的延伸，相比 Wi-Fi 5，得益于 1024 正交幅度调制(quadrature amplitude modulation，QAM)调制方式，频宽增加，速率最高达 9.6Gbit/s。同时，Wi-Fi 6 引入多用户多输入多输出(multi-user multiple-input multiple-output，MU-MIMO)和正交频分多址接入(orthogonal frequency division multiple access，OFDMA)技术，提升了高并发和低时延能力。

如图 7-5 所示，除了 PON 线路速率的提升，在组网方面，F5G 全光接入网实现了 PON 光纤的延伸。PON 光纤从客厅延伸到每个房间(FTTR)，有效解决了因 Wi-Fi 信号覆盖不足导致的带宽体验差的问题。更进一步地，PON 光纤延伸到桌面和机器，实现万物的高速、高质光接入。

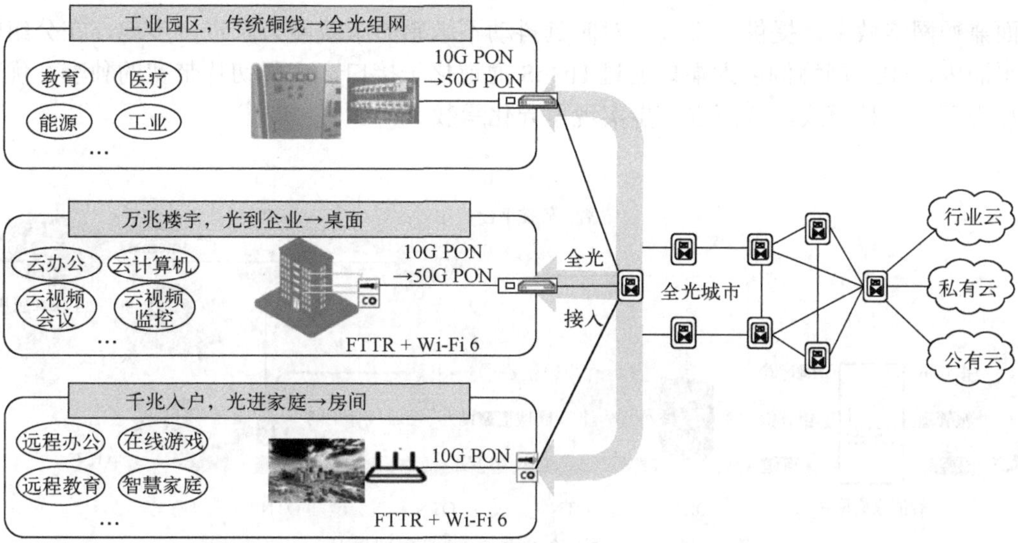

图 7-5　F5G 全光接入网实现光联万物

2. 差异化承载

F5G 全光接入网在家庭宽带市场面临体验经营挑战。VR/8K 等新业务对 SLA 的要求与传统 Internet 业务差异显著。在垂直行业，不同行业的接入设备和业务具有独特特点，对网络的安全性、时延、可靠性、带宽等有不同需求，要求接入网具备差异化承载能力。

基于统一的 F5G 全光接入网架构，借助网络切片技术，能够在同一物理网络上分割出多个相互独立的虚拟网络。通过按需分配资源并灵活组合，可有效满足各类业务的多样化需求，实现对不同 SLA 业务的差异化承载。鉴于 SLA 保障只有在端到端的情况下才具备实际意义，因此切片操作同样需要在网络中端到端开展。在 F5G 全光接入网中，有关分段实现切片以提供差异化承载的方案内容如下。

(1) Wi-Fi 空口切片：基于 Wi-Fi 6 资源单位(resource unit，RU)进行切片，为指定业务分配 RU。通过固定和动态分配方式，实现业务切片对空口资源的独享、优享和尽力而为三种模式，从而实现差异化承载。

(2) PON 网络切片：ONT 基于上行广域网(wide area network，WAN)接口划分切片，根据 IP 识别业务并导入相应切片。上行方向，PON 网络采用动态带宽分配(DBA)算法，基于上行传输容器分配带宽，使用固定带宽(FIX)、保证带宽(ASSURE)、尽力而为(BE)方式，实现上行带宽的独享、优享和尽力而为模式。通过单帧多突发、独立注册通道技术降低 PON 线路时延，满足低时延切片需求。下行方向，OLT PON 口通过层次化服务质量(hierarchical quality of service，HQoS)通道化子接口，实现切片带宽的独享、优享和尽力而为三种模式，从而实现差异化承载。

(3) OLT 网络侧切片：如图 7-6 所示，OLT 网络侧支持分组+TDM 双转发平面，对接城域分组和 TDM 转发。TDM 平面提供低时延、低抖动、独享带宽的业务保障；分组平面兼顾网络效率，提供大带宽、对时延抖动不敏感的承载能力。进一步地，在分组转发平面内，OLT 网络侧以太端口通过 HQoS 通道化子接口，实现切片带宽的独享、优享和尽力而为三种模式，从而进一步实现差异化承载。

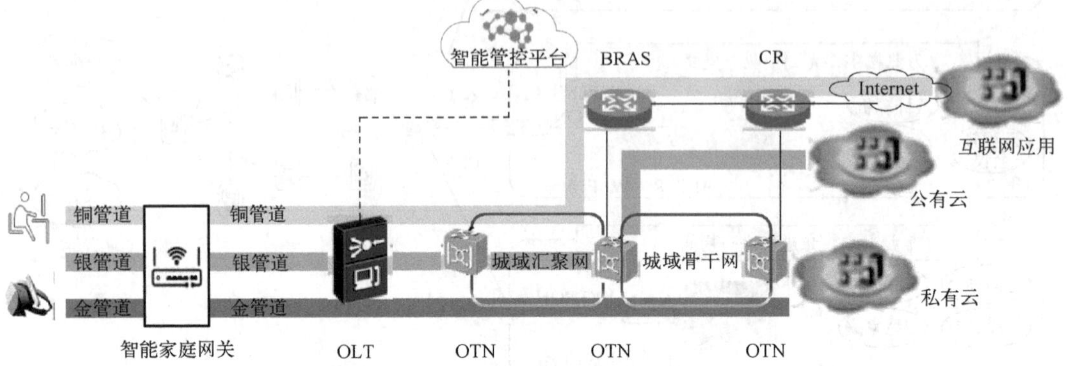

图 7-6 F5G 全光接入网端到端切片

在行业市场，F5G 全光接入网不仅通过一网多用满足行业市场用户的 SLA 需求，还利用虚拟专网对物理网络资源进行隔离。基于隔离的网络对象进行独立运维，F5G 全光接入网能够满足行业市场部分用户对独立运维的需求，实现一网多租户。

3. 网络智能化

网络智能化是 F5G 全光接入网的关键特征之一。通过利用网络全量数据并借助 AI 智能决策，网络智能化能够大幅减少传统人工参与的工作量，释放人力，提升运维效率。同时，还可以拓展网络维护和运营的边界，提供更强大的网络维护手段和新的业务模式。

智能分析决策的实现离不开一个“高速全量”的数据底座，以此达成实时感知的目的。所谓“高速”，意味着数据能够按照秒级甚至亚秒级的周期进行采集，从而精细地捕捉信息的动态变化。而“全量”则要求数据底座涵盖网元、物理链路、逻辑链路、应用流等各个层级的数据，并且还能够覆盖像家庭网络 PON 光路这样的网络分段部分。

网络智能化对于 F5G 全光接入网，是提升效率的关键所在。通过引入 AI 技术能有效解决电信领域存在的预测性、重复性及复杂性等问题，进而显著提高效率。如图 7-7 所示，网络智能化的总体方案由一级平台、分析平台、OLT 网元(含智能板)及 ONT 组成。一级平台承担模型的离线训练与发布；分析平台由南向采集器、大数据平台、操作系统(OS)、在线推理平台及推理应用构成，负责长周期的数据分析和闭环决策下发；智能板负责边缘数据采集、预处理与压缩，还承担中周期数据分析以及闭环决策下发任务；OLT 和 ONT 则主要负责业务流量的转发，以及执行对实时性要求较高的短周期闭环操作。

4. 敏捷自动化

F5G 全光接入网的光联万物导致网络规模变大，网络复杂性增强，需要提供自动部

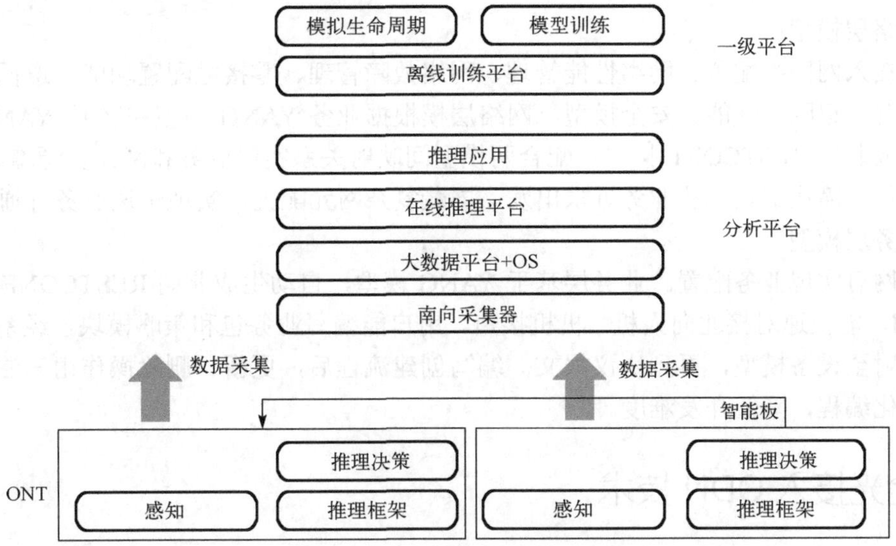

图 7-7 F5G 全光接入网网络智能化

署、实现新业务快速上线。通过网络分层型化，可以速实现控制器北向接转灵活编排，可以方便实现设备的自动配置，从而降低业务发放时间，促使新业务快速上线。

如图 7-8 所示，F5G 全光接入网管控析平台对网络进行分层化与模型化管理，具体分为网元层、网络层和业务层。每一层采用模型驱动的配置方式，定义通用的资源、配置和运行模型，结合网络资源情况及下发的配置，实现自动化操作。

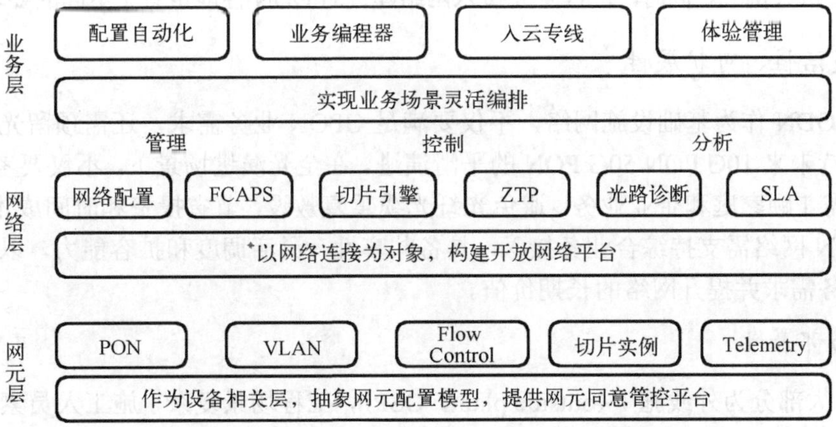

图 7-8 F5G 全光接入网网络管理分层模型

1) 网元层模型

实现接入网网元的设备管理、PON 线路管理和安全管理，包括北向提供原子接口、降低网络层配置复杂度。网元层模型基于 YANG 模型(一种数据建模语言)实现驱动可编程，可自动生成北向接口和南向协议报文。北向接口开放，用户可通过定制和加载设备 YANG 模型来开发网元层功能或定制设备功能，实现设备能力开放。

2）网络层模型

实现接入网网络配置、网络性能管理、网络故障管理、零接触配置功能。遵循 ISO 故障、配置、记账、性能、安全模型，网络层模根据业务 YANG 模型和网元 YANG 模型自动生成北向 RESTCONF 接口，配合两模型间映射关系实现业务和网元资源增、删、改、查操作，简化配置，从业务诉求出发，屏蔽复杂网元配置，实现快速业务开通。

3）业务层模型

接入网可实现业务配置。业务层基于 YANG 模型，自动生成北向 RESTCONF 接口与 APP UI，能快速对接北向人机、机机接口。用户能编写业务包和策略模块，经系统业务模型映射至设备模型，再到协议报文。编写创建流程后，更新、删除操作由算法自动生成，简化编程，降低开发难度。

7.3 全光接入 ODN 技术

7.3.1 全光接入对 ODN 的要求

F5G 全光接入网络建设中，“最后一公里”光纤敷设与接入最为复杂。这涉及获取路权、挖沟埋缆、与物业沟通、光纤入户以及业务发放等众多难题。路权、土建和入户方面的成本在光接入网络建设总成本中占比颇高。土建工作包含路权获取、挖沟以及埋管等网络覆盖相关任务，入户操作则囊括光纤入户时的挖沟、埋管以及光纤安装等用户端的作业。所以 ODN 建设面临着极大挑战。同时，F5G 全光接入网络建设对 ODN 性能也有了更高的要求。

1. 灵活性、可扩展性

现网 ODN 作为基础设施网络，不仅要满足 GPON 业务需求，还需预留光功率预算余量以支持未来 10G PON/50G PON 的平滑演进。在全光演进场景下，不仅要考虑 FTTH 业务，还需兼顾家庭和企业业务，避免光纤光缆重复敷设，节省投资和时间成本（TTM）。因此，ODN 网络需支持综合业务接入，具备共享性、灵活调度和扩容能力，以适应不断变化的业务需求并提升网络的长期价值。

2. 易部署性

ODN 大部分为外线施工（outside plant，OSP），工程场景复杂，施工人员素质参差不齐，导致部署周期长。因此，ODN 部署应尽可能简化，降低对施工人员技能的要求，以便快速部署，缩短 TTM，实现网络的快速建设和快速收益。

3. 可维护性

ODN 网络应具备可维护性，在网络出问题时，能快速定位，快速修复故障。

4. 可靠性

ODN 是无源设备，是全光接入网业务发展的基石，在全生命周期内，应具备高可靠性，做到“一次敷设，二十年不动”，避免因可靠性问题而需要重建，浪费投资。

7.3.2 预连接技术

在工程施工中，光纤熔接一直是 ODN 施工中技术含量较高的环节，需要训练有素的熔接技工操作，这就导致光缆部署施工成本高、进度慢，熔接常成为工程瓶颈。为此，早在 2000 年，行业率先提出预连接概念并逐步产品化。预连接是将光缆在工厂预制好满足室外防护和环境使用要求的连接头，施工现场将预制缆直接插入光缆分纤箱(fiber access terminal，FAT)外露的连接头，实现光纤对接功能。预连接技术具有以下特点和价值。

(1) 无须熔接和专业技术工人，普通工人即可实现光缆的接续工作。

(2) 所有 FAT 连接头外露，光纤连接时无须打开设备。

(3) 施工现场即插即用，省去熔接场景复杂的光缆开剥和光纤管理工作，施工效率高。

(4) 设备和预连接缆全解耦，可以并行施工。

7.3.3 不等比分光

分光器是 ODN 中核心的无源光器件，PON 口输出的光信号通过单根光纤传递到指定位置后，通过分光器分支成 *n* 根光纤，实现 1 个 PON 口接入多个用户的功能。分光比典型为 1：64，常用分光比包括 1：8+1：8、1：4+1：8 两级分光和 1：64 一级分光。传统 ODN 中使用的分光器均为等比分光器，输出的每根光纤中光功率相同，因此分光器下连接的盒子均为并联关系。以 1：8+1：8 两级分光为例，如图 7-9 所示。

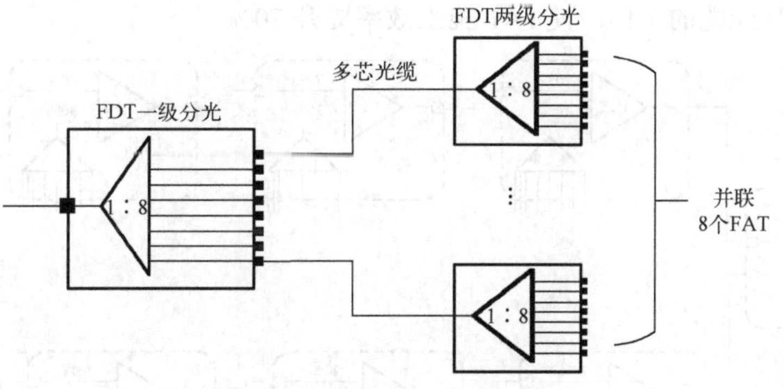

图 7-9 典型的等比两级分光原理图

光缆在光缆交接箱(fiber distribution terminal，FDT)中经过一级分光后，需采用多芯光缆将分光器端口引出。随后，在安装光缆分纤箱(FAT)的位置，将多芯光缆剥开并剪断一根光纤，安装 1 个 1：8 分光器，剩余光纤继续向下连接直至分光器端口。等比分光的 FDT 与 FAT 连接方式如图 7-10 所示。

在网络建设过程中，工程实践表明，传统 ODN 部署中最烦琐、工作量最大的环节集中于配线段，也就是 FAT 处的布放，主要存在如下三个问题。

(1) 由于一级分光器往下的端口是并联关系，因此需要使用多芯光缆(12/24 芯)来串联多个 FAT。

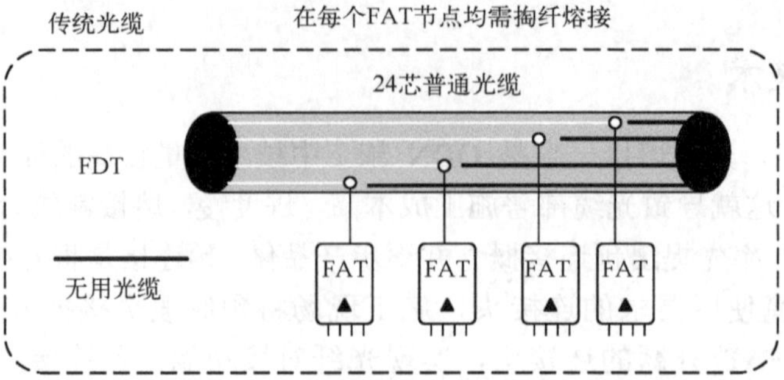

图 7-10　等比分光 FDT 和 FAT 连接图

(2) 每个 FAT 都需要将多芯光缆开剥，并找出对应的光纤进行熔接，还需要管理未熔接的剩余光纤，操作烦琐，费时费力。

(3) 多芯光缆中已经使用的光纤在后续光缆路由中是无用的，这无疑会造成光缆的浪费。

为解决传统 ODN 布放存在的问题，业界提出了一种基于不等比分光器的组网方案，如图 7-11 所示。该方案改变了传统等比分光的组网逻辑。在典型组网场景中，它在 FAT 中的 1∶8 分光器前增加了一个 1∶2 不等比分光器。典型情况下，该分光器按 70%和 30%的比例将输入光功率一分为二，30%的光功率分给 1∶8 分光器，70%的光功率进入后续光纤，串联下一级 FAT。该方案一条链路最多可串联 4 个 8 端口的 FAT，因此一条链路共下挂 4×8 = 32 个用户，实现 1∶32 的总分光比。若需实现 1∶64 的分光比，可在 FDT 位置放置一个等比的 1∶2 分光器，使一个 PON 口下挂两条 32 个用户的链路，从而实现 1∶64 的总分光比。结合单芯光缆和预连接技术，如图 7-12 所示，可省去 FAT 开剥光缆、开箱熔接和管理光缆的工作，使 FAT 施工效率提升 70%。

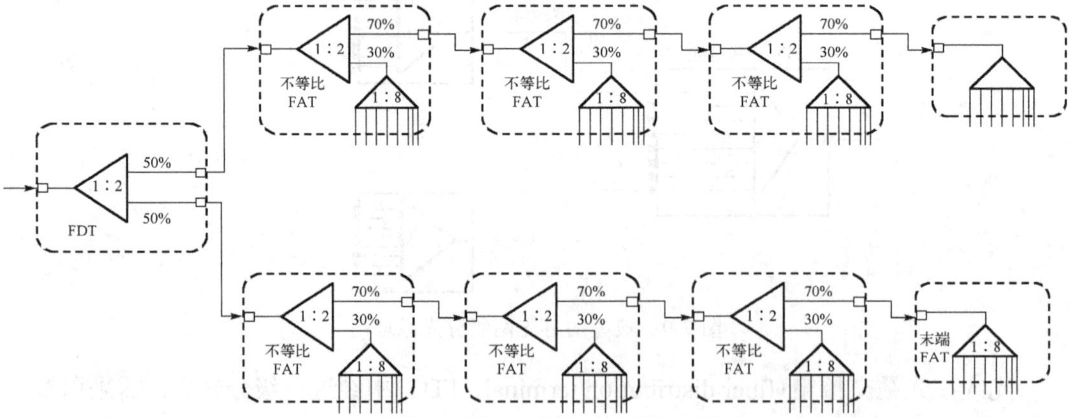

图 7-11　不等比分光案示意图

上述可知，不等比分光技术需要在 FAT 安装一个 1∶2 分光器和 1∶8 分光器。这两个分光器需要通过熔接方式连接起来。相对传统组网方式的 1∶8 分光器，其器件更多，增加了熔接操作，从而降低了方案竞争力。基于该方案的缺点，业界发明了 1∶9 分光器。通过平面光波导(planar lightwave circuit，PLC) 技术将两个分光器集成在一个 PLC 芯片中，让其与 1∶8 分光器大小和形态一致。目前，基于 1∶9 分光器的 ODN 不

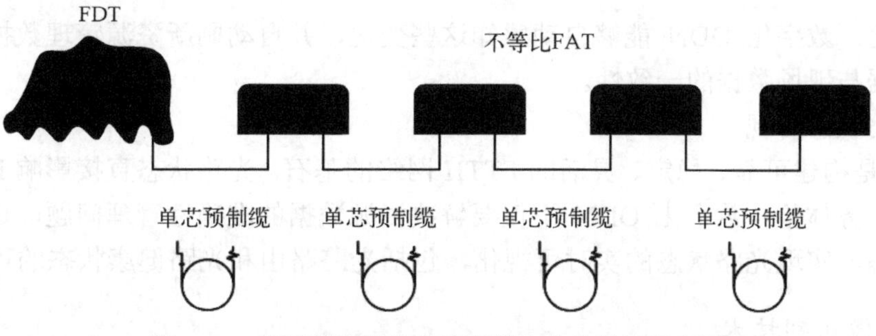

图 7-12 基于预连接技术的不等比分光组网示意图

等比方案是最为典型的场景。在实际应用中，根据用户端口数量的不同可能还会涉及 1∶5 和 1∶17 等不同分光比的场景，可根据组网需要进行选择，1∶9 不等比分光器原理图如图 7-13 所示。

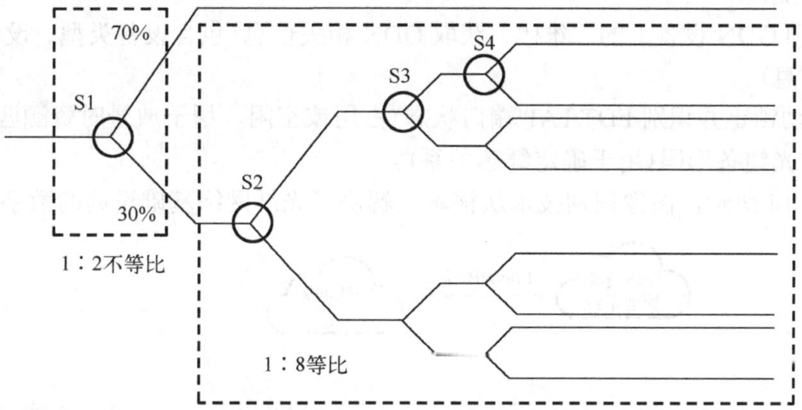

图 7-13 1∶9 不等比分光器原理图

7.3.4 数字化技术

ODN 的无源特性决定了其管理无法自动化，必须依赖于人工。自 ODN 诞生以来，ODN 哑资源数据不准一直是运营商面临的主要难题之一。

1. 数字化 ODN

数字化 ODN 在保持 ODN 无源特性的同时，贯穿规、建、装、维、营全生命周期，避免 ODN 资源数据人工录入，解决 FDT/FAT 端口状态变化依赖人工管理导致的不确定性和效率低下的问题。数字化 ODN 主要具有以下特点。

1) 数据流转无纸化

基于 AI 的图像识别，快速获取 ODN 设备和线缆连接关系，生成完整的 ODN 资源信息，便于资源同步。

2) 资源变化可自动感知

ODN 资源变化主要发生在放号和运维阶段，涉及 FDT 和 FAT 端口状态变化以及纤芯关系变化。数字化 ODN 能够自动感知这些变化，并自动刷新资源管理数据库，确保数据库数据与现场数据的一致性。

3) 光路状态可视

ODN 是构建可靠、稳定、灵活的 FTTH 网络的基石，光路状态直接影响 FTTH 的放号和用户业务体验。数字化 ODN 不仅要解决资源数据的准确性管理问题，还要能够感知光路状态，实现光路状态的实时可视化，包括光路路由和光路健康状态的可视。

2. 图像识别技术

随着人们对带宽需求不断攀升，光纤接入网络因无源技术的优势，正逐步取代铜线网络。但海量无源 ODN 端口依赖人工管理维护，给运营商带来巨大运维难题。当下，基于图像识别技术的数字化 ODN 是前沿的 ODN 端口管理手段，图像识别技术主要具备以下两大功能。

(1) 识别 ODN 设备上的二维码，获取 ODN 相关信息(包含设备类型、设备规格、生产日期等信息)。

(2) 自动锁定并识别 FDT/FAT 端口状态(占用或空闲，用于放号时资源匹配)，以及端口连接的光缆条形码(用于确定纤芯关系)。

如图 7-14 所示，图像识别技术从根本上解决了光纤网络基础设施的数字化问题。

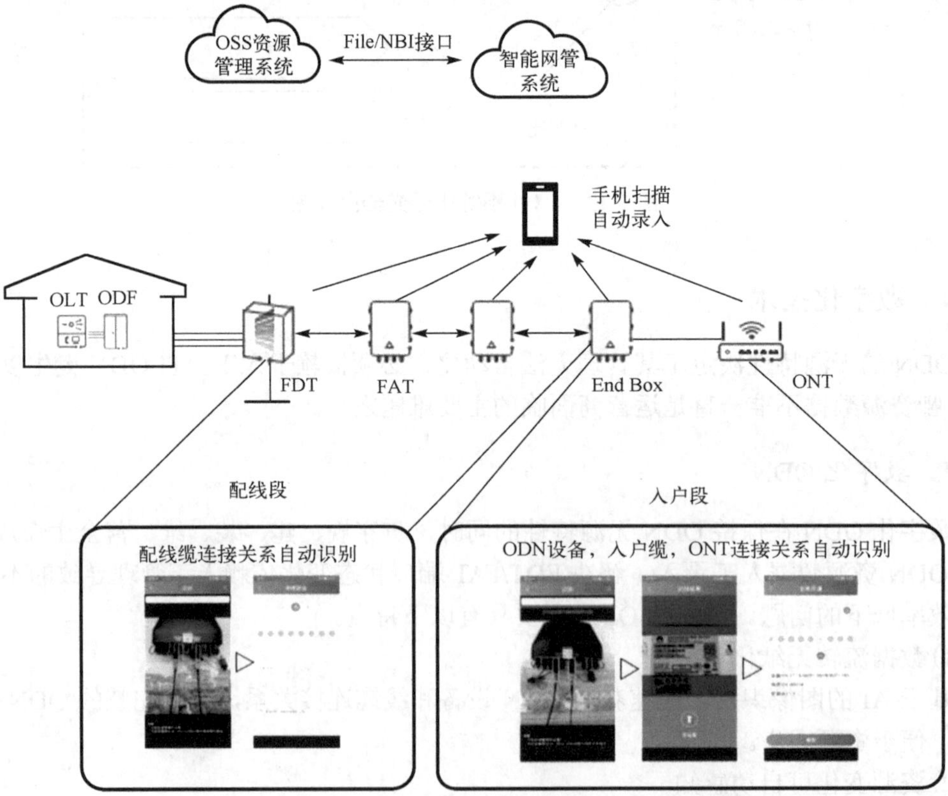

图 7-14 图像识别技术

为了使光纤接入网络全面实现数字化，数字化 ODN 设备上预置了图像识别所需要的三个关键因素，如图 7-15 所示。

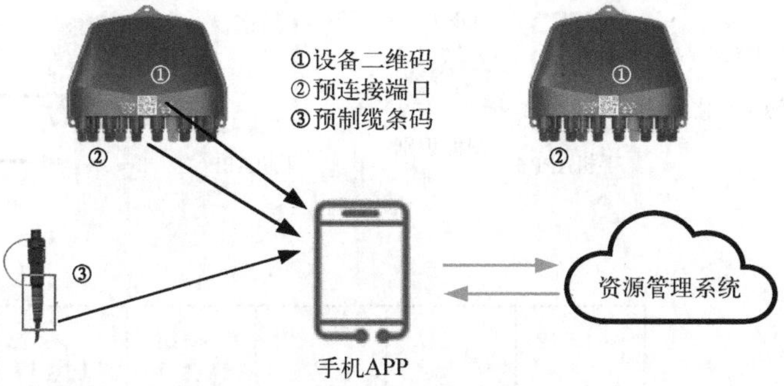

图 7-15　图像识别关键因素

(1) 设备二维码：包含的信息能够体现设备的型号和规格，全球唯一的内容是其区分于其他设备的标识信息。

(2) 合理的端口布局：图像识别需采集图像信息来处理，合理的端口布局是数字化识别的基础。运用 AI 图像识别算法，系统能精准识别设备类型、端口占用状况以及端口连接线缆的条码等重要信息，随后将这些信息回传到后台系统，进而达成对 ODN 设备资源的精准管理。

(3) 光缆条码：配线缆采用双端预制缆，两端自带相同的一维条码。入户缆单端预制一维条码。

数字化 ODN 资源录入和管理分为网络建设阶段和业务发放阶段，不同阶段负责不同的资源录入和管理。

(1) 网络建设阶段：通过手机 APP 拍照，可快速识别 ODN 设备和线缆，还原设备端口拓扑、设备类型及设备端口与配线编码的对应信息。装维人员能够据此快速、准确地完成 ODN 资源信息录入，如图 7-16 所示。

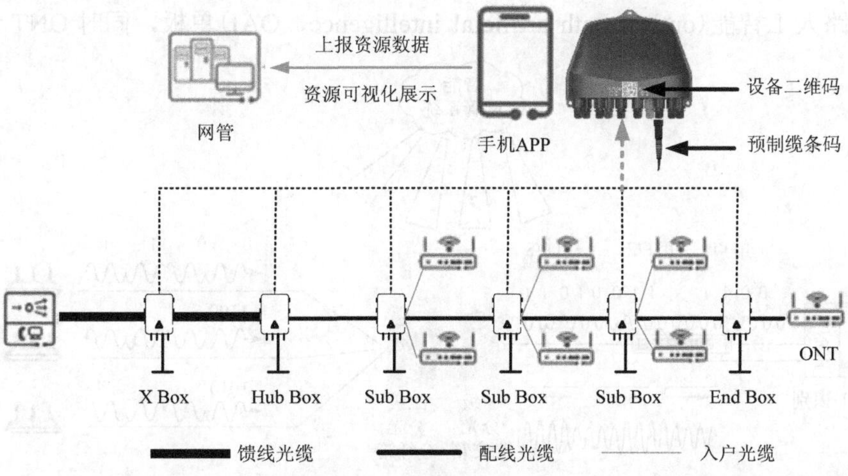

图 7-16　网络建设阶段

(2)业务发放阶段：通过AI智能识别，快速建立放号设备、放号端口及入户线缆拓扑关系，实现快速业务发放及数据准确录入，如图7-17所示。

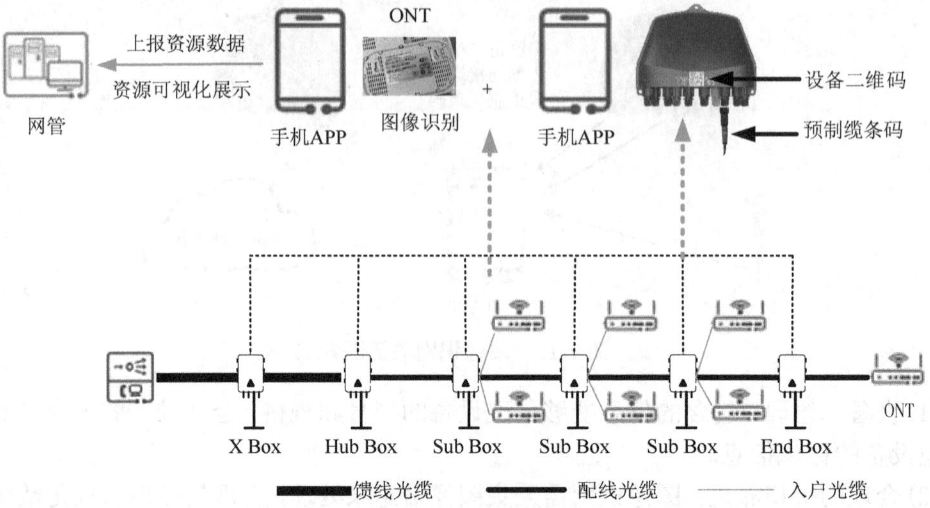

图7-17 业务发放阶段

3. 光虹膜技术

基于图像识别技术的数字化ODN虽可实现FTTH物理端口的自动化录入、管理与维护，却难以应对运营商网络运维里状态实时监控、故障预知及故障诊断等难题。于是，基于光虹膜技术的数字化ODN便顺势出现了。

光虹膜技术不仅能远程实时察觉资源变化，还能够达成光路状态可视化，有效解决远程自动验收、远程自动评估、光路故障分界定位、光路健康状态感知等一系列问题。

如图7-18所示，光虹膜数字化ODN技术是在ODN(由光纤和分光箱组成)中部署具备光虹膜的分光器，每个分光器端口上增加唯一编码的标记，在OLT上增加用于数字化管理的光路人工智能(optical path artificial intelligence，OAI)单板，同时ONT进行必要

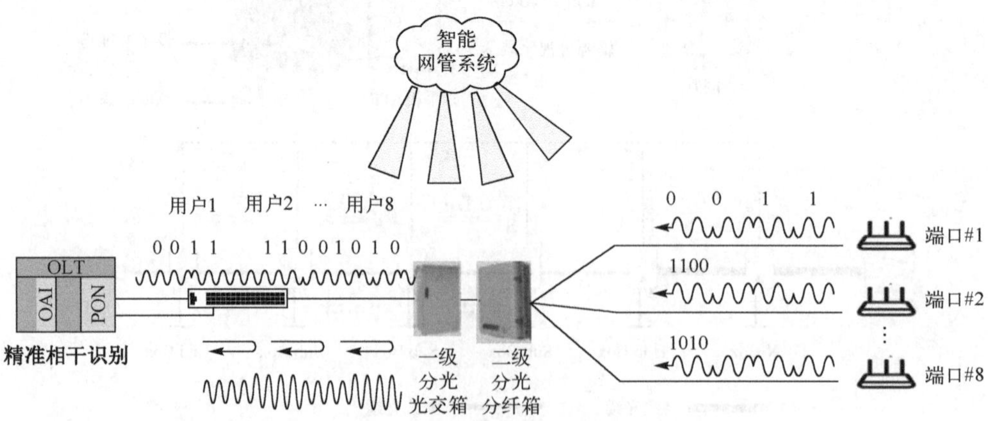

图7-18 光虹膜技术应用

的管理适配。网管系统通过 OAI 单板实时采集每一个分光器端口和 ONT 的连接关系，可实现如下功能。

(1) 网络拓扑自动还原，可自动建立 PON 口、分光器端口和 ONT 之间的对应关系。

(2) OAI 板可远程采集 ODN 链路总损耗及分光器端口位置损耗，用于网络建设阶段的自动验收、运维阶段链路质量恶化预警以及故障位置的精准分责定位，实现运维的离线与在线管理。

7.4 低延时 PON 技术

近年来，随着互联网新兴业务的崛起和 PON 系统在行业应用场景的不断延伸，PON 系统的带宽需求进一步增加，下一代 PON 方案的选择成为业界关注焦点。在中国运营商及设备商的共同努力下，ITU-T SG15-Q2 于 2018 年 2 月正式启动 50G 单波长 PON 标准立项。选择 50G TDM PON（单通道 50G PON）作为 10G EPON 和 XG(S)PON 的下一代 PON 技术，面向 2025 年左右部署已成为业界共识。在 50G PON 系统标准的制定和讨论中，除了带宽需求外，低时延特性也受到重视。由于新业务和新场景的需求，多个低时延相关技术方案被提出并落实到相关标准中。这些低时延 PON 技术不仅可以应用于 50G PON，也可应用于当前的 10G PON。通过引入这些低时延技术方案，PON 系统的最大时延可由原来的毫秒量级降至 200ps 甚至更低，显著提升网络性能，满足未来多样化业务的需求。

7.4.1 单帧多突发技术

在 TDM PON 系统里，上行采用 TDMA 复用机制。OLT 承担着为 ONU 分配和调度上行发送时隙的任务，ONU 仅能在 OLT 分配的时隙内发送上行数据。鉴于 PON 系统采用点到多点的物理拓扑连接方式，OLT 必须合理地把接收时隙分配给所有 ONU。对于任一特定 ONU 而言，其上行时隙窗口有限。在某个上行时隙结束到下一个时隙开始的时段，属于其他 ONU 的发送时隙，该特定 ONU 此时不能发送任何上行数据，在此期间待发送的数据会在 ONU 本地缓存，直至下一个时隙来临才发送。所以，上行时隙间隔对 ONU 的上行时延影响显著。

在 ITU 体系的 TDM PON 系统中，ONU 的上行时隙分配信息包含在每个下行帧帧头固定开销的带宽映射（bandwidth map，BWmap）中，每个 BWmap 可完成对应下行帧 125μs 内的上行时隙分配，从而确保上行数据的有序传输。ONU 在每帧内获得的突发时隙数量与上行数据的最大时延密切相关，如图 7-19 所示。当每 125μs 帧内，ONU1 仅获得 1 个上行发送时隙时，其发送间隔和最大上行时延均为 125μs；当 ONU1 在每帧中获得 4 个上行时隙时，各时隙间隔缩短至 125/4 = 31.25μs，上行时延相应减少至原来的 1/4，从而有效提升数据传输的实时性和效率。

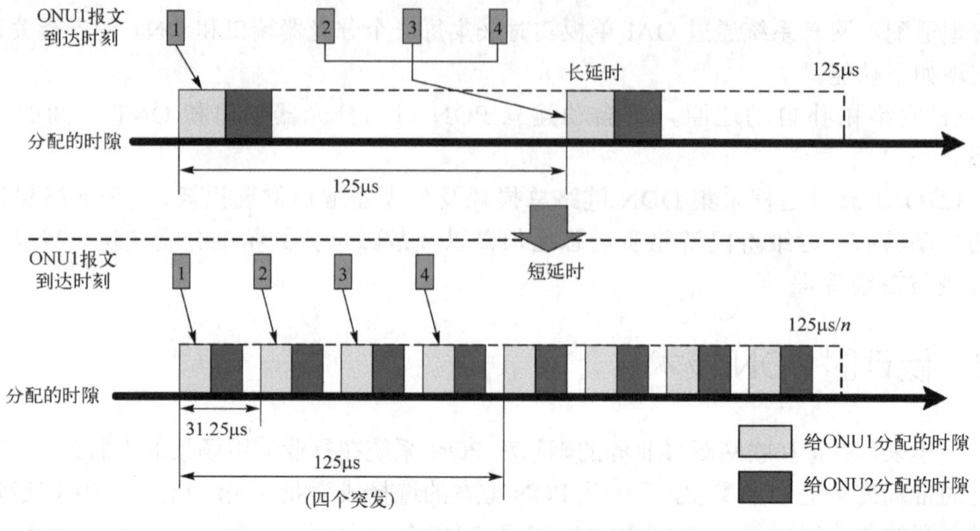

图 7-19 单帧多突发技术原理图

7.4.2 独立注册通道技术

TDM PON 系统中引入时延和抖动的另一个关键因素是新 ONU 的注册与测距过程。为了确保新 ONU 能够顺利接入，OLT 会定期开启静默窗口，在此期间，已注册的 ONU 不得发送上行数据，仅未注册的 ONU 可以发送注册请求消息。由于典型 PON 系统需覆盖 0～20km 的 ONU，光纤传输的往返时延差可达 200μs。因此，在 ONU 注册阶段，静默窗口通常设定为 250μs，其中 200μs 用于不同 ONU 到 OLT 的往返时延差，2μs 为 ONU 响应时间差，额外 48μs 作为 ONU 在接收授权开窗后的随机时延，以降低距离相近 ONU 在上行注册时的冲突概率。除了注册过程外，当 ONU 需要测距时，OLT 同样需要利用上行静默窗口进行操作。

由于注册/测距窗口期间正常 ONU 无法发送上行数据，若 ONU 此时有上行业务，则需等待静默窗口结束后再发送。因此，PON 系统的注册/测距窗口会引入额外时延，通常为 250μs。

为减少注册/测距开窗导致的额外时延和抖动，一种有效方案是引入额外的波长通道。OLT 和 ONU 均配备两个上行通道，其中一个用于正常业务与管理，另一个专门用于注册/测距，同时该通道也可用于发送上行业务。

在典型 PON 系统中，采用独立注册通道的架构如图 7-20 所示。该系统包含两个上行波长通道和一个下行波长通道，上下行分别使用不同波长，并通过波分复用共享同一 ODN，实现高效数据传输和灵活调度。ONU 的激活响应报文发送及激活后用户数据传输可按业务需求灵活配置到相应通道。例如，第一上行通道可用于激活+用户数据传输（此通道时延较大，适合传输对时延不敏感的业务，如批量数据同步），而第二上行通道专用于用户数据传输（作为低时延通道，适用于时延敏感业务，如语音和视频通信）。或可反向配置，使第一通道专用于用户数据，第二通道用于激活+用户数据传输，以适配不同业务场景需求。在特定应用场景下，为实现上行通道间的负载均衡，OLT 的两个 DBA 调度模块需进行信息交互，以提高上行带宽调度效率，确保不同业务的稳定性和高效性。此外，两个上行通道的带宽授权可通过同一下行通道的 BWmap 分配，从而优化系统资源利用率。可见，在 TDM PON 系统中，引入额外的注册/测距通道能有效消除业务通道因注册/测距窗口带来的额外时延和抖动。

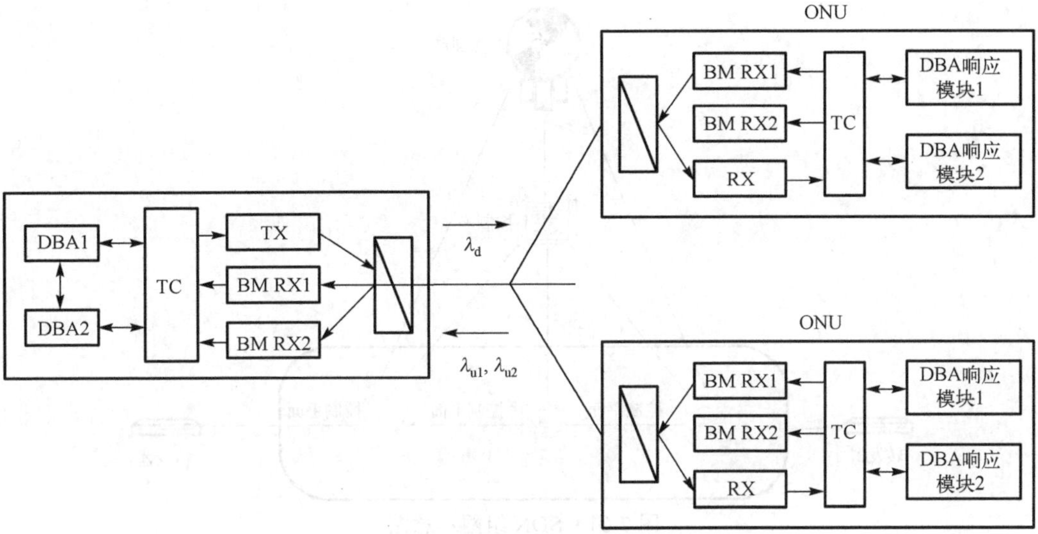

图 7-20　独立注册通道示意图

7.5　全光接入网自动化技术

接入网具有“海量网元、海量连接、海量场景”三大特征。要实现自动化的设计目标，全光接入网需引入软件定义网络（software defined network，SDN）、元数据驱动和 NETCONF/YANG 等关键技术。

7.5.1　SDN

不同行业、不同组织因其应用场景、目标和实施方法的不同，对 SDN 的理解也千差万别。现在业界普遍接受将 SDN 定义为以下三类。

(1) 狭义 SDN：等同于 Openflow。

(2) 广义 SDN：控制与转发分离。

(3) 超广义 SDN：管理与控制分离。

鉴于 SDN 给传统分布式网络带来了颠覆性的影响，行业内普遍形成这样的认知：未来的 SDN 需具备三大基本特征，以此来弥补现有分布式网络架构在扩展性、管理性、灵活性等方面存在的缺陷，加快整个网络的更新换代进程，进而推动整个行业向前发展。如图 7-21 所示，SDN 所应具备的三大基本特征如下。

(1) 转控分离：将原有转发、控制一体的形式一分为二，抽象网络底层转发设备、屏蔽复杂度，而上层控制实现高效配置和管理。

(2) 集中控制：将所有设备的控制功能都集中起来，具有更好的全局观，便于资源统一调度。

(3) 开放接口：通过标准接口，实现开放 APP 应用以及通过软件可编程，便于快速引入新业务。

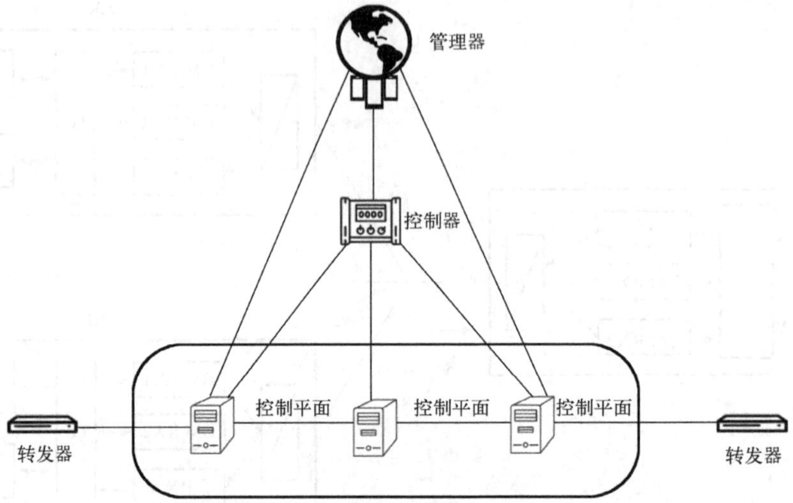

图 7-21　SDN 组网示意图

SDN 的本质在于软件定义网络，其目标是借助应用软件参与网络的控制与管理，以契合上层业务的需求，并通过自动化的业务部署来简化网络运维工作，这便是 SDN 的核心诉求。控制与转发相分离不过是达成这一核心诉求的一种方式。在电信领域，SDN 意味着对现有网络架构的重新构建，未来的网络业务只需通过对 SDN 控制器进行编程，以及对控制器上的软件程序进行添加和升级，便能实现新业务的部署，从而迅速满足客户灵活多样的需求。相较于传统网络，SDN 拥有以下优势。

(1) 将网络协议集中处理，有利于提高复杂协议的运算效率和收敛速度，可以实现路径的实时选择。

(2) 控制的集中化有利于从更宏观的角度调配传输带宽等网络资源，提高资源的利用效率。

(3) 集中的管理控制面降低了设备安装和维护的工作量。

(4) 虚拟切片，依赖于 SDN 的可编程性和适当的 Underlay 运输层技术，可以在一个物理网络上实现多个虚拟网络。

(5) 控制策略软件化，是网络自动化的基础。

7.5.2 元数据驱动

元数据在业界的通用定义为：对数据描述的数据，用于承载有关数据的组织、数据域以及关系等信息。在模型驱动架构（MDA）中，元数据具体是指用来描述软件应用的配置文件和脚本。应用开发者能够把系统中可变化的部分进行抽象处理，并将其定义为元数据，进而构建出一个基于元数据驱动开发的系统。MDA 元数据具备以下关键特征。

(1) 端到端：包括应用的数据和数据结构、界面、服务、业务逻辑、权限、远程调用 API 等各种配置数据。

(2) 可控性：通过对配置文件的配置及脚本的开发更改可控制应用程序的界面呈现、业务逻辑走向及数据存储等。

MDA 基于用途的元数据分类如图 7-22 所示。

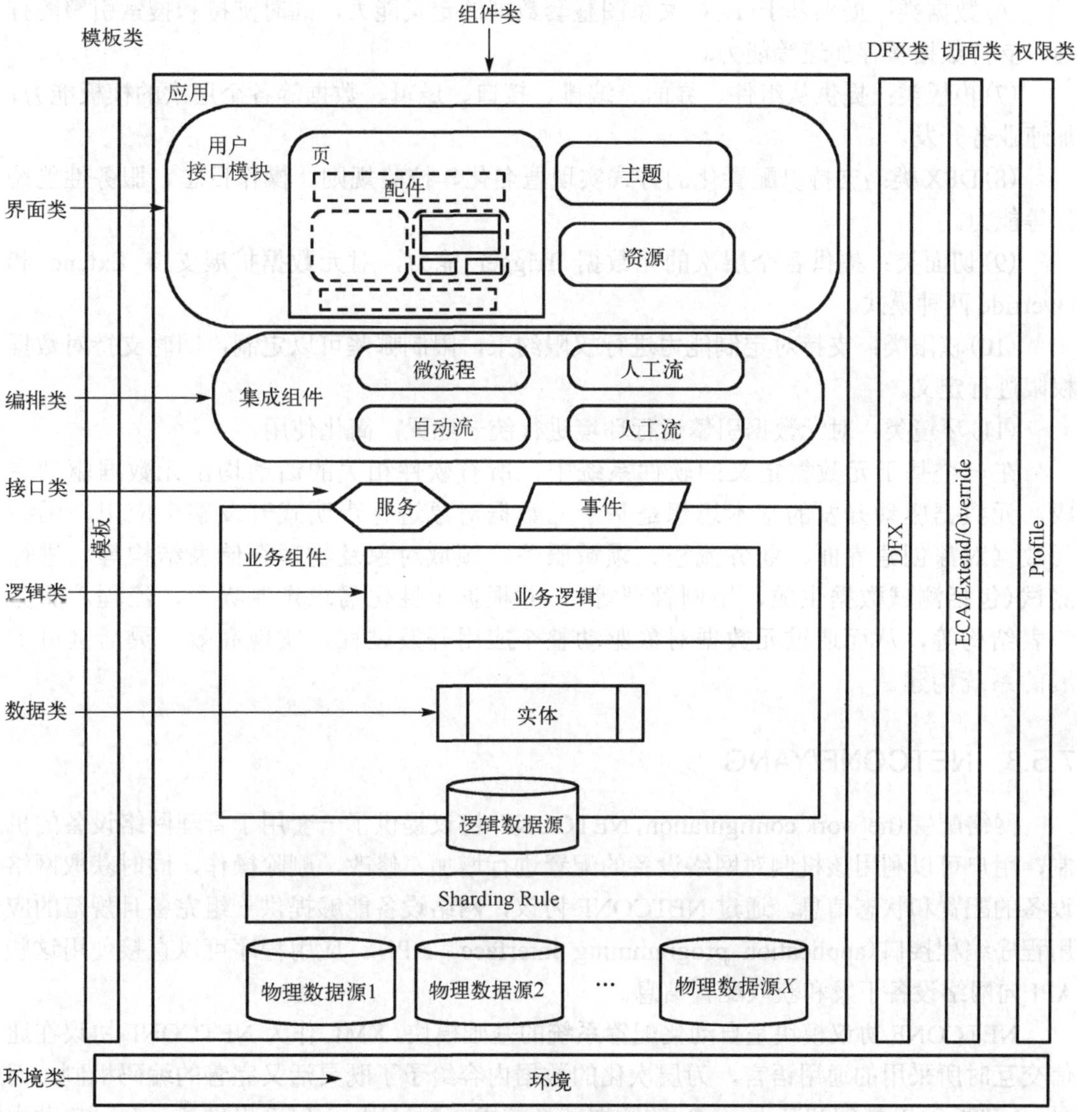

图 7-22　元数据的分类

(1) 组件类：提供应用、组件以及基于组件的插件的元数据类型能力支持，对于定制插件的方式，支持定制和定制分离。

(2) 界面类：提供从站点、主题、页面流、页面、页面组件及页面资源的元数据类型定义，支持拖拽式开发页面。

(3)编排类：具备对多个应用或组件之间的服务进行编排的能力，凭借这种编排可生成新的业务能力，同时能够支持诸如微流程、人工流、决策流等多种不同的编排方式。

(4)接口类：提供服务和事件项结合的方式，组件只能通过服务和事件对外暴露能力。

(5)逻辑类：支持脚本、可扩展标记语言(extensible markup language，XML)、代码等多种业务逻辑实现方式，同时提供业务规则、上下文等处理能力。

(6)数据类：提供基于 E-R 关系图整套数据的定义能力，同时支持和搜索引擎的打通，支持数据缓存加速等能力。

(7)模板类：提供从组件、界面、编排、接口、逻辑、数据等各个层次的模板能力，加速业务开发。

(8)DFX 类：支持以配置化的方式实现匿名化、校验规则、操作日志、服务性能统计等能力。

(9)切面类：提供各个层次的元数据 Trigger 能力，对元数据扩展支持 Extend 和 Override 两种模式。

(10)权限类：支持对定制能力进行权限约束，限制哪些可以定制，同时支持对数据权限进行定义。

(11)环境类：对元数据引擎运行环境进行统一配置，简化使用。

在一个基于元数据定义的软件系统中，所有软件相关的活动均由元数据驱动完成。元数据驱动开发的基本思想是基于元数据对象进行声明式开发整个应用，围绕元数据对象创建界面、业务流程、领域服务、领域对象及物理存储表结构等，进行测试(包括测试数据生成、用例管理等)，并根据个性化需求定制界面、流程、服务和表结构等，从而通过元数据对象驱动整个应用开发过程，实现高效、灵活且可扩展的系统构建。

7.5.3 NETCONF/YANG

网络配置(network configuration，NETCONF)协议提供了一套用于管理网络设备的机制，用户可以利用该机制对网络设备的配置进行增加、修改、删除操作，同时获取网络设备的配置和状态信息。通过 NETCONF 协议，网络设备能够提供一组完备且规范的应用程序编程接口(application programming interface，API)。应用程序可以直接使用这些 API 向网络设备下发和获取配置信息。

NETCONF 协议模块是自动化配置系统的基础模块。XML 作为 NETCONF 协议在通信交互时所采用的通用语言，为层次化的数据内容给予了既灵活又完善的编码机制。而且，NETCONF 能够和基于 XML 的数据转换技术搭配运用。XSLT 提供了一个可自动生成部分或者全部配置数据的工具。这个工具能够从一个甚至多个数据库里查询与配置相关的数据，接着依据不同应用场景的具体需求，利用可扩展样式表语言转换(extensible stylesheet language transformations，XSLT)脚本，把这些数据转换成指定的配置数据格式，最后通过 NETCONF 协议把这些配置数据上传到设备并执行。

NETCONF 协议客户端和服务端之间通过远程过程调用(remote procedure call，RPC)

机制进行通信交互。客户端必须与服务端成功建立一个安全的、面向连接的会话，才能进行交互。

NETCONF 协议在概念上可以划分为四层，如图 7-23 所示。

(1) 传输协议 (transport protocol，TP) 层为 NETCONF 客户端与服务端之间交互提供通信路径。NETCONF 可以使用任何符合基本要求的传输层协议承载。

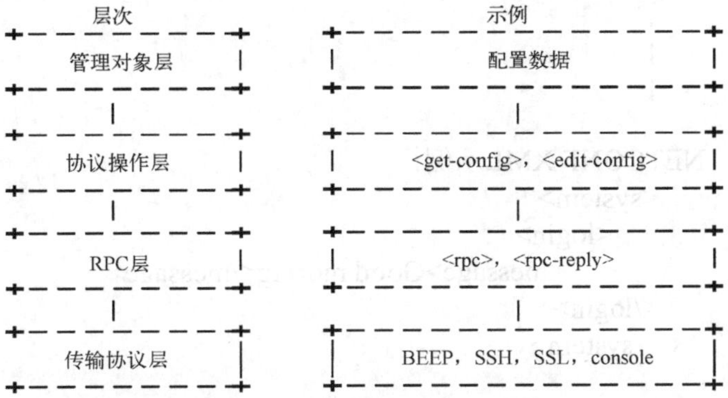

图 7-23 NETCONF 协议框架

(2) RPC 层提供一种简单且独立于传输协议层的机制，用于生成 RPC 请求和回应消息框架。客户端将 RPC 请求内容封装在<rpc>元素内发送给服务端；服务端将请求处理结果封装在<rpc-reply>元素内回应给客户端。

(3) 协议操作 (operations) 层定义一组基本的操作，作为 RPC 的调用方法，可以使用 XML 编码的参数调用这些方法。

(4) 管理对象 (content) 层定义配置数据模型，数据模型定义依赖 NETCONF 的实现情况。

YANG 是 IETF 在 RFC 6020 中定义的一种数据模型描述语言，用于支持 NETCONF 接口协议，实现网络配置的标准化。YANG 语言将数据组织成层次化的树形结构，这种层次化的数据可以被 NETCONF 操作 (配置、状态数据、RPCs 与通知)，并且能够完整表达 NETCONF 客户端与服务端之间的数据交互，如图 7-24 所示。

整个树形结构由节点 (node) 组成，每一个节点有一个名字，并有一个值 (leaf) 或者一组子节点。

(1) YANG 可以描述加在数据上的约束，可约束外观或者节点的值。

(2) YANG 定义了一组内嵌式的类型并提供了一种自定义类型的机制。YANG 同时可以允许定义可重用的节点组，这些节点组在实例化时可重定义。

(3) YANG 模块可以被翻译成对等的 XML 语法 YIN (YANG independent notation)，允许应用使用 XML parser 与 XSLT 操作模块，而且转换是无损的。

(4) 为了维护可扩展性，YANG 保持了对管理信息结构 (structure of management information，SMI) 的兼容性，即 SMI 描述的简单网络管理协议 (simple network management protocol，SNMP) 模块可以转换为 YANG 模块。

NETCONF/YANG 成为业界的发展趋势，越来越多的运营商要求支持设备和网络控制器支持 NETCONF 协议和标准 YANG 模型，YANG 生态如图 7-25 所示。

```
container system {
    container login {
    leaf message {
        type string;
        deseription
    "Message given at start oflogin session":
    }
    }
    }

NETCONF XML示例:
    <system>
        <login>
            <message>Good moring</message>
    </login>
    </system>
```

图 7-24　YANG 示例

图 7-25　YANG 生态

7.5.4　分层抽象和横向集成

接入网因面对的部署场景多样，导致接入技术复杂且设备厂家众多。传统纵向集成方式使接入设备集成到运营商 OSS 中耗时费钱。借鉴 SDN 接口 API 化、标准化、可编程调用思想，引入基于标准模型驱动的管控组件，通过分层抽象屏蔽技术和厂家差异，实现横向集成。如图 7-26 所示，缩小新技术和新设备导入的变动范围，通过南向标准模型 API 对接各厂家设备，加速新设备集成；通过北向提供开放 API 接口供上层系统调用，降低 OSS 集成难度，最终提升端到端自动化的开发和使用效率，推动网络运维的智能化转型。

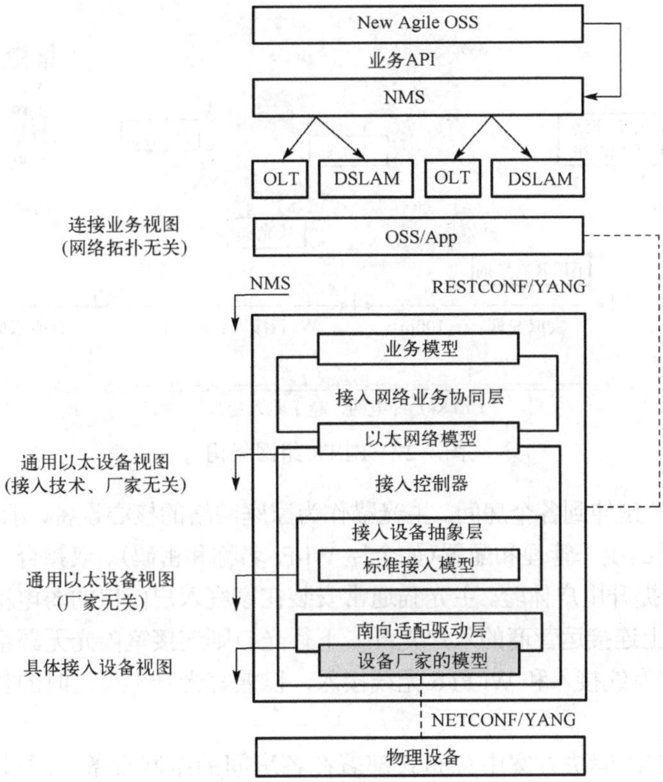

图 7-26　分层抽象和横向集成

7.6　全光接入网实例

7.6.1　全光家庭接入网

全光家庭接入网是基于全光接入提出的新一代家庭组网解决方案，其实质是光进一步走进房间，替代传统电力线、Wi-Fi 和网线等组网。FTTR 借助光纤本身体积小、重量轻、30 年超长寿命、不受电磁干扰、带宽无限演进等特性，为家庭组网演进提供了新的可能。通过将家庭网络覆盖从传统的网线方案升级为光纤方案，并结合 Wi-Fi 信号优化，减少干扰和不必要的穿墙衰减，FTTR 能够充分发挥带宽性能，使每个房间都仿佛独享一张光纤网络，极大地提升了家庭网络的整体性能和用户体验。

1. FTTR 组网架构

FTTR 组网主要由主光猫、从光猫、光无源组件、家庭网络管理平台/APP 四部分组成，具体如图 7-27 所示。

1) 主光猫

FTTR 架构下，光网络的末端进一步下沉到每个从光猫，主光猫起到“承上启下”的作

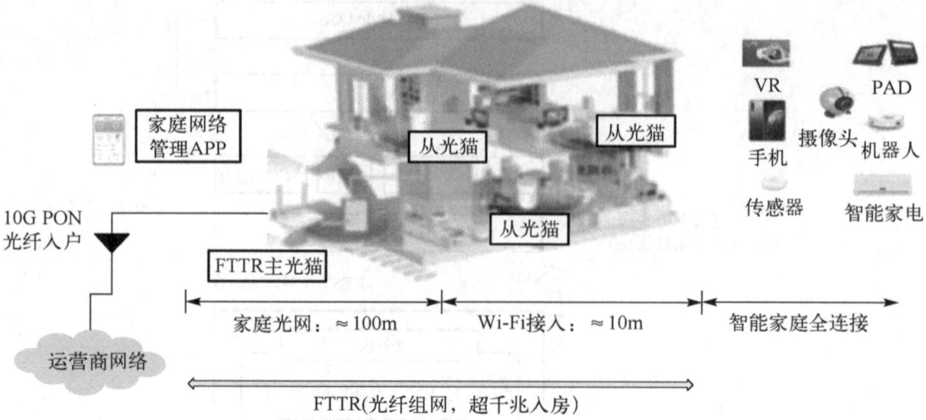

图 7-27　FTTR 组网架构

用，将“光进铜退”延伸到各个房间。主光猫作为家庭网络的核心设备，承担家庭网关功能，实现对所有从光猫的统一管理和配置(如全屋 Wi-Fi 名称和密码)、双频合一以及自动控制漫游切换，从而显著提升用户体验。主光猫通常安装在家庭入户门口的弱电箱处或客厅电视柜旁，其 PON 口向上连接运营商的入户光纤，下行光口则连接室内光无源组件的分光器。此外还提供以太网口有线接入和 Wi-Fi 6 无线接入，以兼容光纤不可达时的替代接入方式。

2) 从光猫

从光猫是 FTTR 解决方案中分布式部署在各房间的组网设备，通过光纤连接到主光猫，向下提供 GE 和 Wi-Fi 6 接入能力，是家庭终端的主要接入设备。从光猫工作在桥接模式下，由 FTTR 主光猫统一分配管理 IP 以及下挂设备的 IP 地址，从而将整个家庭构建成一张统一的、可互通的局域网。家庭内各个从光猫下接入的设备可以在超千兆带宽下实现投屏、文件共享等局域网互访操作。

3) 光无源组件

FTTR 室内光纤网络的部署，由于要同时考虑施工的便捷性与高效性，以及室内装修的美观性，所以必须设计出专门适用于家庭场景的光无源组件。这些组件包含分光器、家庭专用的透明隐形光缆以及光纤面板(外观类似于网口面板)，主要用于实现主从光猫之间的光纤连接。光无源组件的连接方案见图 7-28 所示。每个分光器能够接入四个接入点，并且还支持一个扩展口，通过这个扩展口可以接着接入下一个分光器。

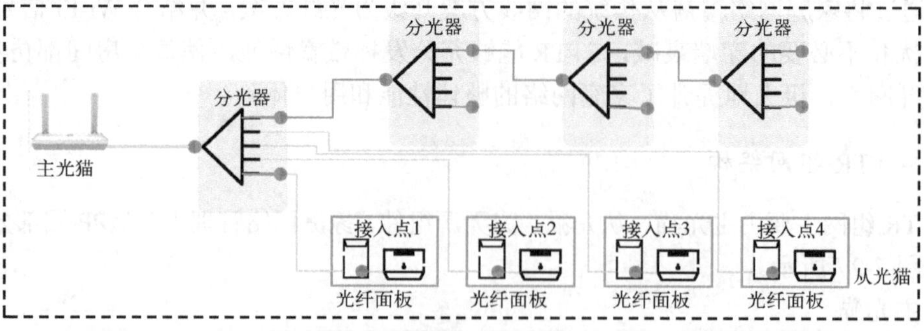

图 7-28　光无源组件的连接方案

4）家庭网络管理平台/APP

家庭网络管理平台集家庭网络的管理、控制与分析功能于一体，能达成对用户家庭网络的远程操控。涵盖查看家庭网络信息、家庭 Wi-Fi 网络配置，快速解决家庭网络问题等功能。同时，家庭网络管理 APP 充当着用户管理家庭网络的通道，用户可以开展网络及业务的配置工作、查询网络的实时状态，还能进行网络测速等操作。

2．FTTR 组网特点

1）光纤全连接

光纤从家庭的信息箱延伸至各个房间，实现家庭全光纤组网。FTTR 作为在用户家中开展的工程，面临诸如部署速度、美观、操作可行性等方面挑战。在家庭光网部署实施过程中涉及众多相关光器件，都是围绕上述几个挑战展开的，设计时充分兼顾这些因素，确保光纤全连接具有可实施性、易实施且能快速实施。所以有必要设计专用于家庭场景的光纤网络组件。比如，室内专用超柔蝶形光缆两侧设置有纤维加强筋，拉力承受能力在 70 到 200N 之间，能够满足工程实施过程中光纤被拉扯时对可靠性的要求。同时，该光缆采用小弯曲半径的 G.657.B.3 光纤，最小弯曲半径仅为 5mm，能够灵活地适应多种转弯角度；光纤的规格是 2.0mm×1.6mm，便于穿过门缝，满足了过门场景的需求。光纤的外护套使用透明材料，明线部署时具有隐形效果，能与室内的装修风格相融合，这样能在不影响美观的前提下，实现高效、可靠的光纤网络部署，提升用户的网络体验。

2）C-WAN 架构，集中控制

采用全光组网 C-WAN（centralized/cloud wireless-optical access network）架构，由主光猫负责信息搜集与决策，对光传输和 Wi-Fi 传输进行中心化一张网控制，实现光链路与空口链路资源的统一协同配置，突破传统 Wi-Fi 空口竞争机制下的不稳定因素。

3）千兆全覆盖

主/从光猫运用 10G PON + Wi-Fi 6 的 FTTR 全光家庭方案，成功达成超千兆接入到家庭的各个房间。于每个房间都部署从光猫，这些从光猫经由光纤与主光猫相连，可支持高速以太网以及 Wi-Fi 接入。这样有效规避了 Wi-Fi 信号穿墙造成的性能下降问题。且该设备的 Wi-Fi 频宽相较传统方案实现了翻倍提升，其 Wi-Fi 空口速率能够超过千兆。

4）Wi-Fi 全漫游

主/从光猫支持 802.11k/v 协议，全屋 2.4GHz 和 5GHz Wi-Fi 共用一个名称。从光猫根据终端设备的信号强度自动选择频段，确保设备始终处于最优带宽承载状态，从而实现全屋无缝漫游，终端设备在每个房间移动时均不会掉线，Wi-Fi 切换无感知。FTTR 全屋虚拟一张网，支持无缝接入、一点认证，漫游切换时间小于 10ms；智能引导终端切换，漫游无感，由网关主导，在合适时机引导终端切换，确保速率平滑过渡。

5）全智能统一管理，智能故障排除

主光猫通过南向接口管理从光猫，北向接口向家庭网络管理平台上报 FTTR 网络运行情况，实现一张网管理。主光猫实时掌握全屋网络状态，支持家庭网络管理平台一键检测和远程修复。借助嵌入式人工智能技术，家庭用户可通过家庭网络管理 APP 掌控上网行为和时间，实现绿色上网。智能管理平台保障 FTTR Wi-Fi 运维体验，具备以下功能：分段测速，30 秒快速问题定界；一键检测，80%的问题可远程定界，40%可远程修复；AI 分析，自动识别 11 类家庭网络故障；提升 50%运维效率，减少 30%上门服务需求。

7.6.2 全光园区接入网

全光园区接入网（无源全光局域网）采用的是创新的二层网络架构（核心层-接入层），取代了传统以太网方案的三层架构（核心层-汇聚层-接入层），如图 7-29 所示。

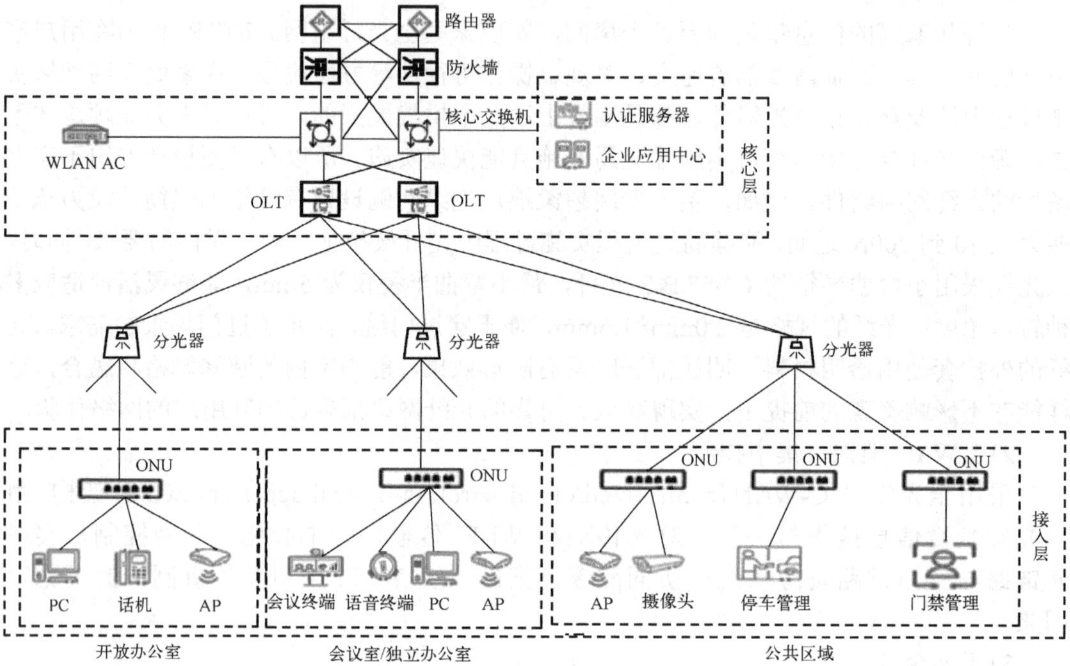

图 7-29 全光园区网络拓扑结构

1. 无源全光局域网组网架构

核心层的核心交换机以及 OLT 设备被安置在核心机房，接入层的 ONU 设备则设置于房间内部，其作用是接入各类有线和无线终端。核心层的 OLT 与接入层的 ONU 通过无源 ODN 实现连接，OLT 和 ONU 之间运用点对多点的 PON 技术来进行通信。在这中间，ODN 借助无源分光器来完成光纤的合路与分路操作，不需要有源设备来进行端口汇聚。和传统的以太网方案相比较，无源全光园区方案省去了汇聚层设备，而且弱电间也不需要部署有源设备，无需再考虑弱电间的供电、散热以及消防等问题了。

在对无源全光园区方案进行实际部署时，ODN 分光器与 OLT 之间一般会采用 PON 技术的 Type B 双归属保护方案来组网，具体情况如图 7-30 所示。一旦 OLT 设备或者主干光纤出现故障，这一方案可以迅速完成保护倒换操作。核心层中各个 OLT 设备的上行接口也运用双归属保护方案，分别和两台核心交换机相连接，以此来实现业务的汇聚，如图 7-31 所示。核心交换机与防火墙之间、防火墙与路由器之间同样都采用双归属保护方案进行连接。最后，园区出口的路由器通过 WAN 接口与外网 Internet 建立连接。

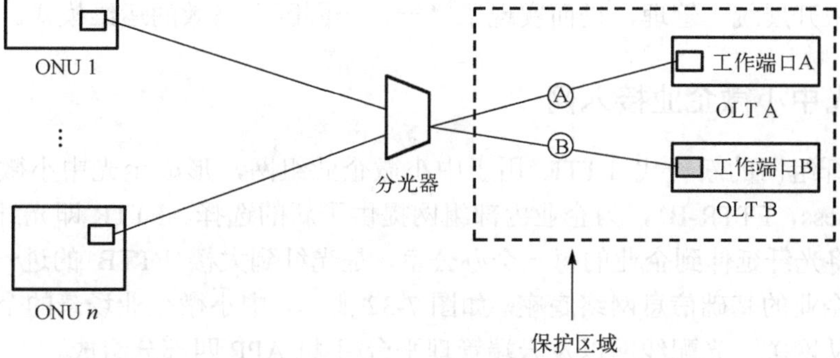

图 7-30 Type B 双归属保护

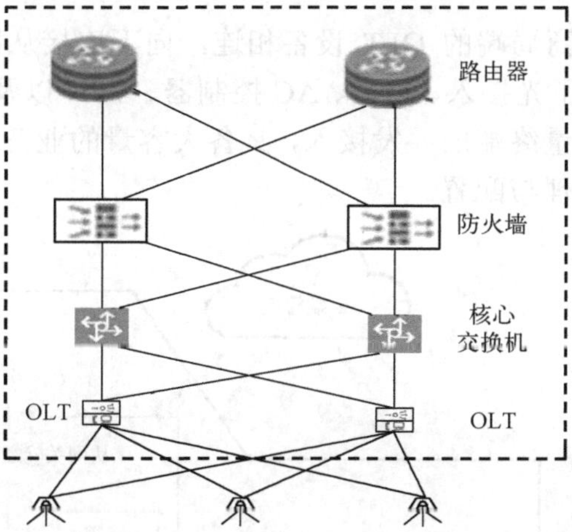

图 7-31 OLT、核心交换机、防火墙、路由器间的双归属保护方案

2. 无源全光局域网组网优势

1) 架构简单

无源全光园区方案采用二层极简网络架构，通过无源 ODN 替代传统方案中的有源汇聚和接入交换机，可节省约 80%的弱电机房和布线空间。同时，由于无需高功率制冷设备，汇聚和接入机房可节省约 30%的能耗。

2) 平滑演进

无源全光园区网络以光纤作为主要传输介质，光纤具有传输带宽大、使用寿命长等优势。在未来的带宽升级中，光纤基础设施可以完全复用，仅需升级两端的有源设备，从而大幅降低升级成本，提高网络升级效率。

3) 智能运维

无源全光园区网络将 PON 技术作为核心。在 PON 协议体系下，光终端 ONU 并非是独立的网元，它更像是 OLT 设备 PON 端口的延伸拓展，所以 OLT 能够对所有的光终端 ONU 实施集中化管理。光终端 ONU 具备即插即用、集中管控、批量升级以及远程定位等多种功能，很大程度上提升了运维工作的效率。同时，整个园区网络运用同一套网络管理系统来开展统一管理，进而实现了“一人一园区”高效的运维模式。

7.6.3 全光中小微企业接入网

基于光纤组网的新一代 FTTR 用于中小微企业组网，形成全光中小微企业接入网(FTTR-business，FTTR-B)，为企业内部组网提供了新的选择。FTTR 即光纤到房间，顾名思义，是将光纤延伸到企业的每一个办公室，是光纤到大楼(FTTB)的进一步发展，通过光纤构建企业的基础信息网络底座。如图 7-32 所示，中小微企业场景的全光组网方案由主网关、从网关、光配线网以及云端管理平台/手机 APP 四部分组成。

1．企业主网关

该设备向上与运营商局端的 OLT 设备相连，向下连接从网关，作为企业全光网络的核心部分。它集成了光接入、路由、AC 控制器、VPN 以及语音接入等多项功能，能够支撑企业场景中大量终端的并发接入，具备大容量的业务交换转发能力，还能对所有从网关进行统一管理与配置。

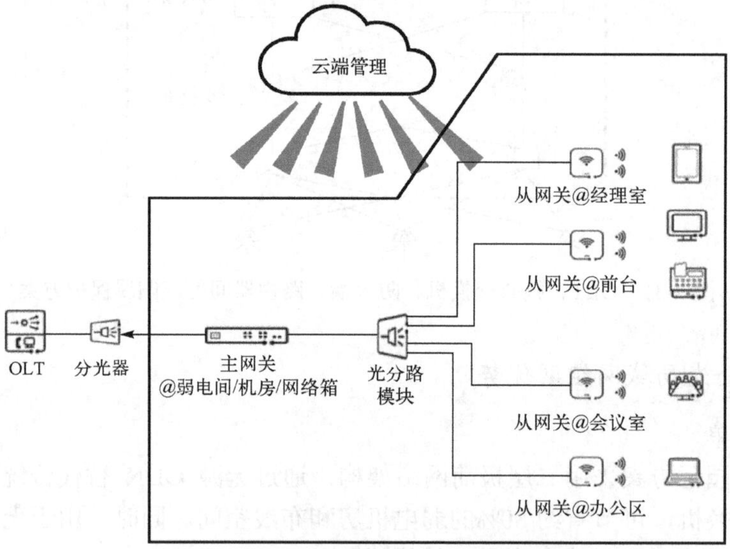

图 7-32　FTTR 中小微企业全光组网方案

2．企业从网关

从网关提供 Wi-Fi 无线和以太网接口，满足各类终端设备的千兆宽带接入需求。通常采用吸顶式或面板式布放，并通过光电复合缆连接，实现高速信号传输及远程供电。从网关由主网关统一配置和管理，主从网关之间构成企业内部一张可互通的网络，确保网络覆盖无死角，提升企业网络的整体性能和稳定性。

3．企业光配线网

企业内的信息线缆等基础设施，由光电复合缆以及光分路模块组成，通过这些设施实现了主从网关设备之间的全光连接。

4．企业云端管理平台/手机 APP

企业云端管理平台是集企业网络的管理、控制与分析功能于一身的一体化平台。借助这个平台，能够远程查看企业的网络信息，对企业的 Wi-Fi 网络进行配置，还可以快速地监测并处理企业网络出现的问题。该管理平台具备对企业主从网关进行统一管理的能力，运用大数据采集分析等方法，达成了企业网络的可视化、可管理以及可维护。此外，它还提供了本地轻量化管理平台以及手机 App 等管理方式，为企业 IT 人员高效、便捷地管理内网提供了有力支持。

习　题　七

1．与传统的 PON 相比，全光接入网架构的主要区别包括哪些方面？
2．与等比分光方案相比，不等比分光方案在 FAT 布放方面具有哪些优势？
3．在当前 ODN 中，为何哑资源数据不准是运营商面临的主要难题之一？
4．在当前的接入网应用场景中，哪些业务需要全光接入网采用低时延技术？
5．MDA 元数据驱动开发的优势与特点是什么？
6．从组网架构方面，阐述 FTTR 的拓扑结构特征。
7．FTTR 和 FTTR-B 两种全光接入应用场景中的组网架构有何异同？

第8章 无线光通信技术

微课视频

随着移动通信用户数量的显著增长，对于带宽的需求也在不断增长。因此，下一代无线通信系统应该能够提供更高的容量来支持各种带宽无线服务，如高清电视(high-definition television，HDTV)(带宽为 4～20Mbit/s)、计算机网络应用(带宽为100Mbit/s)、移动视频电话、视频会议、高速互联网接入等。当前应用的接入网技术包括同轴电缆和射频接入，受到频谱窄、速率低、带宽申请费用贵、安全问题和安装接入成本高等因素的限制。无线光通信(optical wireless communications，OWC)是个古老的技术，利用光在自由空间中传输信息，可提供一个灵活接入的、真正带宽的网络，成为解决带宽接入市场“最后一英里”电子瓶颈非常有潜力的替代方案。OWC 不需要申请频谱，带宽大、成本低、安装容易，易与高速通信的光纤骨干网相融合。本章将综合介绍无线光通信技术。本章内容安排如下：8.1 节介绍无线光通信；8.2 节介绍可见光通信；8.3 节介绍地面无线光通信；8.4 节介绍水下无线光通信；8.5 节介绍卫星光通信。

8.1 无线光通信概述

无线光通信融合了光纤通信与微波通信的优点，通信容量大且不需要敷设光纤，也无须频谱许可。无线光通信端机由光学天线(望远镜)、激光收发器、信号处理单元、自动跟瞄系统等部分组成。发送器的光源采用激光二极管(LD)或发光二极管(LED)，接收器主要采用 PIN 光电二极管或雪崩二极管(APD)。无线光通信模型如图 8-1 所示。

1. 发射机

由信源产生的某种形式的信息调制到光载波上，载波通过大气或自由空间发射出去，这就是发射机。发射机包括信道编码、调制、光信号放大以及发射天线。

信道编码的本质是增加通信的可靠性，但加入冗余会使有用的信息数据传输率减小。

调制是信号的转换过程，是按编码信号的特征改变光信号的某些特征值并使其发生有规律的变化，这样光信号就携带了信源信号的相关信息。

调制可以分为主动调制与被动调制。如果光源和调制信号同在发射端，则称为主动调制；如果光源和调制信号不在同一端，则称为被动调制，也称为逆向调制。对激光器光源进行调制称为直接调制；对激光器发出的波束进行调制称为间接调制，也称为外调制。

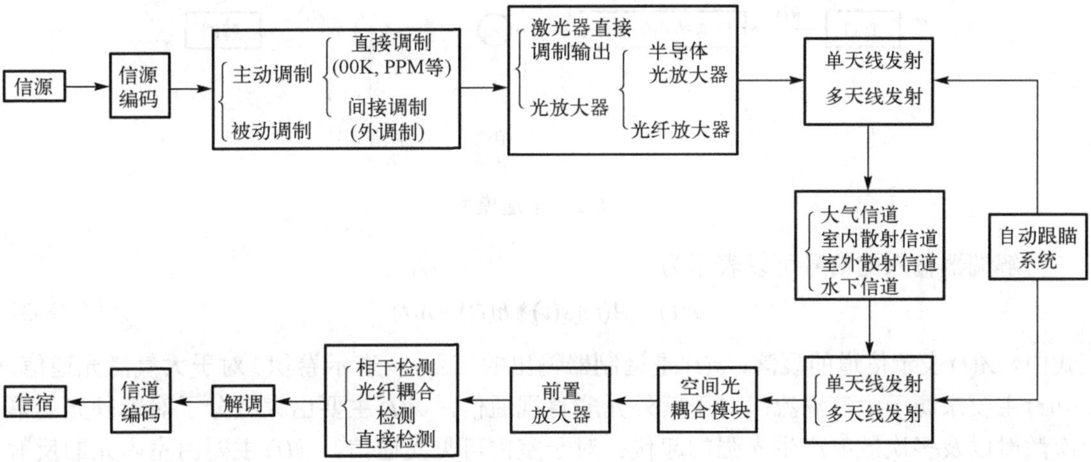

图 8-1　无线光通信模型

如果通信距离要求较远，激光器直接输出的光功率不足，则采用光放大器对光信号进行放大。光放大器有半导体光放大器和光纤放大器。

发射天线有多天线发射/多天线接收、单天线发射/单天线接收。多天线发射/多天线接收可以抑制大气湍流的影响。

2. 接收机

接收机包括光信号接收天线、空间光-光纤耦合单元、前置放大器、探测器、解调器等。

接收天线把发射机发送的光信号收集起来，空间光-光纤耦合是将接收机收集的信号光耦合进光纤中，由光纤探测器实现光电转换。光信号耦合进光纤的过程中会有能量损失。

有时耦合进光纤的信号非常微弱，需要采用前置放大器对其进行预先放大后再进行光电转换，这个放大器就是前置放大器。

信号检测有探测器直接检测、空间光-光纤耦合检测、分布式检测以及相干检测。光电探测器直接接收天线汇集光信号的检测方式称为直接探测。将空间光耦合进光纤中，由光电探测器检测光纤中的信号，这就是空间光-光纤耦合检测。由于光纤端面小，光电转换器感光面积小，需要的光信号强度也小，因此空间光-光纤耦合检测的速率高，检测灵敏度也高。

3. 信道

无线光信道包括大气信道、室内信道、紫外光散射信道和水下信道。大气信道是最复杂的信道，大气湍流及复杂气象条件对光信道影响最大。信道传递函数可以表示为

$$H(f) = H_{\mathrm{T}}(f)H_{\mathrm{c}}(f)H_{\mathrm{r}}(f) \tag{8-1}$$

式中，$H_{\mathrm{T}}(f)$、$H_{\mathrm{c}}(f)$ 和 $H_{\mathrm{r}}(f)$ 分别表示发射机、信道和接收机的传递函数。对应的时域表达式为

$$h(t) = h_{\mathrm{T}}(t)h_{\mathrm{c}}(t)h_{\mathrm{r}}(t) \tag{8-2}$$

式中，$h_{\mathrm{T}}(t)$、$h_{\mathrm{c}}(t)$ 和 $h_{\mathrm{r}}(t)$ 分别表示发射机、信道和接收机的单位冲激响应。信道模型如图 8-2 所示。

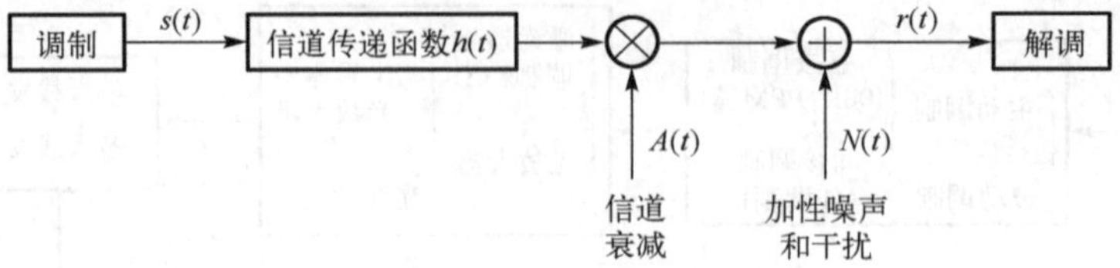

图 8-2 信道模型

解调器输入的信号可以表示为

$$r(t) = A(t)[s(t) * h(t)] + n(t) \tag{8-3}$$

式中，$A(t)$ 表示信道的衰落；$s(t)$ 是调制器输出的信号；$*$表示卷积。对于大气激光通信，$A(t)$ 主要来源于大气湍流；对于紫外光非直视通信，$A(t)$ 主要由大气分子对紫外光的单次散射以及多次散射产生光强的起伏；对于室内可见光通信，$A(t)$ 主要由室内光的反射产生。当不考虑信道衰落时，接收信号可以表示为

$$r(t) = s(t) + n(t) \tag{8-4}$$

式中，$n(t) \sim (0,\sigma^2)$，是加性高斯分布的白噪声，一般表示接收机探测器及其附属电路的电子噪声。

8.1.1 无线光通信发展简介

OWC 或自由空间光通信(free space optical communications，FSO)是一种古老的技术，通过光携带信息在空气中从一点向另一点传输。例如，大约在公元前 800 年，古希腊人和罗马人使用烽火传递信号；公元前 150 年，美洲印第安人使用烽火传递信号；18 世纪 90 年代，旗语开始应用于法国航海。但是，可称为第一个实现自由空间中光通信的是 1880 年贝尔的光电话实验，实验中，贝尔用声音调制阳光并发送约 200m 的距离，接收端采用抛物面反射镜，焦点处放置硒电池来接收信号，然而实现的设备较为简陋，同时太阳光照射断断续续，所以实验不是很顺利。

OWC 技术首先用于军事保密通信。美国国家航空航天局(National Aeronautics and Space Administration，NASA)和欧洲航天局(European Space Agency，ESA)对深空应用进行了大量研究，包括火星激光通信实验(mars laser communications demonstration，MLCD)项目和卫星间半导体激光链路实验(semiconductor laser inter-satellite link experiment，SILEX)项目等。尽管深空 OWC 在这本书范围之外，但值得一提的是，在过去的 10 年里，已成功验证了速率达到 10Gbit/s 的近地卫星间的 FSO。虽然之前已有一些无线光传输的技术，但实现能实用的、真正有效的 OWC 系统，还存在一些问题：第一，当时已有的通信系统能够满足当时需求；第二，还需要进行研发以提高器件的可靠性，确保系统可靠运行；第三，大气环境中系统会受天气的影响，如大雾会导致通信中断；第四，太空中大气可以忽略，但系统需要精确的跟踪和对准技术，而这些技术在当时还处于研究阶段。鉴于这些问题，直到现在 FSO 才开始慢慢融入通信网络。

随着光电子器件技术的迅速发展和不断成熟，OWC 开始了新的发展。新出现的应用对带宽不断增长的更大需求也暗示了不得不舍弃仅依靠一种接入技术连接终端的老方

法。结合在军事领域的成功应用，科研人员对 OWC 在民用接入网的应用重新恢复了兴趣。在过去的几年里，世界各地成功的实验促使这个领域得到了进一步的投资。在现今的通信基础设施建设中，日益增加的 OWC 商业化和部署已达到新的高度。两个静态节点间速率为 1.25Gbit/s 的、能在各种天气条件下稳定实现 3.5km 距离运行的全双工室外 OWC 系统在现在的市场上已经非常常见。2008 年，第一套 10Gbit/s 室外 OWC 系统投入市场，它成为当时可实用的最高速率商用无线技术。集成波分复用技术与 FSO 的波分复用 FSO 系统正处于实验研究阶段。

8.1.2 无线光通信的链路结构

图 8-3 给出了 OWC 系统的简单框图。光源可用 LED 或 LD。目前，商用 OWC 系统可在 5km 距离上传送高速信号，成本仅比射频技术的高一点，却比当前最新的射频局域网产品速率快得多。同时，OWC 是一种全新的技术，高速 OWC 链路设计有不同于其他通信系统的设计考虑。例如，在室内环境，传输的光会被房间的墙壁、天花板及室内其他物体反射，不透明的障碍物会对光产生遮挡；在室外环境，传输的光会被大气散射和吸收。

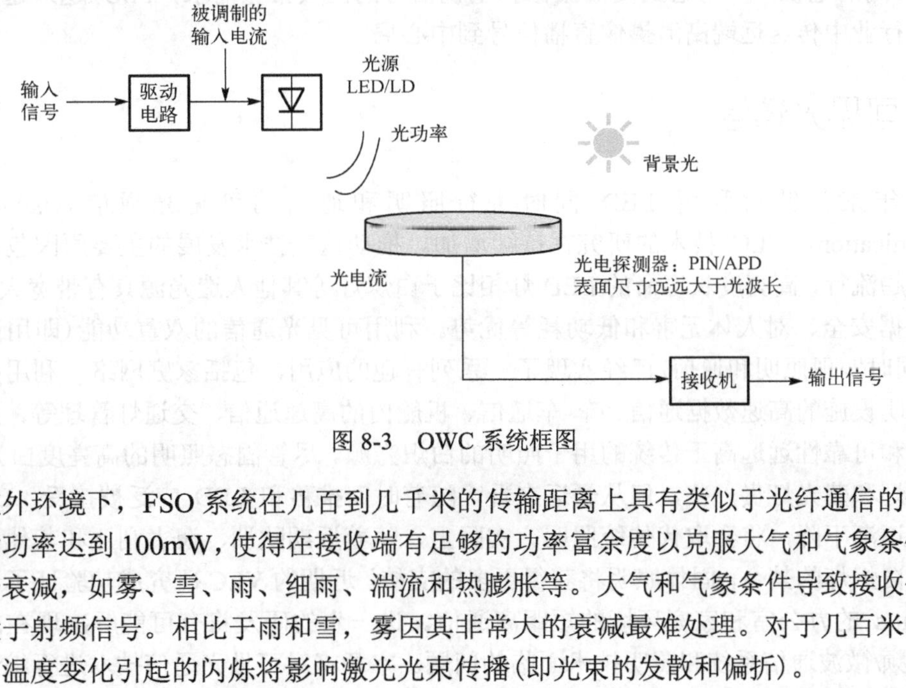

图 8-3 OWC 系统框图

室外环境下，FSO 系统在几百到几千米的传输距离上具有类似于光纤通信的性能。光发射功率达到 100mW，使得在接收端有足够的功率富余度以克服大气和气象条件带来的信号衰减，如雾、雪、雨、细雨、湍流和热膨胀等。大气和气象条件导致接收信号的失真大于射频信号。相比于雨和雪，雾因其非常大的衰减最难处理。对于几百米以下的链路，温度变化引起的闪烁将影响激光光束传播(即光束的发散和偏折)。

8.1.3 无线光通信的应用

户外 OWC 系统对接入网和城域网的各种应用非常有吸引力。它能便捷地弥补其他技术包括有线接入和射频无线通信、光纤用户接入(fiber to the x，FTTx)技术、混合光纤同轴电缆技术等的不足，尤其是能让终端用户使用到光纤骨干网的巨大带宽。大多数终端用户在离骨干网不到一英里的距离内，使得 FSO 非常有吸引力，成为联系骨干网和终端用户之间的数据桥梁。人们发现陆地 FSO 适用于以下应用领域。

(1)“最后一英里”接入——FSO 用于连接终端用户和光纤骨干网，解决存在于两部分之间的带宽瓶颈(“最后一英里”电子瓶颈)。在市场上已出现覆盖范围从 50m 到几千米、数据速率从 1Mbit/s 到 10Gbit/s 的系统。

(2)光纤备用链路——在主要光纤链路不可用或损坏时，用作备份链路以防数据丢失或通信中断。传输距离可达 10km，速率可达 10Gbit/s。

(3)蜂窝通信回程链路——3G/4G 移动网络中，用于基站和交换中心间的回程通信，与宏/微蜂窝和基站间传送 IS-95-CDMA 信号一样。

(4)灾难恢复/临时链路——应用于需要临时链路的场合，如通信网络崩溃、临时会议和自组织网络连接等。

(5)跨校区通信网络——FSO 用于跨校区网络构建，提供快速以太网或吉比特以太网的备用链路。市场上已有速率达到几吉比特每秒、传输距离为 1～2km 的系统。

(6)复杂地形——在通过河流、繁华街道、铁路和敷设光纤太贵或不可行的场合，FSO 是有效的解决方案。

(7)高清电视——考虑到高清摄像和电视信号的巨大带宽需求，FSO 越来越多地用于广播行业中传送远端高清摄像直播信号到中心局。

8.2 可见光通信

近年来，针对利用 LED 同时进行照明和通信的可见光通信(visible light communication，VLC)技术的研究在持续增加。推动这项技术发展的主要原因包括固体照明日趋流行，高亮度长寿命的 LED 灯相比于白炽灯等其他人造光源具有带宽大、速率高、数据安全、对人体无害和低功耗等优势。利用可见光通信的双重功能(即用高亮度 LED 同时实现照明和通信)已经实现了一系列有趣的应用，包括家庭网络、利用办公室基础照明设施的高速数据通信、车-车通信、机舱内的高速通信、交通灯管理等，系统功率效率和可靠性远远高于传统的用于照明的白炽光源。尽管固态照明的高亮度白光 LED 比白炽灯和荧光灯贵一些，但从长远来看，随着时间推移和 LED 广泛被接受，LED 的价格会逐渐下降，将会取代传统照明。实际上，随着近期欧洲、澳大利亚和其他国家和地区对白炽灯的禁令，固体照明将获得更多的支持。近期的 VLC 研究成功验证了速率超 500Mbit/s 的办公室和家庭环境的短距离通信。进一步的研发将有可能解决现在的近红外、射频/微波通信系统和照明技术面临的问题。本章将对可见光通信技术进行综述，强调基础理论、可用的器件、调制和调光技术以及系统性能分析。

8.2.1 可见光通信系统结构

图 8-4 是 VLC 系统的原理框图。对荧光灯和气体放电灯来说，要实现精确的亮度控制比较困难，而 LED 的亮度却是非常容易控制的。这是因为 LED 开—关的响应时间非常短(几十纳秒)。因此，通过高频率的调制驱动电流，能够快速切换 LED 开—关而不被

人眼察觉。这样，LED 光以高频率、低平均功率的脉冲形式发出。LED 的光通量与驱动脉冲信号的相对宽度成比例。根据实际应用和信号安全的不同需求，发射机可以是 LED 或者半导体激光器。考虑到照明和通信的双重功能，LED 比激光器更为合适。对于照明功能，要求典型的办公室环境中照度能够达到 200～1000lx。有两种类型的白光 LED。一种是单色 LED(如红、绿、蓝和白)。通过将红色(625nm)、绿色(525nm)和蓝色(470nm)(RGB)按合适的比例混合能够产生白光(或其他任何颜色)，其典型的结构由三基色的三个发射器封装而成。这类器件常被用于色彩需要变化的应用场合，还可用于波分复用技术的实现，使得它们对于 VLC 更具有吸引力。

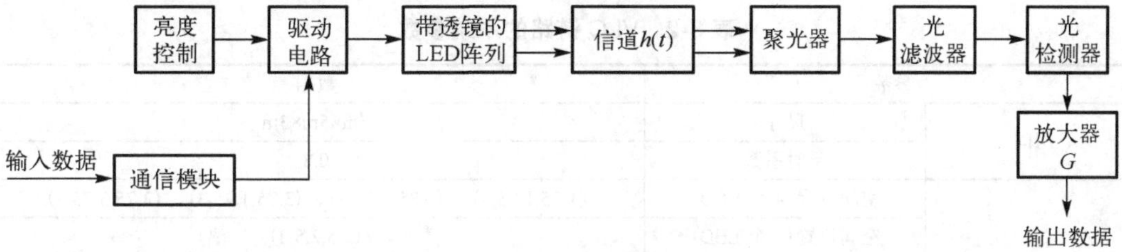

图 8-4 可见光通信系统框图

另外一种是基于磷光的白光 LED。这种 LED 是由在蓝光 LED 表面覆盖发黄光的磷层构成。磷层吸收部分蓝光 LED 发出的短波长光，然后在吸收层发射比黄光更长的波长。红移光与没被吸收的蓝光混合形成白光。现在，这种实现方法复杂度和成本都比较低，应用较多。然而，磷光的慢响应限制了磷光 LED 的调制带宽只有几兆赫兹。

表 8-1 总结了采用非归零开关键控(on off keying，OOK)和 DMT-QAM 等不同调制方案的白光和磷光 LED 可见光通信系统的速率。OOK-NRZ 调制的系统信道的均衡处理比较简单，因为复杂的调制方案在发射端和接收端都需要大量的信号处理。在不同调制方案下，传输速率都要比未做均衡处理的 LED 带宽(约 2.5MHz)有显著提高。然而，采用均衡或多阶调制方案来增大的调制带宽，需要更高的信噪比。因此，VLC 通信要达到 Gbit/s 量级的带宽将是极大的挑战。

表 8-1 高速 VLC 系统的性能

LED 类型	预均衡	后均衡	调制方案	调制带宽	速率
白光 LED	无	无	OOK-NRZ	2MHz	10Mbit/s (BER $<10^{-6}$)
白光 LED	有	无	OOK-NRZ	25MHz,2m	40Mbit/s (BER $<10^{-6}$)
磷光 LED	无	无	OOK-NRZ	50MHz	120Mbit/s (BER $<10^{-3}$)
磷光 LED	无	无	OOK-NRZ	50MHz	230Mbit/s (BER $<10^{-3}$)
磷光 LED	无	无	DMT-QAM	50MHz	513Mbit/s (APD)
磷光 LED	有	无	OOK-NRZ	45MHz	80Mbit/s (BER $<10^{-6}$)
磷光 LED	无	有	OOK-NRZ	50MHz	100Mbit/s (BER $<10^{-9}$)
磷光 LED	无	无	DMT-QAM	25MHz	100Mbit/s (BER $<10^{-6}$)
磷光 LED	无	无	DMT-QAM	50MHz	200+Mbit/s (BER $<10^{-3}$)
磷光 LED	无	无	DMT-QAM	50MHz	515Mbit/s (BER $<10^{-3}$)

在满足照明要求时，一个 LED 仅在有限面积上提供有限的光通量。因此，要实现更大范围的照面，需要空间分布的 LED 灯组。为更好地实现 LED 的照明，需要扩束镜、反射镜或准直器来限制和控制光束，为获得 LED 在家庭或办公室的包括色彩、局部照明和光通量分布的满意照明效果提供灵活的方法。简单来说，对于普通照明，空间分布 LED 的大量使用基于以下原因：①先进的 LED 技术；②单个 LED 无法提供足够的照明；③高亮度 LED 会对人眼安全有影响。空间分布 LED 可以优化局部照明，比传统光源更灵活，能减少在不需要照明地方的光泄漏。

对于使用 LED 同时进行照明和通信的 VLC 系统，表 8-2 给出了一个典型房间的参数。

表 8-2　VLC 链路的系统参数

参数		数据
房间	尺寸	5m×5m×3m
	反射系数	0.8
光源	空间位置(4 个 LED)	(1.25,1.25,3)、(1.25,3.75,3)、(3.75,1.25,3)、(3.75,3.75,3)
	空间位置(1 个 LED)	(2.5,2.5,3)
	半功率点半角(FWHM)	70°
	发送功率(单个 LED)	20mW
	每阵列 LED 数量	60×60(3600)
	中心发光强度	300～910lx
接收器	接收面距地板距离	0.85m
	探测有效面积(AR)	$1cm^2$
	视场半角	60°
	仰角	90°
	方位	0
	Δt	0.5ns

研究人员多次尝试建立室内可见光通信的信道模型。图 8-5 所示为强度调制直接检测(intensity modulation direct detection，IM/DD)VLC 信道模型。可见光信道可看作线性加性高斯白噪声光信道，表示为

$$I_p(t) = RP_t(t) * h(t) + n(t) \tag{8-5}$$

式中，$P_t(t)$ 是 t 时刻发送光功率；$h(t)$ 是信道脉冲响应；$n(t)$ 是与信号无关的加性噪声；*表示卷积。

平均发送光功率 P_t 为

$$P_t = \lim_{T\to\infty}\frac{1}{T}\int_0^T P_i(t)\mathrm{d}t,\quad P_i(t) > 0 \tag{8-6}$$

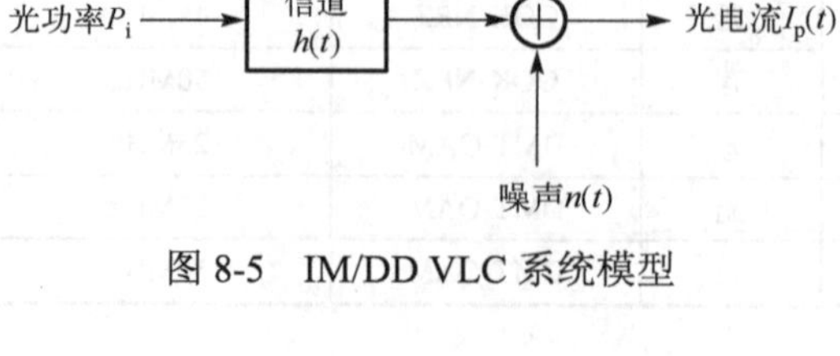

图 8-5　IM/DD VLC 系统模型

平均接收光功率 $P_r = H(0)P_t$，其中 $H(0)$ 是信道直流增益。尽管原理上信道模型与红外模型类似，但不同的表面反射率会导致不同的时延扩展和码间干扰。反射率与墙壁材料和光波长有关。镜子和表面光滑的物体能产生镜面反射，但实际上更多的是散射，大多符合朗伯模型。研究表明反射率与波长以及材质相关，由于 VLC 中光信号的谱线宽，故反射率也随波长变化。一般来说，相比于红外光，可见光的表面反射率要小，涂料墙的反射率最高，地板和天花板次之。由于墙壁反射，接收功率由直接信道 $H_d(0)$ 和反射信道 $H_{ref}(0)$ 的直流增益给出：

$$P_r = \sum^{N_{LEDS}} \left\{ P_t H_d(0) + \int_{\text{反射}} P_t \mathrm{d}H_{ref}(0) \right\} \tag{8-7}$$

一次反射的信道直流增益为

$$H_{ref}(0) = \begin{cases} \dfrac{A_r(m_1+1)}{2(\pi d_1 d_2)^2} \rho \mathrm{d}A_{wall} \cos^{m_1}(\phi_r)\cos(\alpha_{ir}) \\ \times\cos(\beta_{ir})T_s(\psi)g(\psi)\cos(\psi_r), & 0 \leqslant \psi_r \leqslant \psi_c \\ 0, & \psi_r > \psi_c \end{cases} \tag{8-8}$$

式中，d_1 是 LED 到反射点的距离；d_2 是反射点到接收面的距离；ρ 是反射系数；$\mathrm{d}A_{wall}$ 是反射面积微元；ϕ_r 是 LED 指向反射点的角度；α_{ir} 和 β_{ir} 分别是到反射点与 LED 和反射点与接收点连线的水平角；ψ_r 是反射光与接收面的夹角。

8.2.2 可见光通信信道建模

在室内无线光通信系统中，发射机和接收机的链路配置主要包括三种：直射链路配置、漫反射链路配置和半漫反射链路配置。

直射链路配置是指发射机和接收机存在一条直接的、无遮挡的光链路，因此需要发射机和接收机互相对准。直射链路配置系统中，可以采用具有较小视场角的探测器，因此受背景光的影响较小，可以获得较高的通信速率和较低的链路损耗，通信速率可达几吉比特每秒。其缺点是需要对准，且一旦有遮挡，通信即会中断，灵活性较差。

采用漫反射链路配置的系统中，发射机和接收机都具有较大的发射角和接收视场角，无须对准。发射机发射的光信号，经过房间内反射体的多次漫反射之后到达接收机。通信不会由于遮挡而中断，灵活性较高。其缺点是链路损耗严重，且漫反射形成的多径信号极大地降低了系统的带宽，通信速率一般为几十兆比特每秒。

半漫反射链路配置同时继承了直射链路和漫反射链路的优点，在不失灵活性的条件下，有效地提高了系统的带宽。在采用半漫反射链路配置的系统中，发射机具有较大的发射角，在发射机和接收机之间存在多条直射路径和多条漫反射路径，降低了遮挡对通信的影响。另外，直射路径在系统中起主导作用，相较于漫反射链路配置系统，系统带宽有了较大的提高，通信速率可达几百兆比特每秒。

在室内可见光通信系统中，采用的即是半漫反射链路配置。图 8-6 所示为室内可见光通信链路配置示意图。发射机（即调制的白光 LED 阵列光源）安装在天花板或墙壁上，具有较大的发散角，多个阵列光源可以使得直射光信号覆盖到室内所有角落，有效降低阴影和遮挡的影响。接收机(即光电探测器位于桌面或工作平台上)接收来自发射机的光信号。在室内可见光通信中，考虑到照明的需要，直射链路在信道中占主导地位，同时也存在着一部分漫反射链路。

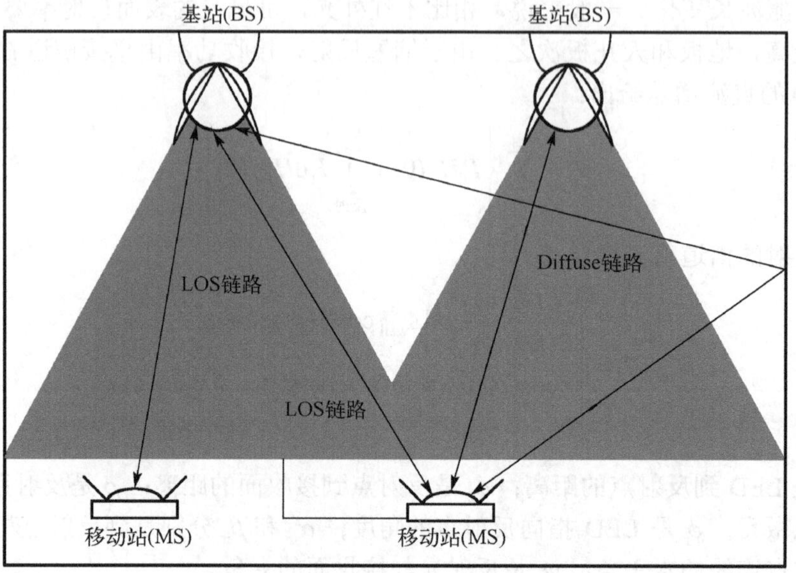

图 8-6　室内可见光通信链路配置示意图

在室内可见光通信 IM/DD 系统中，数据信号经过调制加载到 LED 的光载波上，接收机(即光电探测器)输出正比于接收光信号功率的电流信号。信道的输入信号 $x(t)$ 为白光 LED 阵列灯输出的瞬时光信号。信道的输出信号 $y(t)$ 是光电探测器输出的瞬时电流。电流的大小正比于光电探测器表面接收光信号的总功率。发射机和接收机之间存在多径信号，导致频率选择性衰落和空间选择性衰落，从而接收信号的幅度取决于发射与接收天线的空间位置。信道特性可以表示为输入信号 $x(t)$、输出信号 $y(t)$ 和信道冲激响应 $h(t)$ 之间的基带线性系统。背景光、探测器以及电路噪声可以认为是独立于 $x(t)$ 的加性高斯白噪声 $n(t)$，如图 8-7 所示，最终的基带信道模型可以表示为

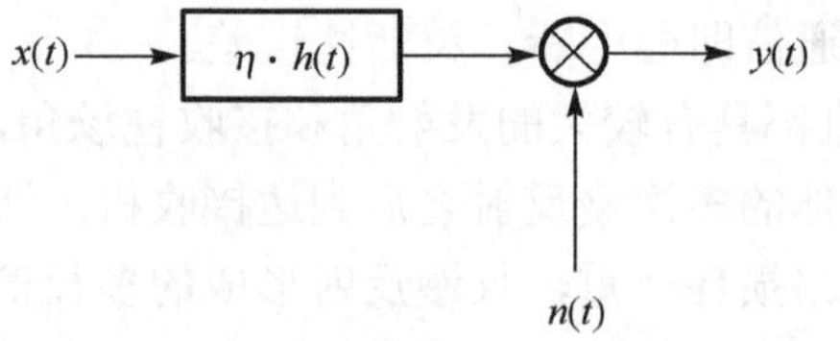

图 8-7　室内可见光通信无线光信道模型

$$y(t)=\eta\frac{x(t)}{d^2}*h(t)+n(t) \tag{8-9}$$

式中，η 为光电探测器响应灵敏度 $(\mathrm{A\cdot m^2/W})$；d 为发射机与接收机之间的距离。为不失一般性，可以将 $1/d^2$ 因子并入 $h(t)$，得

$$y(t)=\eta x(t)*h(t)+n(t) \tag{8-10}$$

室内可见光通信系统是一个集照明与通信于一体的综合系统。首先，为了达到较好的照明效果，在室内通常要安装多个白光光源，且多光源的布局与信道的传输模型具有密切的联系，需要研究多光源信道模型及其与光源布局的关系。其次，与红外无线通信的漫

反射链路配置不同的是，在可见光通信系统中 LOS 链路占主导地位，同时需要采取必要的措施降低或消除漫反射光信号对系统带宽的影响。

8.2.3 可见光通信调制技术

在如今的建筑中，调光和自动开/关是照明应用的基本特性。LED 灯同时用于照明和通信，调光和通信的信号一定是不相关的且不能彼此干扰。LED 的工作电流能同时携带调光和通信的信号。对于 LED，有多种广泛使用的方法来控制光照，同时不断有新的方法提出。基于幅度调制的亮度控制是最简单的方法，对 LED 工作电流进行强度调制从而控制发送光通量。然而，这种方法会导致发射光的色度坐标的变化。

子载波脉冲位置调制(serial cascaded pulse position modulation，SC-PPM)是另一种控制 LED 亮度的调制技术。这种技术实现简单，调光频率受到 SC-PPM 频率的限制以保证可靠的数据链路性能。另外，基于 PPM 的信号格式已得到验证。本节还将介绍和讨论一些调制技术。

1. 比特角度调制

比特角度调制(bit amplitude modulation，BAM)又称为二进制编码调制，用二进制数据模式对 LED 调光等级进行编码。如图 8-8 所示，在 BAM 脉冲序列的每比特对应一个二进制数。例如，8bit BAM 系统中，最高位比特 b7 对应宽度为 2^7 个单位宽度的脉冲，b6 对应宽度为 2^6 个单位宽度的脉冲，依此类推，最低位 b0 对应 1 个单位宽度。这种调制技术可以减弱闪烁效应，且易于实现。

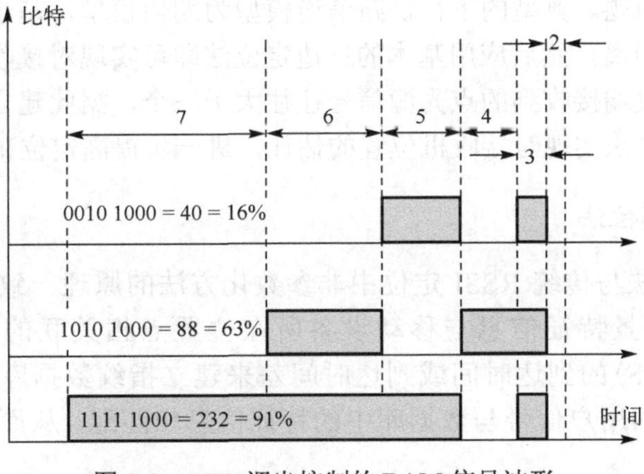

图 8-8 LED 调光控制的 BAM 信号波形

2. 脉冲调制

由于成本低和易于实现，OWC 中更多采用 IM/DD 发送和接收信号，而且用 OOK-NRZ 的系带调制技术是 VLC 中报道最多的调制技术。实现数据传输及调光的传输方法是脉冲宽度调制(pulse width modulation，PWM)和脉冲幅度调制(pulse amplitude modulation，PAM)的组合。基于 PWM 调光方案，使用脉冲持续时间控制 LED 驱动电流来调整亮度，不会出现强度/幅度调制的调光装置中电流变化而产生波长漂移的情况。PWM 调光方案中通过简单控制调制指数，就能取得较宽的亮度范围(0～100%)。另外，调光信号频率一般约为 100Hz，因此人眼不会察觉电流的切换。

8.2.4 可见光定位技术

基于位置的服务(location based service，LBS)随着移动互联网与物联网技术的兴起与发展，展现出巨大的商业和军事应用前景，而定位技术作为 LBS 实现的前提与关键，更是备受人们关注。实际上，以全球定位系统(global positioning system，GPS)为代表的卫星定位技术，通过在移动终端内置 GPS 信号接收模块，可以在室外提供精度较高的定位服务，民用级定位精度甚至小于 10m。但是，受建筑物遮挡、电磁屏蔽以及多径衰落等因素影响，传统卫星定位系统在大型商场、医院等室内场所以及隧道、地下停车场等特殊场所则完全“失灵”，这也导致红外线、超声波、蓝牙、超带宽、射频识别、Wi-Fi 以及可见光通信等室内无线定位技术迅速发展起来。

1. 光信号接收强度定位法

在可见光通信系统中，接收装置利用光电探测器件可以对可见光信号的强度进行检测，自然就可以借鉴传统无线电定位中的接收信号强度检测(received signal strength indicator，RSSI)方法来将其用于可见光通信定位。

在仅考虑下行链路的可见光通信定位系统中，其信号传播路径主要包括直射路径和反射路径。由于可见光直射到达光接收机的功率占总功率的 95%，因此主要研究直射路径的信道参数测量问题。典型的下行链路信道模型为朗伯模型，基于此可计算出每个点光源与 PD 之间的距离，然后应用基本的三边定位法即可实现对接收端的定位。在室内多光源条件下，接收端接收到的点光源信号往往大于三个，据此建立超定方程组，采用最大似然估计法的方法实现对接收机位置的估计，进一步提高定位精度。

2. 指纹识别定位法

指纹识别定位法与传统 RSSI 定位中非参数化方法的原理一致。首先，通过离线勘测，获取特定场景特征信息与移动设备所在位置点相关联的信号强度(received signal strength，RSS)的到达时间或到达时间差来建立指纹数据库。然后，通过在线定位，将实时测量的用户信号与数据库中的特征信息相匹配，从而获取目标所在的位置信息。

3. LED 标签定位法

LED 标签(LED-ID)定位法通过将与位置相关的 ID 数据加载到对应的 LED 光调制器上，LED 则在调制器控制下发出携带 ID 数据的光信号，接收终端通过对检测到的 LED 光信号进行解析，从获取 ID 数据得到对应的位置信息，以实现被动定位。这种方法的理论定位精度是相邻 LED 信号源间距的 1/2。

4. 可见光成像定位法

可见光成像定位法近年来颇受研究关注。该方法利用 LED 照明阵列作为可见光通信发送部分，从阵列中的至少 4 个 LED 发射的三维坐标通过两个光学透镜被接收，然后由两个图像传感器解调信息，并使用图像传感器中接收到的 LED 图像的距离几何关系计算出目标的位置。使用该方法在1.8m×1.8m×3.5m 的测试空间内，采用两个 600 万像素图形传感器，可使定位误差小于 0.15m。

8.3 地面无线光通信

8.3.1 地面无线光通信系统结构

地面无线光通信是光通信和无线通信的组合，是一种新型无线宽带接入技术。它以激光为载波、大气为传输介质实现大容量信息的传递，也称为无线光网(wireless optical network，WON)系统或光无线系统。由于它具有成本低、建设快、安装方便以及无须频谱许可证，带宽高、保密性强、协议透明等优点，因此在城域网的扩展、局域网互联、以太网的接入等方面有着广泛的应用及潜力。

地面无线光通信系统是光通信与无线通信的结合，它是一种大气光通信设备，用于视距内两点之间高速传送数据。信号传输载波为红外光，由高功率激光二极管产生，可用于传输数据、语音和视频信号。系统的物理结构模型如图 8-9 所示，大气光通信系统(如图光纤通信系统)由发射机、通信信道和接收机组成。发射机将待传输的信号转换成光信号，通信信道是大气，接收机把输入光信号转换成所需信号。

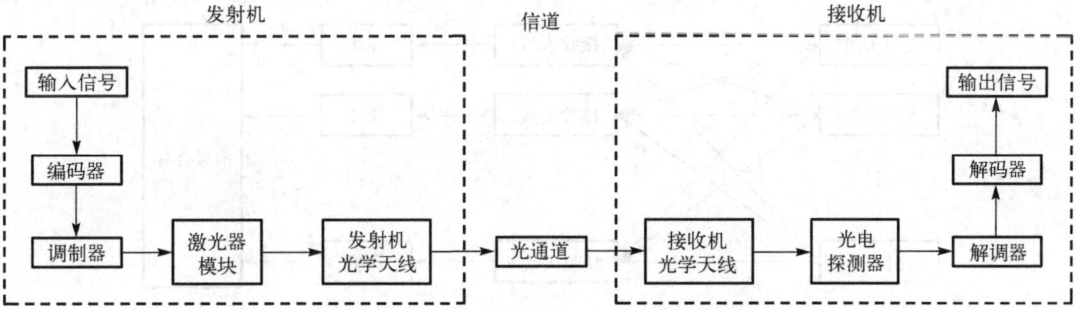

图 8-9　地面无线光通信系统结构模型

8.3.2 地面无线光通信信道模型

大气湍流是由太阳辐射和各种气象因素所产生的大气温度微小随机变化及大气风速随机变化而形成的。大气温度的随机变化引起大气密度随机变化，从而导致大气折射率也随之变化，这种变化的累积效应致使大气折射率明显不均匀。大气湍流运动引起大气折射率起伏的性质，表现为激光广播参量(如振幅、相位)产生随机起伏，最终造成光束的闪烁、分裂、弯曲、扩展及空间相干性降低，是制约无线光通信系统充分发挥其效能的重要因素。

温度、大气折射率、气溶胶质粒的分布等与大气湍流形成有关的因素都会发生湍流掺杂作用。光波在湍流大气中传播时的折射率只与空间两点的位置相关，可以表示为

$$n(r,t)=n_0+n_1(r,t) \tag{8-11}$$

式中，折射率 $n(r,t)$ 与时间和位置参数相关；n_0 表示自由空间(无湍流时)折射率；$n_1(r,t)$ 表示围绕平均值 n_0 的折射率随机起伏，该起伏由大气湍流引起。折射率的随机起伏在湍流场中的统计特性对研究激光在大气湍流中的传输至关重要。

大气温度及压力不均匀引起的大气湍流效应导致接收面上的光强随时间和空间发生随机起伏，即“强度闪烁效应”。接收端光强的随机起伏是大气湍流效应的一个重要表现，也是影响强度调制/直接检测光通信系统性能的一个主要因素。

泰勒提出：在满足某些条件下可以认为湍流是被冻结的。这个假设意味着，光束时空转换的统计特性是由当地风垂直于光束的传播方向的分量引起的。大气湍流的相干时间 t_0 是毫秒级，这个值与一个典型的数据符号时间相差是非常大的，因此大气湍流信道可以作为一个“慢衰落信道”，静态地描述数据符号持续时间。

8.3.3 地面无线光通信分集技术

空间分集系统的一般模型如图 8-10 所示，M 个发射机和 N 个接收机 $(M\geqslant 1, N\geqslant 1)$ 构成 $M\times N$ 个子信道。分集技术通过对两个或多个不相关信号进行处理，以抑制大气湍流引起的光强起伏。在接收端，多路信号副本通过一定的合并法则进行合并，判决器对合并后的信号进行判决。常用合并算法有最大比合并(maximal ratio combining，MRC)、等增益合并(equal gain combining，EGC)和选择合并(selection combining，SC)。

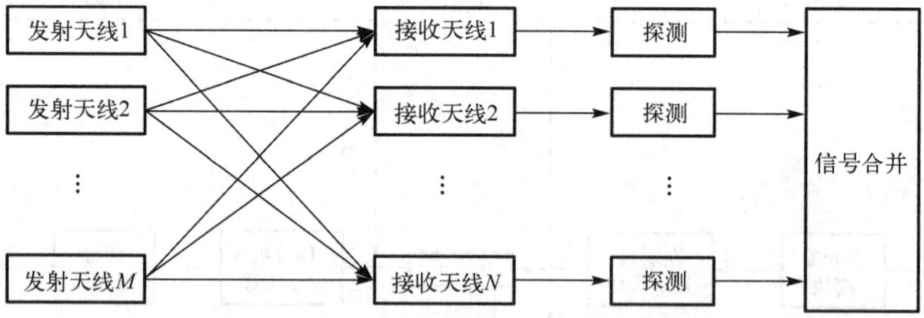

图 8-10 大气激光通信系统空间分集系统框图

假设接收端有 N 个输入信号，若第 i 条支路接收信号为 $x_i(t)(i=1,2,\cdots,N)$，ω_i 为第 i 条接收支路的加权系数，则合并后输出的信号 $y(t)$ 可以表示为

$$y(t)=\omega_1x_1(t)+\omega_2x_2(t)+\cdots+\omega_Nx_N(t)=\sum_{i=1}^{N}\omega_ix_i(t) \tag{8-12}$$

接收端以何种方式将多种信号相结合以达到提高信噪比的目的，是合并技术所要解决的问题。选择不同的加权系数，即为选择不同的合并策略。

1. 最大比合并

最大比合并是一种最佳合并方式，它对多路信号进行同相加权合并，权重是由各支路信号所对应的信号功率与噪声功率的比值所决定的，最大比合并的输出信噪比(signal to noise ratio，SNR)等于各路SNR之和。即使当任一支路信号都很差时，没有任何单独信号可被解调出来，MRC合并仍有可能合成一个达到SNR要求的可被解调的信号。

2. 等增益合并

等增益合并无须对信号加权，各支路的信号是等增益相加的。这种方法使合并方式实现起来比较简单，其性能接近于最大比合并。采用等增益合并方式，加权因子是常数，此时合并后输出的平均信噪比与支路数近似成正比。

3. 选择合并

选择合并是指检测所有分集支路的信号，以其中信噪比最高的一支路作为合并器输出。在选择合并中，加权系数只有一项为1，其余均为0。该合并方式较前两种合并方式更为简单，实现容易。

以上三种合并方法中，等增益合并实现较为简单，而且性能也不错；选择合并性能最差而且未被选择的支路弃之不用，造成资源浪费；最大比合并性能最好，相对也最复杂。在工程应用中，要综合考虑实现的难易程度和性能，做出合理的折中。

8.4 水下无线光通信

8.4.1 水下无线光通信系统结构

水下无线光通信系统(underwater optical wireless communication，UOWC)的本质是一个无线通信系统，由发送模块、水下信道和接收模块组成，其系统框图如图8-11所示。原始数据经过编码、调制，通过驱动电路加载到光源上，根据实际系统的传输距离需要，使用不同规格的光学天线以增加系统增益。发射的光信号在经过水下信道后到达接收端，经过光学天线的放大后光信号被光电转换器件转换为可以处理的电信号，经过解调、解码后恢复原始数据。

水下无线光通信主要由三大部分组成：发射系统、信道和接收系统，其机理是将待传送的信息经过编码器编码后，加载到调制器上转变成随机信号变化的电流来驱动光源(将电信号转换成光信号)，然后通过透镜将光束以平行光束的形式在信道中传输；接收端由透镜将传输过来的平行光束以点光源的形式聚集到光电探测器上，由光电探测器件将光信号转换成电信号，然后进行信号调理，最后由解码器解调出原来的信息。

对于无线光通信系统，通常使用IM/DD技术，即通过控制发送光源的输出强度以达到数据调制的目的，接收端采用检测光强的方式进行数据恢复。强度调制又可以根据调制手段的不同分为直接调制和间接调制。直接调制又称为内调制，是指通过电信号直接控制光源输出光信号强弱，在低通信速率和低发射功率时具有较大优势。在进行高速通信时，内调制对器件带宽要求很高，实现难度较大。若光源是相干光源(如激光)，调制时还可以使用间接调制。间接调制又称为外调制，是指不直接利用电信号去控制光源，而是在光源后增加一级空间光调制器对光信号进行处理。外调制可以实现高速通信，并且发送功率可以很高，被广泛应用于自由空间激光通信中，但外调制的系统通常比较复杂、成本较高，且耦合损耗一般较大。

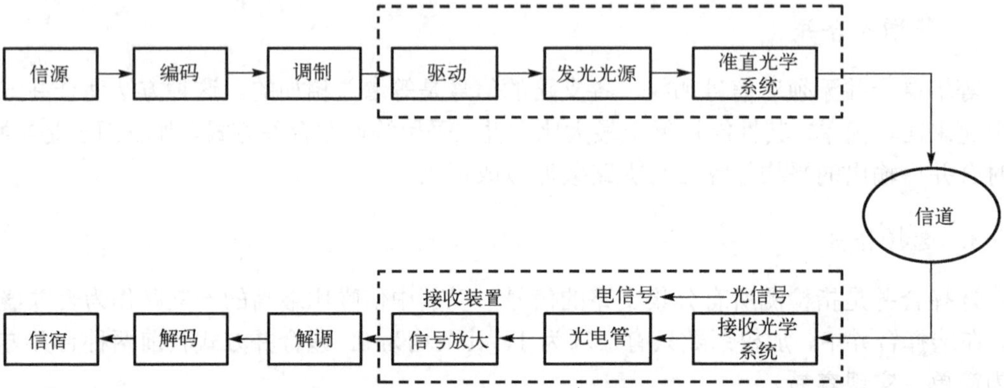

图 8-11 UOWC 系统框图

1. 水下信道

海水的光学特性与水介质、溶解物质和悬浮物有关。溶解物质和悬浮体的成分种类繁多，主要包括无机盐、溶解的有机化合物、活性海洋浮游动植物、细菌、碎屑和矿物质颗粒等，光束在海水中的传输远比在大气中的传输所受影响复杂得多，很难用单一的数学模型进行描述。光波在水下传输所受到的影响可以归纳为以下三个方面。

(1) 衰减：光在海水中的衰减主要来自吸收和散射影响，通常以海水分子吸收系数、海水浮游植物吸收系数、海水悬浮粒子的吸收系数、海水分子散射系数和悬浮颗粒散射系数等方式体现。

(2) 光束扩散：经光源发出的光束在传播过程中会在垂直方向上产生横向扩展，其扩展直径与水质、波长、传输距离和水下发散角等因素有关。

(3) 多径散射：光在海水中传播时，被散射粒子散射而偏离光轴，形成多次散射。

2. 水下光通信的特点

光通信技术可以克服水下声学通信的带宽窄、受环境影响大、可适用的载波频率低、传输的时延大等缺陷。具体原因如下。

(1) 由于光波频率高，其信息承载能力强，可以组建大容量的无线通信链路。

(2) 光波在水介质的传输速率可达千兆比特每秒，使得水下大信息容量数据的快速传输成为可能。

(3) 光通信具有较强的抗电磁干扰能力，不受海水温度和盐度影响等特点。

(4)通信波束具有较好的方向性，若想拦截，则需要用另一部接收机在视距内对准发射机，造成通信链路中断，用户会及时发现通信链路中断事故。

(5)随着半导体光源关键技术不断突破，体积小、价格低、效率高的可见光谱光电器件充足，并且由于光波波长短，收发天线尺寸小，可以大幅度减小重量。

8.4.2 水下信道随机特性

1. 水下湍流信道随机特性

光波在湍流的大气或水中传输时，折射率的起伏直接造成了传输光束的波前随机起伏、光斑漂移和强度起伏，从而对光通信系统的性能造成了不可忽视的影响。在空气中，导致折射率不均匀的原因有很多，包括气压、温度、湿度和二氧化碳浓度的分布不均匀。在海洋中，折射率的不均匀性主要是由不均匀的温度和盐度导致的，压力带来的影响几乎可以忽略不计，其中温度变化带来的局部折射率变化大小是4×10^{-5}℃$^{-1}$，盐度变化带来的局部折射率变化大小是2×10^{-4}。

考虑到大气湍流与水体湍流现象的形成原因类似，因此最初的研究大多是利用目前已有的大气湍流模型对水下湍流信道进行建模和研究。例如，2010年，Hanson团队就利用大气湍流的经典模型——Kolmogorov谱模型对水体湍流进行建模，并且利用循环泵进行冷、热水对流产生湍流，以此验证激光光束尺寸与横向相干长度r_0的关系对实验系统的影响。大气湍流中经典的分布模型——对数正态(log-normal)模型也常被用来建立水体湍流中产生的信道衰减模型。2017年，Oubei等使用广义伽马(generalized gamma)分布实现了对弱湍流信道下接收端光强分布的拟合，拟合度R^2值达到0.95以上，而在极弱湍流情况下，普通伽马分布就能达到很好的拟合效果。

常用湍流分布模型有以下几种。

为了方便后面实验结果的说明，下面列举了11种常用湍流下光强分布的概率密度分布函数，以供参考。

1)正态(normal)分布

正态分布广泛应用于大自然中的各类噪声分布拟合，其概率密度函数定义如式(8-13)所示：

$$f(x)=\frac{1}{\sqrt{2\pi\sigma^2}}\exp\left[-\frac{(x-\mu)^2}{2\sigma^2}\right] \tag{8-13}$$

式中，μ和σ^2分别表示normal分布的均值和方差。

2)Log-normal分布

Log-normal分布广泛应用于信号波动统计拟合，主要描述弱大气湍流中的情况，其概率密度函数定义如式(8-14)所示：

$$f(x)=\frac{1}{x\sqrt{2\pi\sigma^2}}\exp\left[-\frac{(\ln x-\mu)^2}{2\sigma^2}\right] \tag{8-14}$$

式中，μ 和 σ^2 分别表示变量 x 自然对数的均值和方差。

3) Log-logistic 分布

Log-logistic 分布参数主要包括尺度参数 α 和形状参数 β，其概率密度函数定义如式 (8-15) 所示：

$$f(x)=\frac{\left(\frac{\beta}{\alpha}\right)\left(\frac{x}{\alpha}\right)^{\beta-1}}{\left[1+\left(\frac{x}{\alpha}\right)^{\beta}\right]^2} \tag{8-15}$$

式中，α 表示分布的中位数。

4) 伯尔 (Burr) 分布

Burr 分布是一种连续概率分布函数，通常可以用来描绘一类非负随机变量的分布情况，其概率密度函数定义如式 (8-16) 所示：

$$f(x)=ck\frac{x^{c-1}}{(1+x^c)^{k+1}} \tag{8-16}$$

式中，c 和 k 是分布的参数。

5) 伽马 (Gamma) 分布

Gamma 分布参数包括形状参数 k 与尺度参数 θ，其概率密度函数定义如式 (8-17) 所示：

$$f(x)=\frac{1}{\Gamma(k)\theta^k}x^{k-1}\exp\left(-\frac{x}{\theta}\right) \tag{8-17}$$

式中，$\Gamma(\cdot)$ 为 Gamma 函数。

6) K 分布

K 分布主要应用于自由空间光通信强湍流条件下信号起伏建模，其概率密度函数表示为

$$f(x)=\frac{2\alpha}{\Gamma(\alpha)}(\alpha x)^{\frac{\alpha-1}{2}}\mathrm{K}_{\alpha-1}(2\sqrt{\alpha x}) \tag{8-18}$$

其中，$\mathrm{K}_p(\cdot)$ 为第二类 p 阶改进贝塞尔函数；$\alpha=2/(SI^2-1)$。

7) 韦布尔 (Weibull) 分布

相较于前面 6 种统计分布模型，Weibull 分布适用于湍流波动较大的情况，其概率密度函数为

$$f(x)=\frac{\beta}{\eta}\left(\frac{x}{\eta}\right)^{\beta-1}\exp\left[-\left(\frac{x}{\eta}\right)^{\beta}\right] \tag{8-19}$$

式中，β 和 η 都是 Weibull 分布函数的参数。

8) Gamma-Gamma 分布

在自由空间光通信中，Gamma-Gamma 分布主要应用于大气湍流中信号起伏较大的情况，其概率密度函数为

$$f(x)=\frac{2(\alpha\beta)^{\frac{\alpha+\beta}{2}}}{\Gamma(\alpha)\Gamma(\beta)}x^{\frac{\alpha+\beta}{2}-1}\mathrm{K}_{\alpha-\beta}(2\sqrt{\alpha\beta x}) \tag{8-20}$$

式中，分布参数α和β与大气状况有关。

9) 极值(extremum value)分布

extremum value 分布概率密度函数可以写为

$$f(x)=\frac{1}{\sigma}\mathrm{e}^{(x-u)/\sigma}\exp[-\mathrm{e}^{(x-u)/\sigma}] \tag{8-21}$$

式中，分布参数μ为位置参数；σ为缩放因子。

10) 广义极值(generalized extremum value)分布

generalized extremum value 分布概率密度函数可以写为

$$f(x)=\begin{cases}\dfrac{1}{\sigma}\left\{\left[1+\xi\left(\dfrac{x-\mu}{\sigma}\right)\right]^{-1/\xi}\right\}^{\xi+1}\exp\left\{-\left[1+\xi\left(\dfrac{x-\mu}{\sigma}\right)\right]^{-1/\xi}\right\}, & \xi\neq 0\\ \dfrac{1}{\sigma}(\mathrm{e}^{-(x-u)/\sigma})^{\xi+1}\exp(-\mathrm{e}^{-(x-u)/\sigma}), & \xi=0\end{cases} \tag{8-22}$$

式中，分布参数μ为位置参数；σ为缩放因子；ξ为形状参数。

11) t Location-scale 分布

t Location-scale 分布属于 t 分布一类，适合用于建模比 normal 函数尾部更重的数据，其概率密度函数可以写为

$$f(x)=\frac{\Gamma\left(\dfrac{v+1}{2}\right)}{\sigma\sqrt{v\pi}\Gamma\left(\dfrac{v}{2}\right)}\left[\frac{v+\left(\dfrac{x-u}{\sigma}\right)^2}{v}\right]^{-(v+1)/2} \tag{8-23}$$

式中，分布参数μ为位置参数；σ和v为形状参数。当参数v趋近于无穷大时，分布形式更趋近 normal 分布；当参数v越小时，分布形状尾部越重。

2. 水下气泡信道随机特性

由于实验操作的非理想可控性，气泡干扰对 UOWC 系统的性能研究起步较晚，研究成果也很少。1988 年才有团队对水中球形气泡的光散射效应进行初步研究，后来又有团队研究在水-空气界面中，存在接近阈值的气泡声致发光现象时，对气泡响应和光强分布进行了实验探究。2017 年，Oubei 团队通过空气泵和可变流量的潜水泵产生可控的气泡场景，并评估了不同气泡场景下 UOWC 链路的性能，结果显示气泡体积的变化会明显影响对光束的遮挡效果，并且提出了使用扩束方案可以有效抵抗气泡导致的深衰落。2018 年，Jamali 团队对水体复杂信道进行了综合探究，利用空气泵产生了气泡，使得光纤在整个传播路径上的折射率发生随机变化，统计获得了信道强度波动的分布并进行了拟合，进一步获得衡量信道波动情况的相干时间。

真实海洋中气泡的主要形成原因为雨滴落下时带入空气、浪花将空气卷入水中或大

型船只的发动机将空气带入水中。气泡的控制参数主要有尺寸和密度，但气泡的尺寸是很不固定的，在气泡从海水底部上升的过程中，其形状会随着水体内压力的作用而发生变化，其尺寸也会随之变化。除了动态气泡，在海水中还存在大量静态微米量级气泡。

8.4.3 水下无线光通信调制技术

1. 波长域调制

水下无线光通信系统可以利用不同波长加载不同的数据信息，以提高传输速率。该技术通常被称为 WDM 技术。WDM 技术早在光纤通信中就被提出，是一种通过使用不同波长(即颜色)的光源将许多光载波信号复用到同一个信道(光纤、自由空间等)上的技术，以此增加传输容量。WDM 技术中通常用的光源是相干性较好的激光光源。不同数据流通过调制，转换为具有唯一颜色的光波长的信号。由于光的物理特性，光传输通道不会相互干扰。因此，不同波长的信号都是独立传输的。信号经过无线光信道传输后，到达接收端。接收端通过滤光片将不同波长的光束分开，分别解调，恢复出各路原始发送数据。如果使用 LED 作为发射光源，由于 LED 的光谱很宽，不能以单一波长来调制，取而代之的是以一段连续波长的颜色来表示，并演化为色移键控(color shift keying，CSK)，信息加载到不同颜色维度上。

WDM 技术容易重新配置，可以实现全双工传输，相比于单路光束，可以提供更大的带宽，且在收发端采用的光学组件很相似，不需要增加额外的光学天线，更加易于实现。注意：目前的滤光片无法做到理想带通，因此多路 WDM 信号的波长不能非常接近，否则会产生严重的串扰。同时，由于需要多个不同波长的激光器，使用 WDM 时无线光的传输也仅存在于两点之间，相近区域内的多段传输需要配置不同的发射阵列和接收阵列，使无线光通信系统整体成本增加。

2. 角动量域调制

经典的麦克斯韦方程组表明，光是一种具有能量和动量的电磁波，动量又可以分为线动量和角动量。光的角动量包括由光束偏振态决定的自旋角动量(spin angular momentum，SAM)和由光场特定空间分布决定的轨道角动量(orbital angular momentum，OAM)。

根据量子理论，圆偏振光(光振动矢量末端运动轨迹为圆的偏振态)的每个光子所携带的自旋角动量的大小为 $\hbar$ (约化普朗克常数)，它在光传播方向上的投影为 $\pm\hbar$，其中左旋为正，右旋为负。另一种基本的偏振光为线偏振光，它是这两种圆偏振光以相同比例叠加的结果，其平均自旋角动量为 0。而一般偏振态的光，即椭圆偏振光，是这两种圆偏振态按照不同比例叠加的结果，其平均自旋角动量不为 0。

相比于 SAM，具有更多模态的 OAM 能极大地提高系统的传输容量、频谱效率和安全性能。直到 1992 年 Allen 等的研究后，OAM 才全面地为人们所认识，从此得到广泛的重视和研究，并在激光器件制备、信号传输及处理等多个领域显示出其潜在的优势。传统的调制技术常以幅度、相位、频率和时空分布等特征作为自由度，而 OAM 调制技术将光载波携带的 OAM 模式作为自由度特征来携带有效信息，其维度从理论上来说是无限的，这奠定了 OAM 在信息传输和处理领域上的潜在应用价值的物理基础。

作为光束的一种自然属性，OAM 存在于具有螺旋相位的涡旋光束中，可以在光镊系统中进行观察和测量。注意：不同模态的 OAM 光束之间是相互正交的，而且理论上其模态有无限可能。这种良好的正交性使得 OAM 复用系统可以通过合适的分离方法对信号进行解复用和恢复，同时众多模态使得高速率通信得以实现。一般的 OAM 复用系统的结构如图 8-12 所示。

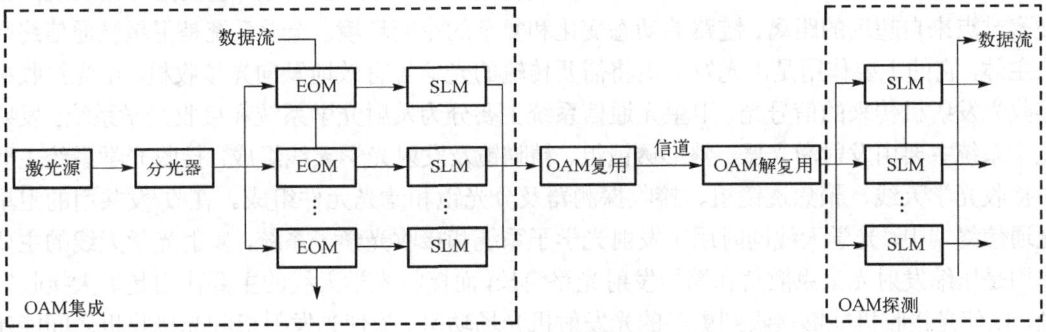

图 8-12 OAM 复用系统结构图

激光源产生的光束经过分光器后形成多通道光信号，数据流通过光调制器(electro-optic modulator，EOM)形成多模态 OAM 光束。不同 OAM 模态的光束经过复用、信道传输和解复用后，进一步通过与发射端对应的反相位掩模 SLM 作用，解调得到电信号数据流，从而实现信息的传输。

8.4.4 水下无线光通信信号检测技术

对水下无线光通信来说，接收端信号的检测过程十分重要。不同的探测器、不同的探测面积以及光谱响应都会对通信系统性能产生极大的影响。由光源类型可知，基于LED的光源由于产生机理与 LD 光源有一定差异，从而调制方式有所不同，进而决定了所采用的检测方法的差异。

前面提到，由于光线的散射和吸收效应，长距离水下无线光通信在接收端的接收光功率往往很低。此时，光子级别的检测往往更适合进行数据恢复。根据对光电探测器件的介绍，PMT 等光子级别的探测器更加适合长距离水下无线光通信中的弱光检测。对于长距离水下无线光通信，由于信号本身已经较弱，高阶调制(OFDM、无载波振幅相位等)在这种低信噪比的情况下效果不好，而单载波调制(OOK、PAM、PPM 等)由于正确解调所需的信噪比较低，在水下场景中应用得更加广泛。对于采集到的波形，往往可以利用连续采样波形的传统处理方法，也可以采用基于光子泊松到达脉冲输出计数的检测方法。根据平均到达光子数目的大小，可以假设信号采样值的分布为高斯分布或者泊松分布，根据传统的信号相关同步方法可以确定采样值的一阶矩和二阶矩。然后，根据最大似然比检测原理对信号进行判决，最终恢复信号。同样，如果采用 PMT 输出计数的方法，则需要统计不同电平幅度的平均输出脉冲数，根据脉冲数的相对大小对信号进行判决。两种方法的结合也可以极大地提高信号恢复的正确率。

8.5 卫星光通信

8.5.1 卫星光通信系统结构

卫星光通信系统是相隔极远距离的光发射机和光接收机之间的高速数据传输系统，其技术难点来自超远的距离、链路的动态变化和复杂的空间环境。光学系统是卫星光通信终端的主体，它的主要作用是由光发射机将需要传输的光信号有效地发向光接收机，由光接收机接收光发射机传来的信号光。卫星光通信系统主要分为发射光学系统和接收光学系统。发射光学系统主要由发射激光器、整形透镜组、精瞄镜及发射光学天线组成；接收光学系统主要由接收光学天线、聚焦透镜组、接收探测器及分光镜和滤光元件组成。在收/发共用的卫星光通信终端中，光学天线同时用于发射光学子系统和接收光学子系统，发射光学天线的主要作用是压缩发射光束束散角和缩短发射光路筒长，而接收光学天线的主要作用是扩大接收口径，以使光接收机能够接收到更多的光发射机光场功率。为使光发射机和光接收机之间能建立通信链路并始终保持链路稳定，发射光学子系统通常又需分为信标发射子系统和信号发射子系统，而接收光学子系统则进一步分为跟瞄接收子系统和通信接收子系统。

1. 通信子系统

通信子系统的基本构成框图如图 8-13 所示。由于深空光通信距离远，因此必须选用大功率的激光器，在系统设计的初期，深空光通信系统大多考虑采用 1064nm 的 Nd：YAG 调 Q 激光器，其峰值功率通常为 1000W。目前光纤器件已经成熟且商品化，国外开始考虑大量采用光纤器件来设计深空光通信系统，以满足深空光通信终端小型化、轻量化和低功耗等要求。在火星激光通信实验系统设计中，考虑采用商用基于掺镱光纤的低功率分布反馈式(distributed feedback，DFB)光纤激光器作主光源，其波长为 1064nm，采用 $LiNbO_3$ Mach-Zehnder 外调制器进行光信号的调制，并通过一前一后的排列获得低占空比信号所要求的高消光比。5～20W 的掺镱功率放大器已经商品化，并且峰值功率还在提高。目前，光学放大器平均功率可以达到 5W，峰值功率可以达到 300～500W，因此该系统可以支持 64 位 PPM 调制，甚至可以达到 256 位。在深空光通信中，要求输出光束为近高斯分布，而经过压缩后的输出光束宽通常为微弧度量级。激光光源的功率和发射天线增益的选择在很大程度上取决于链路自由空间传输损耗的大小。

在深空光通信系统中，发射系统将使用脉冲格式，最常采用的调制方式是脉冲位置调制(pulse-position modulation，PPM)方式，其占空比很低。通信子系统探测器采用 APD 作为光电接收器，当前 APD 的量子效率已经可以达到很高，对于波长为 1.06μm 的光信号，其量子效率高达 0.5～0.8，可以满足深空光通信系统的设计要求。

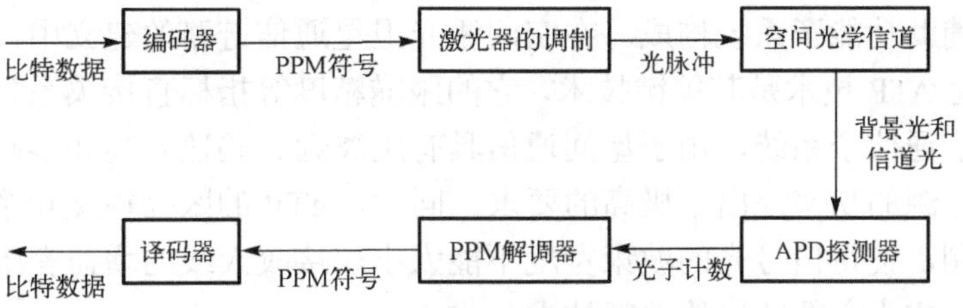

图 8-13　通信子系统基本构成框图

用于空间的每一项元件都需要满足上天质量要求并且精确固定，但是可以很清楚地看出，基于光纤的系统由于对振动的不敏感性，因此是质量合格的。此外，它的高灵活性、模块性，对固定、集成和测试都是有利的，该系统具有很高的可行性。

2. 光源子系统

卫星光通信系统中，光源是一个关键部件，而且采用的光源要容易调制，同时光源产生的能量要集中在一个很小的波长范围之内，通常所采用的光源是激光二极管(LD)。

对于卫星光通信使用的光源，其调制带宽(即光源可以承受多高码率的调制)也是一个非常重要的参数。如果是一个具有非常窄的谐振腔的光源，其调制带宽可以达到 1～40GHz，与射频通信相比，具有巨大的带宽潜力。射频通信的调制带宽通常只有几百兆赫兹。

美国、欧洲、日本在 LEO-LEO 和 LEO-GEO 链路中，波长都采用 800～850nm 范围的 AlGaAs 激光器，因为该范围的 APD 探测器件工作在峰值，量子效率高、增益高。而在星地链路中采用倍频 Nd：YAG 激光器或氩离子激光器作为光源，波长为 514～532nm。该波段具有较强的抗干扰能力，能穿过大气而不使通信中断。半导体激光器泵浦 Nd：YAG 激光器由于不仅具有良好的相干性，而且可以做得体积很小，也是将来卫星上激光器的一个良好选择。

3. 发射子系统

由于卫星光通信系统的通信信号光束发散角非常小，因此利用信号光束进行瞄准、捕获将会是非常困难的过程，所以在空间光通信系统中一般都要单独设立一个激光信标子系统，此系统原则上应归到瞄准、跟瞄子系统中，但由于其结构与发射子系统很相似，故将其纳入此部分。下面以 SILEX 系统的信标子系统为例进行介绍。

信标光束主要是给瞄准、捕获过程提供一个较宽的光束，以便在扫描过程中易于探测到信标光束，进而进行后面的调整过程。在 SILEX 系统中，信号光束的发散半角宽是 8μrad，在接收天线处的光斑直径扩展到 28 km。信标光源波长为 800nm 左右，系统要求信标激光器在接近寿命时仍然有不小于 8kW/sr 的光强，空间寿命为 10 年，在 1500h 的运转时间内可靠度高于 99%。

8.5.2 卫星光通信关键技术

激光通信终端由捕获、跟踪与对准(acquisition tracking and pointing，ATP)子系统、

通信子系统和辅助功能子系统构成。在空间激光卫星通信链路的建立中，信号光束的发散角很小，因此ATP技术是其关键技术，它的跟瞄精度等指标直接关系到光通信系统的通信质量。对于通信子系统，由于星间通信具有距离远、码速率高和误码率低的特点，因此对光通信光源的功率提出了极高的要求。同时，ATP的跟瞄精度和系统对体积、质量和功耗的限制，使得信号光的波束宽度不能太小，接收天线的增益有限，光源的功率需求大大增加，成为必须解决的关键技术。

1. ATP系统的关键技术

卫星激光通信链路的建立要求终端之间能够相互捕获，由于受到卫星姿态误差、轨道误差、通信终端指向误差等因素的影响，光通信终端发射的激光光束存在捕获不确定角，该角度一般为零点几度，远大于卫星光通信终端发射的通信激光束的发散角(该角度一般只有几十微弧度)。为降低捕获难度，实现快速捕获，通常需采用发散角大于信号光的信标光束(发散角一般为几百微弧度)对捕获不确定范围进行扫描，当信标光扫描至对方终端所在区域使其能响应光信号时，便可认为捕获成功。卫星光通信系统的捕获性能与信标光的扫描方式以及它的远场分布形式等有关。

考虑到光学系统的制造、装校产生的偏差、最佳光束发散角的限制以及准直能力的约束，实际的光学系统不可能达到理想的衍射极限光学系统性能，因此从光通信发射激光传输模型分析，在接收端探测器上接收到的功率和激光发散角平方成反比，而和激光发射功率成正比，以及和接收天线孔径平方成正比。

减小光束发散角可降低对光源发射功率的需求，但光束发散角的减小受到衍射极限、光束准直能力和ATP跟瞄精度等多种因素的限制。因此，高码率的大功率光源是空间光通信不能回避的技术难点。

采用高灵敏度的探测器是提高接收灵敏度最直接、最简单和最有效的方法。然而，探测器的灵敏度是受器件水平限制的。为了进一步改善接收端机的性能获得高灵敏度，可以采用光学窄带滤波技术降低背景光的影响，提高系统信噪比。在一定背景光和信号带宽条件下，优化选择窄带滤波器的带宽及透过率可获得最佳信噪比，通过合理设计不同分光片参数和干涉滤光片等措施提高信道收发隔离度等。对于1550nm窗口，可采用低噪声前置EDFA进一步提高系统的接收灵敏度。

2. 光发射系统的关键技术

首先，在目前的卫星光通信终端中，考虑到体积、重量等因素，均采用卡塞格伦反射式光学天线结构，这样就不可避免地产生由于次镜遮挡而造成的光能损失，从而导致发射能量利用率的降低和远场光束强度的减小。其次，在卫星光通信的捕获过程中，由于信标光束在接收端的强度分布呈类高斯形式，光束能量集中在光轴附近很小的区域内，因此存在可捕获范围较小、捕获难度大等缺点。另外，外部环境扰动(如温度、振动)可能引起接收端内的探测器位置偏离焦平面，进而导致接收功率下降、图像采集信息量增大等不良后果。此外，传统的卫星光通信终端在体积、重量等方面也有待于进一步优化。由于基于光纤直线传播原理的几何光学设计方法已无法解决以上问题，因此为发展高性能的光学发射和接收系统，研究新型光学元件或系统在卫星光通信光学系统中的应用具有重要意义。

卫星光通信的捕获性能与信标光的远场强度分布有关，远场光强大于接收探测器阈值的范围越宽，则卫星光通信系统的可捕获范围越大，捕获难度也就越低。而现有的卫星光通信信标光远场强度分布为类高斯形式，这样由于光束能量集中在光轴附近，光轴外的光束强度将随光束半径的增大而快速衰减，使得卫星光通信系统的可捕获范围很小。因此，增大可捕获范围以降低捕获难度，成为卫星光通信信标光子系统优化设计的重要目标。

3. 接收光学系统的关键技术

卫星光通信系统的接收光路包括信号接收光路和跟瞄光路。当光束经接收光学天线进入激光通信终端内部光学平台时，将被分光并聚焦至各子光路的探测器上。由于信号接收和跟瞄机构对光束光斑有着非常严格的要求，因此接收系统对探测器的位置精度要求很高，要使探测器总是准确地放置在成像透镜的焦平面上。然而，由于机械误差、振动、热梯度等因素的影响，探测器往往会偏离焦平面，其造成的直接后果包括信号探测器接收功率下降、跟瞄探测器采样帧频下降等，严重影响系统的接收性能和跟瞄性能。因此，如何降低接收探测器的位置精度要求，使其在轴向位置发生变化时仍能保持优异的接收性能是接收光路优化设计中的重要问题。

小型化和一体化是高性能卫星光通信光学系统设计的重要目标。然而，在现有的卫星光通信接收光学系统中，捕获、跟踪、瞄准和通信等功能均通过独立光路单独实现，这直接导致终端体积较大，从而增加卫星发射成本。因此，在卫星光通信光学接收系统设计中，如何对各功能单元进行复合设计，对卫星光通信系统的小型化设计具有重要意义。

8.5.3　卫星光通信的捕获跟踪瞄准

1. 捕获理论

星间激光链路的捕获一般采用主从(master/slave)捕获方式。在捕获过程中，携带信标光的光通信终端为主动方(master)，将信标光按照一定的方式对接收端卫星可能出现的不确定域(field of uncercainty，FOU)进行扫描；而不携带信标光的光通信终端为从动方(slave)，其捕获探测器的视域(field of view，FOV)要大于主动方可能出现的不确定域，在主动方信标光扫描过程中，从动方凝视主动方方向，等待主动方的信标光信号并对其进行应答。这种捕获方式不要求从动方携带信标光，可以大大降低从动方光通信系统的复杂性、功耗和体积。

在具体执行过程中，GEO 终端对 LEO 终端反馈的信号光可以有不同的响应方式。根据对反馈信号响应方式的不同，可以分为两种捕获模式，具体如下。

(1) 捕获模式一。捕获模式一指的是发射端用信标光从初始瞄准点开始按螺旋扫描路径快速地扫过不确定域中的每个地方，完成后再回到初始点处检测是否有反馈信号，此时要求发射端捕获探测器的 FOV 要大于接收端的 FOU。图 8-14 为捕获模式一的时序流程图，它表明 GEO 终端对反馈信号的响应只能发生在信标光全场扫描之后，因此捕获模式一的捕获时间取决于全场扫描时间。捕获模式一即快速全场扫描捕获。

在发射端信标光扫描过程中，为了使接收端的接收光强达到捕获探测器的阈值，以保证足够高的探测概率，需要信标光对接收端系统的照射保持一定的时间。这个时间就决定了发射端捕获系统的最大频带宽度。

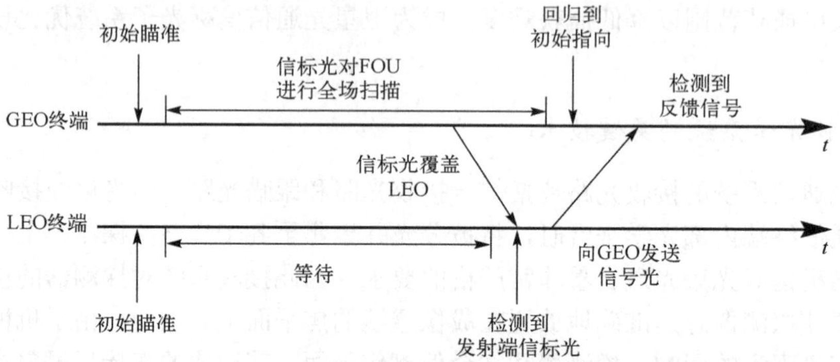

图 8-14 捕获模式一的时序流程图

(2) 捕获模式二。对捕获模式二来说，发射端同样用信标光来对不确定域进行扫描，与捕获模式一不同的是，在扫描过程中的每个驻留点都需要等待足够长的时间来等待反馈信号，其时序流程如图 8-15 所示。捕获模式二即步进式扫描捕获。

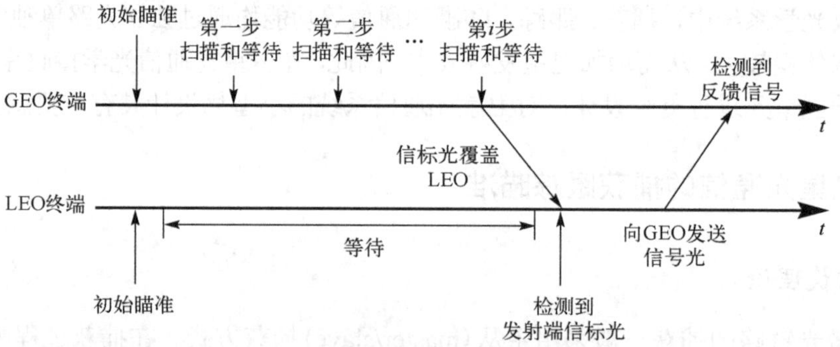

图 8-15 捕获模式二的时序流程图

显然，此种捕获模式下的捕获时间与接收端卫星在扫描不确定域内出现位置、链路距离以及接收端系统的响应时间有关。

2. 跟踪理论

对于单向跟踪过程，只需要研究信号接收端的瞄准角度误差，另一端的控制系统按预定程序进行跟踪过程即可。

在双向跟踪过程中，由于两个终端的控制系统同时对测得的瞄准角度误差进行补偿，此时一端穿绳的跟瞄误差会影响到另一端。两终端的瞄准角度误差相互影响。

3. 瞄准理论

光学瞄准(pointing)可定义为：控制某个卫星间光通信终端(发射端)的信号光(信标光)对准某一恰当的方向，以便对卫星间光通信终端(接收端)进行捕获或接收。

如图 8-16 所示，在卫星间光通信过程中，瞄准角度误差至少应小于信号光束宽度的 1/2，以确保接收端对光场的接收。也就是说，若瞄准角度误差为 Ψ_e，则信号光束宽 Ψ_b 应大于 $2\Psi_e$。例如，若信号光束宽为 50μrad，则瞄准控制精度至少为 25μrad。将这一结果与束宽为 200μrad 的 RF 卫星天线相比较，RF 所需的控制精度仅为 100μrad，两者相差数千倍。可见，卫星间光通信对瞄准控制精度提出了更为严格的要求。

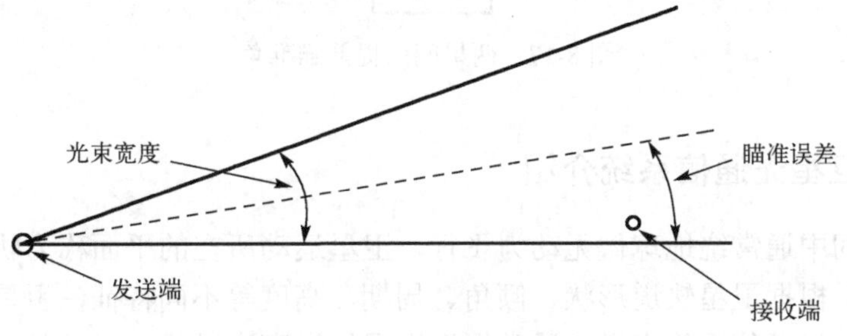

图 8-16 光束宽度与瞄准误差

卫星间光通信中的瞄准角度误差由以下几类因素造成。

(1) 参考坐标系。通常，坐标系是根据某一已知的恒星或其他天体定位的，在这种情况下，必须对参照系的运动进行补偿，一般来说，这种运动并不是精确已知的。除了实际参考轴的运动，还存在着表观运动。例如，当地球从轨道的一侧运动到另一侧时，恒星视差会发生移动。这种移动使得瞄准控制系统难以精确判定目标方向，同时参照系的误差也会引入瞄准视线方向的不确定性。因此，最终的瞄准精度取决于基本坐标系的建立精度。

(2) 相对运动补偿方程。为了补偿发射端和接收端之间的相对运动，需要通过卫星轨道参数和姿态参数建立相对运动补偿方程。瞄准控制系统通过相对运动补偿方程预测两终端的相对运动以对其进行补偿。然而，卫星轨道参数和姿态参数存在一定的误差，不能精确地补偿这种运动，最终导致瞄准误差。

(3) 瞄准装置。在卫星间光通信系统中，望远镜或透镜通过电子或机械进行连接，并通过传感器反馈进行瞄准控制。应力、噪声、安装结构、温度变化等因素造成的误差将使光束不能精确地瞄准。

在卫星间光通信中，信号传输的距离很大，使得传输的弛豫时间较长。当考虑两颗卫星间的相对运动时，发射端的瞄准操作将进一步受阻碍。在这种情况下，发射端必须将光束实际瞄准到接收端的“前方”以便接收端进行信号接收。也就是说，发射端在瞄准时必须要考虑到在光束传输弛豫时间内所发射的两星间的附加移动，以对准到预计的角位置。通常称这一瞄准过程为提前瞄准(pointing ahead)，如图 8-17 所示。

卫星 A 在点 P_1 处进行光场的发送，当光场到达卫星 B 时，卫星 A 已经移动到了点 P_2 处。卫星 B 再进行光场发射时除了必须补偿从点 P_1 到点 P_2 的运动外，还要补偿光场从卫星 B 传播到卫星 A 期间卫星 A 的移动（P_2至P_3）。定义卫星 B 接收矢量和发射矢量之间的夹角为提前瞄准角(pointing ahead angle)。

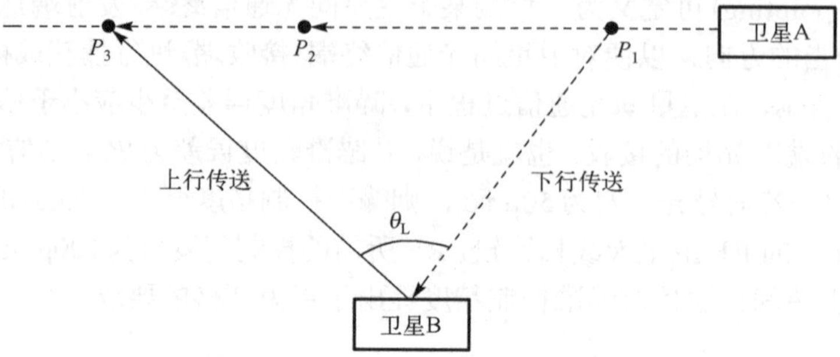

图 8-17　两星间的提前瞄准角

8.5.4　典型卫星光通信系统介绍

卫星在空间中通常绕地球做无动力飞行，卫星运动所在的平面称为轨道面，运动的轨迹称为轨道。根据卫星轨道形状、倾角、周期、高度等不同特征，卫星轨道可以有不同的分类。对卫星通信系统来说，通常根据卫星轨道高度进行分类，具体可分为静止轨道、低轨道和中轨道三种。

(1) 静止轨道(geostationary orbit，GEO)卫星通信系统：地球同步轨道通信卫星系统，其轨道高度为 35786km，卫星运动方向与地球自转方向相同，轨道面与地球赤道面重合，运行周期为一个恒星日(23 小时 56 分 4 秒)，从地面上看，卫星在空中是静止不动的。

(2) 低轨道(low earth orbit，LEO)卫星通信系统：卫星距地面高度在 500～2000km，系统通常由分布于若干轨道平面上卫星构成的，卫星形成的覆盖区域在地面快速移动，轨道周期通常为 2 小时左右。

(3) 中轨道(medium earth orbit，MEO)卫星通信系统：卫星距地面高度在 2000～35786km 之间，单星覆盖范围大于 LEO，是建立全球或区域卫星通信系统的较优解决方案。

上述三种系统中，LEO 系统和 MEO 系统统称为非静止轨道(non-geostationary orbit，NGSO)卫星通信系统。在讨论卫星通信时，有时会以“高轨”来指代运行在 GEO 轨道，相对的以“低轨”指代包括 MEO 和 LEO 的 NGSO。

习　题　八

1. 简述无线光通信系统的构成及各部分的作用。
2. 无线光通信有哪些应用场景？
3. 无线光通信和光纤通信有什么区别和联系？
4. 无线光通信和射频通信有什么区别和联系？
5. 简述可见光通信系统的构成以及利用 LED 进行通信的原因。
6. 简述三种室内无线光通信系统中发射机和接收机的链路配置。
7. 常见的可见光通信调制技术有哪些？它们有什么优点？

8．常见的可见光定位技术有哪些？

9．指纹识别定位法的工作原理是什么？

10．地面无线光通信系统由哪几部分组成？其信号传输载波是什么？

11．常见的地面无线光通信分集技术有哪些？它们分别有什么优点或缺点？

12．简述水下无线光通信系统的构成以及工作原理。

13．为什么选择使用光通信技术实现水下声学通信？

14．波长域调制的工作原理是什么？它有什么优点或缺点？

15．简述卫星光通信系统的构成及各部分的作用。

16．简述卫星光通信中两种不同捕获模式的工作原理。

17．造成卫星间光通信瞄准角度误差的因素有哪些？

18．典型的卫星光通信系统有哪几种？

参考文献

迟楠, 2023. 面向 6G 的可见光通信关键技术[M]. 北京: 人民邮电出版社.

顾华玺, 罗勇, 2022. 全光接入网架构与技术[M]. 北京: 清华大学出版社.

胡庆, 刘鸿, 张德民, 等, 2014. 光纤通信系统与网络[M]. 3 版. 北京: 电子工业出版社.

胡庆, 唐宏, 姚玉坤, 等, 2012. 电信传输原理[M]. 2 版. 北京: 电子工业出版社.

胡卫生, 谭晶鑫, 2022. 全光传送网架构与技术[M]. 北京: 清华大学出版社.

柯熙政, 邓莉君, 2016. 无线光通信[M]. 北京: 科学出版社.

李世银, 李晓滨, 2020. 传输网络技术[M]. 北京: 人民邮电出版社.

李允博, 2018. 光传送网(OTN)技术的原理与应用[M]. 北京: 人民邮电出版社.

柳春郁, 张昕明, 杨九如, 等, 2022. 光纤通信技术与应用[M]. 北京: 科学出版社.

刘国辉, 张皓, 2020. OTN 原理与技术[M]. 北京: 北京邮电大学出版社.

马晶, 谭立英, 于思源, 2015. 卫星光通信[M]. 北京: 国防工业出版社.

王健, 魏贤虎, 易准, 等, 2016. 光传送网(OTN)技术、设备及工程应用[M]. 北京: 人民邮电出版社.

王庆, 胡卫, 程博雅, 等, 2017. 光纤接入网规划设计手册[M]. 2 版. 北京: 人民邮电出版社.

吴承英, 吴航, 张志强, 2019. 光接入网实用技术[M]. 北京: 人民邮电出版社.

徐正元, 徐敬, 刘伟杰, 等, 2021. 水下无线光通信[M]. 北京: 人民邮电出版社.

余建军, 迟楠, 2020. 基于数字信号处理的光纤通信技术(第一卷): 单载波信号传输[M]. 北京: 清华大学出版社.

余建军, 迟楠, 2020. 基于数字信号处理的光纤通信技术(第二卷): 多载波信号传输和神经网络等新算法[M]. 北京: 清华大学出版社.

余建军, 张教, 李凡, 2023. 高速光互连和宽带光接入技术[M]. 北京: 人民邮电出版社.

张新社, 刘原华, 何华, 等, 2014. 光纤通信技术[M]. 北京: 人民邮电出版社.

CHOWDHURY M Z, HASAN M K, SHAHJALAL M, et al., 2020. Optical wireless hybrid networks: trends, opportunities, challenges, and research directions[J]. IEEE communications surveys & tutorials, 22(2): 930-966.

HE L, YI J Z, LI M X, et al., 2021. Discussion on communication simulation method of backbone optical transmission network[C]//2021 IEEE 5th advanced information technology, electronic and automation control conference (IAEAC). New York: 1952-1956.

KACHHATIYA V, PRINCE S, 2018. Performance analysis and optimization of wavelength routed (WR) and wavelength selected (WS) hybrid optical distributed network (ODN) for next generation passive optical network stage 2 (NG-PON2)[J]. Optics & laser technology, 106: 335-347.

LIU X, LI J W, WU X M, et al., 2022. Fiber-to- the-room (FTTR) technologies for the 5th generation fixed network (F5G) and beyond[C]//2022 IEEE future networks world forum (FNWF). New York: 351-354.

MAROTTA A, CASSIOLI D, KONDEPU K, et al., 2019. Exploiting flexible functional split in converged software defined access networks[J]. Journal of optical communications and networking, 11(11): 536-546.

PEIJIAN L, 2018. Trunk line transmission network upgrade based on ASON and OTN[C]//Proceedings of the Asia-Pacific conference on intelligent medical 2018 & international conference on transportation and traffic engineering 2018. New York: 187-190.

PESANDO L, FISCHER J K, SHARIATI B, et al., 2022. Standardization of the 5th generation fixed network for enabling end-to-end network slicing and quality-assured services[J]. IEEE communications standards magazine, 6(4): 96-103.

PROAKIS J G, SALEHI M, 2008. Digital communications[M]. 5th ed. New York: McGraw-Hill Education.

WILLNER A E, 2020. Optical fiber telecommunications Ⅶ[M]. Amsterdam: Elsevier.

XIE C, WANG L, DOU L, et al., 2020. Open and disaggregated optical transport networks for data center interconnects[J]. Journal of optical communications and networking, 12(6): C12-C22.

